现代建筑门窗幕墙技术与应用

——2019 科源奖学术论文集

杜继予　主编

中国建材工业出版社

图书在版编目（CIP）数据

现代建筑门窗幕墙技术与应用．2019科源奖学术论文集/
杜继予主编．--北京：中国建材工业出版社，2019.2
　　ISBN 978-7-5160-2508-6

　　Ⅰ．①现…　Ⅱ．①杜…　Ⅲ．①门—建筑设计—文集　②
窗—建筑设计—文集　③幕墙—建筑设计—文集　Ⅳ.
①TU228

　　中国版本图书馆CIP数据核字（2019）第028989号

内 容 简 介

　　本书以现代建筑门窗幕墙新材料与新技术应用为主线，围绕其产业链上的型材、玻璃、建筑用胶、五金配件、隔热密封材料和生产加工设备等展开文章的编撰工作，旨在为广大读者提供行业前沿资讯，引导企业提升自主创新和技术研发能力，在产业优化升级中占领先机。同时，还针对行业的技术热点，汇集了BIM技术、建筑工业化、建筑节能等相关工程案例和应用成果。

　　本书可作为房地产开发商、设计院、咨询顾问、装饰公司以及广大建筑门窗幕墙上、下游企业管理、市场、技术等人士的参考书，也可作为门窗幕墙相关从业人员的专业技能培训辅助教材。

现代建筑门窗幕墙技术与应用——2019科源奖学术论文集

Xiandai Jianzhu Menchuang Muqiang Jishu Yu Yingyong——2019 Keyuanjiang Xueshu Lunwenji

杜继予　主编

出版发行：中国建材工业出版社
地　　址：北京市海淀区三里河路1号
邮　　编：100044
经　　销：全国各地新华书店
印　　刷：北京雁林吉兆印刷有限公司
开　　本：889mm×1194mm　1/16
印　　张：22　彩色：1.5
字　　数：660千字
版　　次：2019年2月第1版
印　　次：2019年2月第1次
定　　价：128.00元

本书编委会

主　　编　杜继予
副 主 编　姜成爱　剪爱森　万树春
　　　　　周春海　魏越兴　闵守祥
　　　　　林　波　周瑞基　蔡贤慈
编　　委　区国雄　闭思廉　江　勤
　　　　　花定兴　麦华健　曾晓武

前　　言

　　《现代建筑门窗幕墙技术与应用——2018 科源奖学术论文集》去年出版发行后，得到了建筑门窗幕墙行业同行的关注和好评。转眼间，我们又迎来新的一年。2018 年可谓是风云跌宕的一年，在总体经济增长放缓、材料及人工成本上升、货币政策偏紧的环境下，深圳建筑门窗幕墙行业的主流企业通过战略调整、技术创新和精细化管理等有力手段，仍然取得了不俗的经营成果。

　　为了及时总结推广行业技术进步的新成果，本编委会决定把深圳市建筑门窗幕墙学会和深圳市土木建筑学会门窗幕墙专业委员会组织的"2019 年深圳市建筑门窗幕墙科源奖学术交流会"获奖及入选的学术论文结集出版。

　　《现代建筑门窗幕墙技术与应用——2019 科源奖学术论文集》共收集论文 41 篇，论文集在一定程度上反映了行业技术进步的发展趋势和最新成果。BIM 技术在建筑门窗幕墙行业已经从宏观概念的普及推广阶段，转入到设计、施工、管理等多维度、多专业的协同应用探索阶段。书中《浅谈 BIM 技术在幕墙设计中的应用及全专业协作的管控要点》《浅谈 BIM 技术在结构计算中的协同作用》等论文在这方面作了探讨和阐述。建筑工业化和装配式建筑是建设行业优化升级的一项重大革新，《新型工业化幕墙的发展思路》《对混合装配式幕墙设计、施工的探讨——坪山高新区综合服务中心项目（会展）幕墙技术总结》等论文提出了新的思路和案例总结。《幕墙窗如何应对台风天——上悬窗自动锁闭五金系统介绍》《直立锁边金属屋面性能提升方法与实践》等论文紧密围绕工程实践中存在的问题进行技术创新，对提高建筑门窗幕墙产品的性能有重要意义。建筑门窗幕墙的安全建造与使用关系到城市公共安全，《台风对建筑门窗幕墙的破坏及反思》《建筑幕墙工程施工安全风险分析及控制》《幕墙施工用悬臂吊安全性要点分析》《浅谈既有幕墙可靠性鉴定及剩余使用寿命判定》等对建筑门窗幕墙设计、施工与使用方面的安全问题作了深入浅出的论述。本书还收集了建筑门窗幕墙节能设计、结构设计、施工技术等方面的论文，供同行们借鉴和参考。由于时间及水平所限，疏漏之处恳请广大读者批评指正。

　　本论文集的出版得到下列单位的大力支持：深圳市科源建设集团有限公司、深圳市新山幕墙技术咨询有限公司、深圳市方大建科集团有限公司、深圳市三鑫科技发展有限公司、深圳中航幕墙工程有限公司、深圳金粤幕墙装饰工程有限公司、深圳市华辉装饰工程有限公司、深圳华加日幕墙科技有限公司、深圳市富诚幕墙装饰工程有限公司、深圳市建筑设计研究总院有限公司建筑幕墙设计研究院、广州集泰化工股份有限公司、郑州中原思蓝德高科股份有限公司、佛山市粤邦金属建材有限公司、佛山市南海区金高丽化工有限公司、广东雷诺丽特实业有限公司、泰诺风保泰（苏州）隔热材料有限公司、深圳天盛外墙技术咨询有限公司、五冶集团装饰工程有限公司、建滔（佛冈）特种树脂有限公司、佛山市顺德区荣基塑料制品有限公司、中山市中佳新材料有限公司、佛山市古宝斯建材科技有限公司、深圳创信明智能技术有限公司、佛山市奥幕新型建材科技有限公司，特此鸣谢。

编　者

2019 年 2 月

目　录

第五部分　工程实践与技术创新

第六部分　建筑门窗幕墙设计、施工与使用安全

第七部分　建筑门窗幕墙节能技术

第一部分

BIM 技术与应用

浅谈 BIM 技术在幕墙设计中的应用及全专业协作的管控要点

◎ 徐伟伟　徐绍军　陈立东

深圳天盛外墙技术咨询有限公司　广东深圳　518055

摘　要　本文探讨了 BIM 技术在幕墙设计中的应用及全专业协作的管控要点，阐述如何在幕墙工程上运用 BIM 技术并在全专业协作的大环境下创造价值、完成精品项目；罗列了项目各个阶段的工作要点、管控要点及 BIM 技术的应用。

关键词　BIM 技术；全专业协作；幕墙 BIM 模型；BIM 信息运用；BIM 设计；既有幕墙

1　引言

BIM 技术在建筑各领域应用已较为广泛，附加各类信息的建筑模型也不断涌现，随着国家政策的推动以及项目应用的积累，BIM 技术在建筑行业的应用发展迅速，可以说是进入了 BIM＋时代，以往是研究如何建立建筑信息模型，而下一步则是如何利用模型中的建筑信息在各领域中创造价值；在全专业协作下，幕墙专业在设计过程中打破传统、稳步向前，进而应用 BIM 技术并让其创造价值。本文简述了 BIM 技术在幕墙设计中的应用、全专业的协作方式以及流程上的管控要点。以往 BIM 技术在幕墙上的应用更多在如何实现定位、下料、加工等方面，而本文更注重于在方案设计前期的应用及与各专业的协同工作，为后期招投标、施工、使用维护等作铺垫。希望对业内的 BIM 技术应用之路有一定帮助。

2　项目启动阶段

2.1　明确目标

项目启动时首先应明确目标、输出成果进而反推需要的输入条件。

对应幕墙专业而言，明确目标重点在于：完成幕墙表皮方案并与建筑主体适配，与建筑各专业、各功能完美结合；完成幕墙设计的同时提前发现交叉、碰撞点并有效解决，减少后期重复作业。

输出成果一般包含：图纸、工程量清单以及计算书、技术要求等配套文件。其中应用 BIM 相关软件工具主要是完成图纸及工程量清单。

2.2　协作方式

幕墙作为建筑的分支专业，与建筑主体其他各专业的协作方式：设计资料作为各专业的输出成果一般以二维图纸的形式在相关专业之间流转，同时伴随大量设计变更，很容易造成各专业之间设计信息无法同步传递，需要增加大量的复核校对和协调工作；信息技术的不断发展，为 BIM 技术所要求的全专业协同提供了生根的土壤；由于幕墙与设计院、业主及各参建方办公地点不一，无法实现内部协作。要实现全专业协调，需要搭建一个云平台（图 1），通过这个网络化平台及相关 BIM 设计软件（如Revit）来让幕墙专业及其他参建方进行协同工作。

图 1　各专业通过搭建云平台协同作业

通过云平台可以直接浏览项目相关的图纸及模型，可直接在相应位置发起讨论且提醒各参建方有关人员参与，根据各方协调后的结论和意见直接由落实单位更新或修改模型，最后由落实单位将完成情况反馈并抄送各相关专业人员（图 2）。

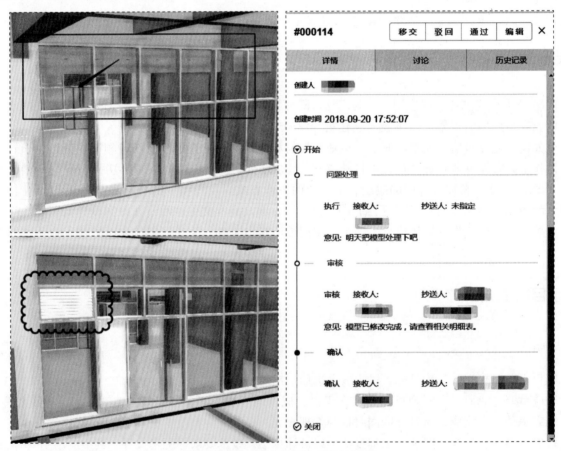

图 2　通过云平台协调处理设计问题

2.3　统一命名方式

为统一实施管理，必须明确模型中各构件的命名规则，以便模型构件的相关信息可以在项目各阶段及各专业之间进行流通。命名方式可参考深圳市建筑工务署颁布的 BIM 实施管理标准（表 1），也可以根据项目实际情况规定。

表1 模型构件命名表

专业	构件分类	命名原则	例举
建筑	幕墙	墙类型名-墙厚	内部砌块墙-150
	内填充墙		
	外填充墙		
	隔断墙		
	楼、地面板	楼板类型名-板厚	楼板-100
	屋面板	屋面板-板厚	屋面板-120
	天花	天花类型名-规格尺寸	天花-600×600
	楼梯、扶梯、电梯、门窗	与设计图纸一致	与设计图纸一致
结构	承重墙	墙类型名-墙厚	剪力墙-300
	剪力墙		
	楼、地面板	楼板类型名-板厚	混凝土板-200
	框架柱	柱类型名	混凝土框架柱-800×800
	构造柱		
	混凝土梁	梁类型名-尺寸	混凝土梁-600×300
机电	风管	风管类型	矩形镀锌风管
	水管	管道材质	热镀锌钢管
	桥架	桥架类型-系统	CT-普通强电
	设备	与设计图纸一致	与设计图纸一致

2.4 范围划分、权限管理

项目各参建方在同一平台下协作，通常是按照各专业的工作范围进行划分，通过设置模型中每个构件的权限来进行各专业之间的协调工作。工作范围及构件的权限明确之后，土建、结构及机电等各专业即开始各自的模型构建及信息赋予等工作（图3）。在某个构件涉及多个专业的工作时，可以通过平台发起讨论来解决问题，但这种沟通方式涉及人员多，整个过程耗费的时间较长，因此在协同工作中也常常用到引用、借用、审核及修改等功能。通过引用或借用其他专业的构件，直接对相关构件进行处理，将处理后的结果反馈至原归属人确认后调整即可完成。

以幕墙设计为例，在开始幕墙深化前应注意交接的时间及条件。在方案设计完成之前，由幕墙专业配合建筑方案专业完成其本专业的设计成果，并将其中属于幕墙设计范围内的部分移交给幕墙专业。在移交后，所有幕墙范围内方案专业不再拥有建筑外表皮的控制权，后续有关幕墙的修改理应由幕墙专业在模型中完成。因此，在方案设计阶段幕墙专业应提前介入，待外立面方案设计基本稳定后接受建筑外表皮控制权，这样既能减少因方案设计变动导致幕墙设计成果作废，也能够相应地提高整个项目的工作效率。在实际的项目运作中，也要求各专业根据项目的具体情况作灵活处理。

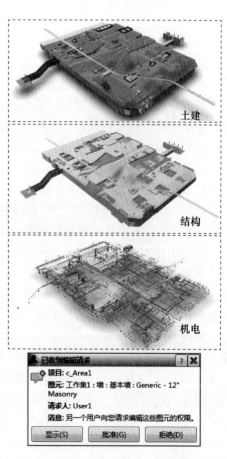

图3 各专业协同建模及构件借用

3 幕墙设计阶段

3.1 划分工作界线

承接建筑专业的设计内容开展幕墙深化设计，并将完成的内容传递到其他专业，是幕墙专业的职责所在。幕墙设计向上面对建筑设计，向下延伸至幕墙施工。在项目各阶段及各专业衔接的过程中，BIM技术的全专业协同要求划分好彼此的工作界线及建立通畅的信息传递。

某博物馆项目在幕墙专业介入之前已组织开展建筑专业的设计工作，因此在开始幕墙深化设计之前，首先对建筑专业及幕墙专业之间的工作进行划分，明确了各自模型维护的区域和内容，同时约定了交付幕墙深化设计前主体模型的工作条件，幕墙专业可根据建筑专业的需求进行配合（图4）。

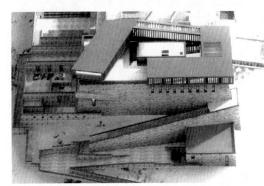
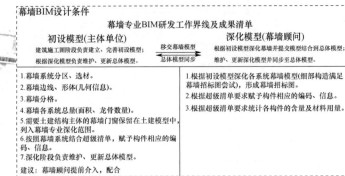

图4　某博物馆项目幕墙BIM设计研发工作界线

3.2 输入条件评审

建筑工程中由于多专业交叉，各专业间的碰撞、协调工作必不可少，幕墙与建筑各专业的碰撞及需要建筑提供的条件协调也尤为重要。在只有二维图纸的情况下，在幕墙开始深化工作之前需要对建筑资料进行梳理，并在此过程中发现并解决与建筑各专业间存在的问题。这个过程中涉及专业多，协调任务重，设计进度往往难以把控。在运用BIM技术进行三维设计的情况下，幕墙专业提前介入提供协助，可以直接在设计阶段进行与其他专业配合，并直接落实协调内容。相比原来的工作方式，在此阶段就可以提前解决大部分协作问题，而不需要各专业反复核对甚至是将问题遗留到下个阶段。

幕墙单位可在方案阶段协助建筑专业在模型中落实以下要素，包括幕墙材料区分、幕墙系统划分、幕墙形体边线及幕墙分格等。某商业地块项目在设计阶段就由幕墙深化单位配合建筑师完成幕墙材料定样（图5）及制定幕墙视觉样板段（图6）。在建筑设计建模时幕墙单位应结合自身的专业性与建筑设计专业积极配合，可以一步到位完成建筑方案设计，减少重复工作。

幕墙专业通过提前介入的方式在建筑方案设计阶段就已协助建筑专业完成材料定样、幕墙分格、土建结构碰撞、百叶设置及吊顶布置等内容，在幕墙深化开始之前就已经消除了大部分建筑方案设计的隐患。既提高了方案设计的稳定性，也减轻了幕墙深化设计中梳理工作的负担。

某商业项目外立面由不同规格及形状金属板构成（图7）。通过Rhino软件配合Grasshopper参数化设计（图8）和建筑设计专业进行协作，对幕墙板块的形式及规格进行优化，并提供幕墙板块展开尺寸（图9），在提高幕墙用料的经济性的同时降低了后期项目施工下料及施工的难度。

随着时代的发展，建筑的形体和姿态越来越多元化和个性化，建筑幕墙的形式也就更多种多样。从横平竖直到各领风骚，非常规的外立面设计越来越常见，对幕墙设计也是很大的挑战。传统的二维设计图纸只能从平面维度去描述建筑，已经无法适应各式各样异形建筑外立面的需要。通过BIM技术的可视化设计，可以在更高的维度上对建筑进行设计，满足建筑风格不断发展以及幕墙设计不断创新的需求。

图 5 幕墙材料定样

图 6 幕墙视觉样板段

(a) 外立面效果图

(b) 完成实景

图 7 某商业外立面效果图及完成实景

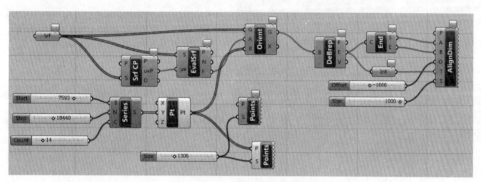

图 8 Grasshopper 参数化设计程序示意

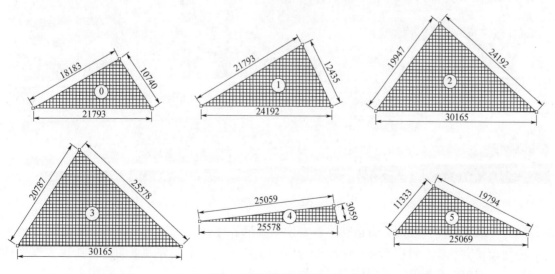

图 9 幕墙板块展开尺寸

　　某项目天桥连廊外侧由金属龙骨点缀金属板设计（图10），幕墙板块规模尺寸多，施工精确度要求高，即便使用大量的二维图纸也无法充分表达建筑师设计意图，同时也难以满足施工要求。通过三维可视化设计，可以在幕墙深化设计的深度上协助建筑师形成建筑设计方案。在此基础上针对幕墙龙骨及板块尺寸进行优化（图11），最大程度保留了建筑专业的设计意图，有利于建筑师设计风格的完整表达和建筑方案实施可行性的完美结合，并提供板块清单及定位坐标等供施工单位参考使用（图12）。

图10　某天桥连廊外立面设计效果

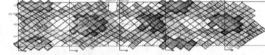

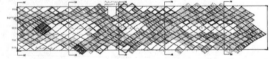

图11　龙骨与板块优化

图12　天桥外立面现场实景

　　在幕墙专业承接移交模型前，可以针对各幕墙系统的标准做法（图13）及建筑专业关注的重点区域进行三维建模研究；这个过程有利于幕墙专业协助建筑师把控幕墙外观效果，减少因方案变动产生的额外工作量，并综合幕墙安全性及施工可行性等方面提出专业意见供建筑师参考。

图 13　幕墙节点做法及重点区域建模研究

3.3　幕墙深化阶段

幕墙深化阶段是幕墙 BIM 设计的重中之重。和以往的设计过程相比，BIM 设计最大的区别是从平面二维过渡到三维可视化设计。幕墙 BIM 模型包含了大量设计信息，包括幕墙形式及范围、面板尺寸及定位、材料规格及用量等。在模型中显示所有的信息会超过硬件的计算能力，因此在幕墙设计阶段要根据不同的需求筛选信息的精细程度。

幕墙 BIM 设计在幕墙结构设计部分并无特殊之处，对此不再一一赘述。与以往不同的地方主要体现在建模出图及生成清单。在模型建模及幕墙信息赋予之后，再分别完成幕墙图纸及工程量清单。一般而言，完成以上内容主要有两个步骤：

一是针对不同的图纸需要设置可见性信息：幕墙平立面及局部大样图主要用于表达幕墙的形体及尺寸，此类图纸达到显示面板、幕墙分缝及龙骨的程度就已经满足图纸的需要，同时能够满足工程算量的要求（图 14）。而幕墙节点图则着重表达各幕墙构件之间的连接构造及做法，精细程度要更高，需要额外表达包括角码、螺钉及胶条等构件（图 15）。

二是预设参数项及过滤条件，并在建模过程中按需要将设计信息给相应构件赋值（图 16）。

在完成模型建模及设计信息赋值之后，下一步即可根据图纸布局完成幕墙图纸及参数过滤的方式生成各类表单。

面板
分缝
龙骨

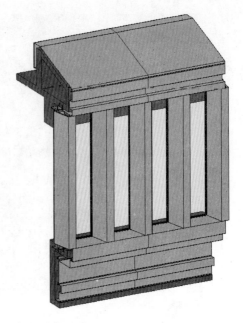

图 14　大样图深度图纸表达要求

算量深度　　出图深度

面板　角码
分缝　螺钉
龙骨　胶条

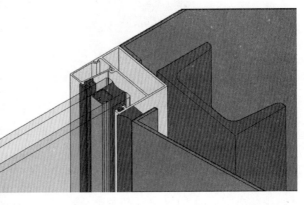

图 15　节点图深度图纸表达要求

3.4　输出成果

幕墙设计阶段主要成果包括幕墙图纸及幕墙材料清单（图 17）。一方面提供给建筑设计专业复核是否满足外立面效果的表达；另一方面则向下传递给成本造价专业及幕墙施工单位。到此，BIM 技术在幕墙设计中的应用已基本告一段落。

4　招投标阶段

在招投标阶段，幕墙专业主要对设计阶段完成的成果进行维护，主要包括投标答疑及评标。待投标单位中标以后将幕墙部分的维护交接给幕墙施工单位。

图 16 预设参数、添加设计信息及过滤条件

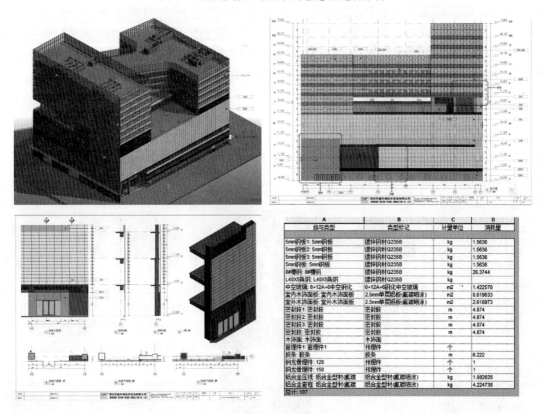

图 17 幕墙图纸及幕墙材料清单

4.1 清单核对

BIM 模型中的信息及参数化设计便于工程量的统计，也便于与各方核对。

4.2 模型应用

在招投标阶段可要求投标方利用原有模型做施工模拟、部署，这样做更直观、有针对性。

5 施工阶段

施工阶段幕墙设计资料已移交给幕墙施工单位。此阶段 BIM 技术的运用主要由施工单位完成。幕墙设计单位的主要任务是定期或根据项目实施情况进行现场巡察，以了解现场完成情况是否符合外观及设计要求。

施工阶段的应用根据项目情况及实施单位的不同有不同的用法，可以帮助施工单位完成施工图设计、完善施工组织设计及施工准备工作。简单来说，其可用作幕墙定位、板块下料、碰撞检查、施工模拟及现场管控等。

6 运维阶段

BIM 总协调方提取竣工 BIM 成果，交予运维单位。BIM 总协调方配合运维单位的运维需求及信息格式条件，辅助运维单位进行 BIM 信息的提取和运维测试。运维单位在运维平台上进行对交付对象的运维管理，定期更新项目运维资料至项目管理协同平台备份。

关于既有幕墙的检测、维护、升级改造不仅业内人士关注，社会各界也在关注，且也不缺乏钻研此领域的人才、机构。随着科技的发展，既有幕墙的全息时代即将到来，而建筑信息模型发挥的价值也得到进一步延伸，利用先进科技在现有 BIM 模型上加入实时使用情况，将实现既有幕墙的信息化安全管理。如：采用无人机对建筑整体进行扫描，排查幕墙风险点并结合模型中的建筑信息准确判断、有效解决；幕墙云、既有幕墙的全息时代必将是继 BIM＋时代的又一发展趋势。

7 幕墙 BIM 应用示例

幕墙 BIM 应用示例如图 18、图 19 所示。

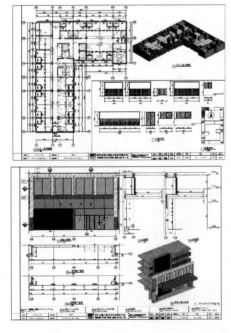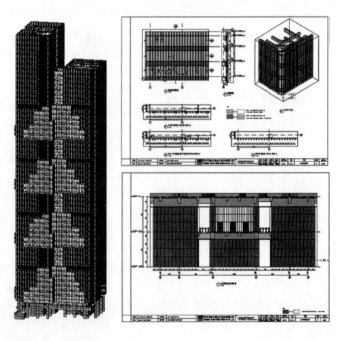

图 18 幕墙 BIM 项目示例（一）

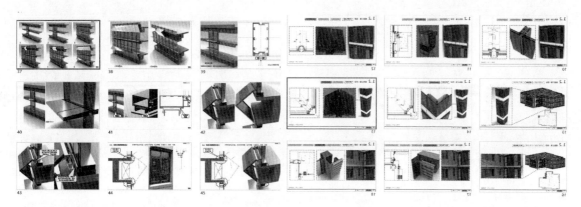

图 19　幕墙 BIM 项目示例（二）

8　结语

随着国家信息化战略的不断深入，BIM 技术对建筑行业乃至幕墙行业而言已不是新鲜事物。在这个信息时代，建筑业的 BIM 技术是未来发展的必然趋势。建筑信息除了其本身天然具有的部分，更多的是在设计建造过程中不断添加赋予的。建筑与其信息之间是相互依存、共生共利的关系，没有信息的建筑和脱离建筑的信息在信息化时代都已经失去了意义。这就要求从业者要在设计过程中高度关注建筑与信息的结合，在新时代必须建立信息化的设计思想和设计理念。幕墙或者说外立面是建筑必不可少的一部分，在大环境发生改变时，BIM 技术作为一种新型的设计工具，其本身具备一定的前瞻性及先进性，目前已经在部分建设项目中发挥正面作用。面对信息化大数据这种趋势，我们应当随时适应，总结经验，推动新型技术的应用。幕墙设计如何在这个大环境下适应并往前发展，值得行业深入探讨。随着有关部门的大力推广及各学会、协会的标准制定，幕墙已有了一定范围的普及和应用。本文概述了 BIM 技术在幕墙设计中的应用及全专业协作的管控要点，希望对幕墙行业在 BIM 技术的应用上有一定的参考价值。

参考文献

[1] BIM 实施管理标准（2015 版）：SZGWS 2015-BIM-01 [S]．

基于 BIM 技术的异形幕墙（屋面）面板下料

◎ 曾晓武

深圳市建筑门窗幕墙学会　广东深圳　518053

摘　要　对幕墙设计人员来说，异形幕墙（屋面）面板的下料往往难度较大，耗时较长，也往往容易产生设计失误。本文通过 BIM 技术的应用，将异形幕墙（屋面）面板的下料变得简单、快捷，确保设计质量。

关键词　BIM 技术；异形幕墙（屋面）面板；设计下料

Abstract　For curtain wall designers, design of irregular curtain wall (roof) panels is often difficult, time-consuming and possible to some design mistake. Through the application of BIM technology, I will explain how to becomes design of irregular curtain wall (roof) simple, fast and ensures the design quality.

Keywords　BIM；Curtain wall (roof)；Design

1　引言

幕墙设计人员遇到异形幕墙（屋面）时通常会觉得下料比较烦琐，特别是面板部分，往往可能一天才能下几块面板，既费时又费力，效率低还容易出错。但是，如果采用 BIM 技术，异形幕墙（屋面）的面板下料可能会非常简单，可极大地提高设计效率。

由于异形幕墙（屋面）的曲面面板差异性太大，只能具体工程具体分析，所以本文主要阐述不规则平面面板的设计下料。

2　总体思路

首先，根据建筑师提供的幕墙分格图或建筑三维表皮模型，建立异形幕墙（屋面）的三维模型，并根据板块编号提取各个不规则面板的参数化信息，如各边长长度、相关角度、规格、材质等；其次，将异形幕墙（屋面）三维模型提取的各面板相关参数化信息输入不规则面板 BIM 三维机械加工模型中，通过逻辑运算，自动生成面板材料的加工工艺图和 CAM 格式机械设备加工图；通过接口将 CAM 格式加工图输入相关的加工设备。本文主要阐述如何将异形幕墙（屋面）的面板通过 BIM 机械设计软件自动生成面板的加工图。

异形幕墙（屋面）中不规则面板最常见的面材为铝板和玻璃组框，下面分别阐述这两种面板材料如何通过 BIM 技术进行设计下料，希望对异形幕墙（屋面）的设计下料人员有所帮助。

3　不规则铝板

为拟合曲面，幕墙面板往往为三边形或四边形，而四边形的铝板相对来说设计难度更大，所以，本文以不规则四边形铝板为例讲解应用 BIM 技术进行三维建模下料。

我们知道，要确定一个不规则四边形，需要四个边长和一个夹角。而要设计一个不规则铝板的加工图，还需要明确铝板的厚度、铝板折边高度以及根据结构计算的最大间距，明确固定角码和加劲肋的位置、数量和间距等。

3.1　技术路线

（1）建立不规则铝板三维机械加工模型，主要参数包括各边长长度、夹角、折边高度、铝板厚度等，如图 1 所示。

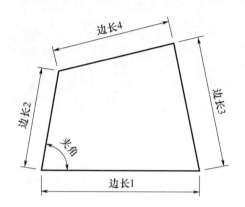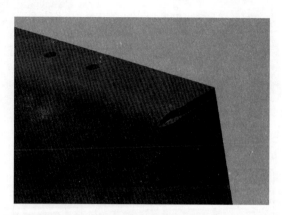

图 1　不规则铝板参数化信息及三维局部详图

（2）按设计要求确定固定角码的间距和数量，固定角码的间距需通过函数逻辑关系运算，以确保实际间距不大于设计要求的最大间距，如固定角码的数量＝1＋（边长－两个角码边距）/角码最大设计间距，固定角码的间距＝（边长－两个角码边距）/固定角码的数量等。铝板加劲肋间距和数量的确定与固定角码类似。

（3）通过阵列或镜像等工具确定固定角码和加劲肋的位置和数量，生成铝板加工图。

（4）自动生成铝板展开工艺图，并提交铝板的展开面积、面板质量等相关信息。

3.2　实例说明

下面通过一个具体的铝板加工实例来说明，由于不规则铝板的加劲肋布置变化太大，无法确定，故实例中省略了加劲肋的布置设计。

（1）假设我们要自动生成一块不规则铝板的加工图，四条边长分别为 1511mm、922mm、1233mm、1144mm，夹角为 78°，其他参数详见图 2。正如图 2 中所示，不规则铝板的三维模型的外形尺寸、角码、折边等立即按参数设定的要求进行了更新生成。

（2）根据三维模型，生成不规则铝板的加工图，如图 3 所示。从图中可见，各边长的角码间距和数量均按最大间距 350mm 进行了自动布置。

（3）同时，自动生成不规则铝板的展开图，如图 4 所示。从图中可见，不规则铝板的展开面积及铝板质量均可自动生成。

通过上述实例可见，不规则铝板无论是三边形、四边形还是五边形等，只要能通过参数化进行表述，都能应用 BIM 技术实现不规则铝板快速自动生成加工图和展开图，从而提高不规则铝板的设计下料效率，确保设计的正确性。

4　不规则玻璃组框

采用玻璃拟合曲面时，通常采用三边形。下面以不规则三角形玻璃组框为例，来说明应用 BIM 技

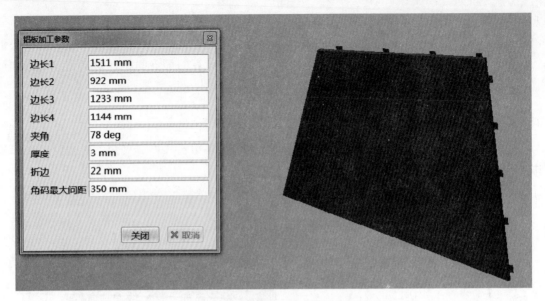

图 2　不规则铝板按参数要求自动生成

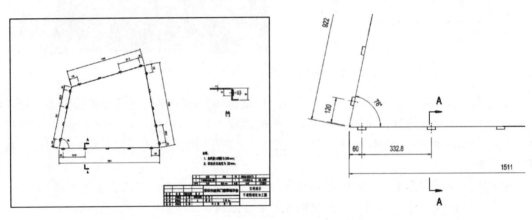

图 3　不规则铝板加工图及局部放大图

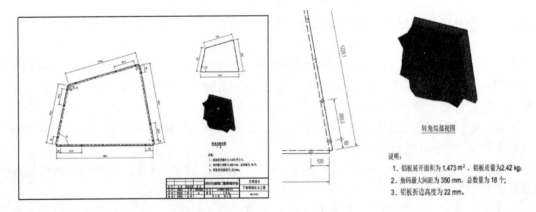

图 4　不规则铝板展开图及局部放大图

术如何进行三角形玻璃组框的设计下料。

异形幕墙（屋面）的分格为三角形分格，玻璃为平面玻璃，与玻璃框铝型材采用结构胶进行粘结。三维模型表皮视图如图 5 所示。

要设计一个不规则三角形玻璃组框，需要三个边长以确定玻璃组框外形尺寸、各边玻璃框的长度及切割角度等，还需要明确玻璃结构胶的厚度、玻璃与玻璃框的出边关系等。

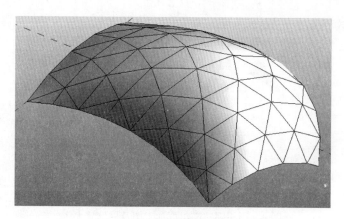

图 5　三角形不规则玻璃组框表皮三维视图

4.1　技术路线

（1）同样，先建立不规则玻璃组框的三维机械加工模型，主要参数包括各边长长度、玻璃与结构胶厚度、玻璃出边尺寸等，如图 6 所示。

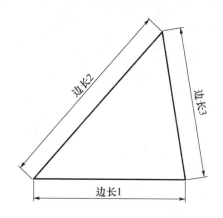

图 6　不规则玻璃组框参数化信息及三维局部详图

（2）根据三维模型自动计算各边玻璃框的长度及两边的切割角度等生成不规则玻璃组框加工图所需要的参数信息。

（3）通过参数信息，自动生成不规则玻璃组框的组框图以及各边玻璃框的加工图，并提交玻璃组框的面积、质量等相关信息。

4.2　实例说明

下面通过一个具体的不规则玻璃组框加工实例来说明。

（1）假设我们要自动生成一块不规则玻璃组框的加工图，三条玻璃边长分别为 1611mm、1422mm、1033mm，其他参数详见图 7。正如图 7 中所示，不规则玻璃组框的三维模型的外形尺寸、玻璃及结构胶厚度、玻璃出边尺寸等立即按参数设定的要求进行了更新生成。

（2）根据三维模型，生成不规则玻璃组框的加工图，如图 8 所示。从图中可见，玻璃及结构胶的厚度、

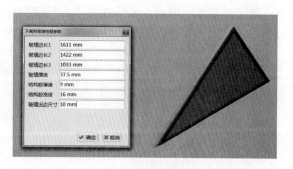

图 7　不规则玻璃组框按参数要求自动生成

玻璃出边尺寸等均按参数要求进行了更新生成，同时生成各构件的明细表，表中的参数也进行了更新生成。

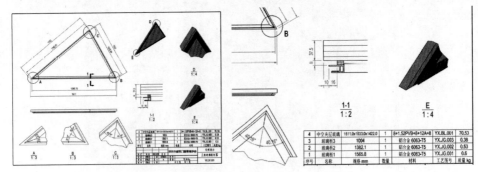

图 8　不规则玻璃组框加工图及局部放大图

（3）同时，自动生成不规则玻璃框的加工图，如图 9 所示。

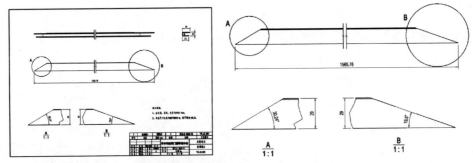

图 9　边长 1 玻璃框加工图及局部放大图

通过上述实例可见，不规则玻璃组框通过参数化进行表述后，能应用 BIM 技术实现不规则玻璃组框的快速自动生成组框图和加工图，并提供其他附属信息，如板块重量、板块重心等，为以后的工序提供方便。

5　结语

在没有采用 BIM 技术之前，碰到异形幕墙（屋面）往往采用 AutoCAD＋Rhino 的方式进行设计下料，通过这些三维建模软件获取面板在空间环境下的与主体结构及分格尺寸的关系、各边边长、夹角等，再转到 AutoCAD 进行二维平面设计各面板及各构件的加工图，转换过程中稍有不慎，就可能引起设计失误，造成损失，则直接影响设计乃至整个工程的进度。

通过不规则铝板和玻璃组框的设计示例可以得出，作为异形幕墙（屋面）设计的培增器，BIM 技术的应用使得异形幕墙（屋面）的设计下料变得非常简单、快捷，立等可取。只要参数化模块和幕墙（屋面）三维模型输入正确，理论上不可能存在下料错误，极大地提高了异形幕墙（屋面）的设计效率，使异形幕墙（屋面）的快速设计下料变为可能。基于 BIM 技术的异形幕墙（屋面）设计将原本枯燥无味的幕墙下料工作变得非常简单、轻松，大大地解放了设计下料人员的工作压力，极大地提高了设计效率，降低了人为设计错误，对整个幕墙工程的施工进度和成本控制都将起到非常大的推动作用。

基于 BIM 技术的异形幕墙（屋面）设计及下料还有待进一步研究、发掘，特别是双曲面的异形板块，任重道远但前景广阔。

参考文献

［1］廖小烽，王君峰 . Revit 2013/2014 建筑设计［M］. 北京：人民邮电出版社，2013.

［2］马茂林，王龙厚 . Autocad Inventor 高级培训教程［M］北京：电子工业出版社，2014.

浅谈 BIM 技术在结构计算中的协同作用

◎ 甘钊铭

深圳华加日幕墙科技有限公司　广东深圳　518052

摘　要　本文探究了 BIM 技术对复杂异形钢结构雨棚的辅助性设计，及探究结构计算过程中协同作用的方式方法。

关键词　幕墙；异形；金属面雨棚；BIM；协同结构计算

1　引言

　　BIM，建筑信息化模型（Building Information Modeling）被定义成由完全和充足信息构成以支持生命周期管理，并可由电脑应用程序直接解释的建筑或建筑工程信息模型。简言之，即数字技术支撑对建筑环境的生命周期管理，能够将工程项目在全寿命周期中各个不同阶段的工程信息、过程和资源集成在一个模型中，方便被工程参与各方使用。

　　通过三维数字技术模拟建筑物所具有的真实信息，为工程设计和施工提供相互协调、内部一致的信息模型，使该模型达到设计施工一体化，同时 BIM 技术在各专业协同工作过程中也起到了提高生产效率、节约造价成本、提升设计质量、缩短工程工期等多个重大作用，能真正实现一个模型、多方协同、多重产物。

　　BIM 不仅能在常规碰撞检查、施工组织模拟、虚拟漫游功能上发挥效力，而且在不同专业技术交流协同工作下，也迸发出新的火花。在结构设计计算方面也有了广阔的应用领域，本文将通过现有工程实例，从结构方面作为切入点，浅析 BIM 技术下与结构设计技术融合的方式方法及技术特点。

　　《钢结构设计标准》（GB 50017—2017）已于 2017 年 7 月 1 日开始实施，该标准对结构分析与稳定性设计，受弯构件，轴心受力构件，拉弯、压弯构件，加劲钢板剪力墙，塑性及弯矩调幅设计，连接，节点，钢管连接节点，钢与混凝土组合梁，钢管混凝土组合梁，钢管混凝土柱及节点，疲劳计算及防脆断设计，钢结构抗震性能化设计，钢结构防护等方面都做出了相应的规定和技术定义。

　　《钢结构设计标准》第五章第五点中直接分析设计法中写道：当采用直接分析设计法时，也可以直接建立带有初始几何缺陷的结构和构件单元模型，也可以用等效荷载来替代。在直接分析设计法中，应能充分考虑各种对结构刚度有贡献的因素，如初始缺陷、二阶效应、材料弹塑性、节点半刚性等，以便能准确预测结构行为。

　　采用直接分析设计法时，分析和设计阶段是不可分割的。两者既有同时进行的部分，也有分开的部分。两者在非线性迭代中不断进行修正、相互影响，直至达到设计荷载水平下的平衡为止。这也是直接分析法区别于一般非线性分析方法之处，传统的非线性分析，强调了分析却忽略了设计上的很多要求，因而其结果是不可以"直接"作为设计依据的。

　　要实现直接分析设计法中要求的直接计算得到的钢结构稳定性数据，我们在项目中对图纸进行了分析建模，对甲方要求的外观进行了方案模拟，该项目中钢结构存在一定复杂性，需要钢龙骨可视，造型要求美观，雨棚主要由两个塔状雨棚拼接而成。

2 软件选择

在考虑建模软件的过程中，我们首选的两个建模测试软件是 Rhinoceros 和 Autodesk Revit，经过对比，Rhinoceros 对结构计算软件 SAP2000 的格式支持度最高，可以通过 dxf、sat、ige 格式将数据导入 SAP2000 中，其数据传递的过程中误差小，且成功率高。故此我们选择 Rhinoceros 作为首选建模软件，同时 Rhinoceros 中有 Grasshopper 参数化设计插件，能充分地扩展 Rhinoceros 的功能，实现参数化设计功能，提升模型的利用效率。

3 项目概览

该项目雨棚为金属屋面车站雨棚，由钢结构支撑，钢结构考虑全刚接＋铰支座模型。包含主体钢结构、装饰铝铸造型、构件式玻璃幕墙，顶部的型钢拼接在一个圆管上，雨棚沿着结构线延伸过去，曲折变化，从结构分析设计方面看，设计存在一定难度（图1）。

在 BIM 技术下，对模型中的关键数据进行参数化设计，在应对方案变更过程中对原有设计参数做出数据调整，相应地原有模型也会随着参数化数据的改变而改变。

首先对大样进行模拟，在表皮与节点方案通过后，对铝板装饰带大样进行模拟，要体现出分缝、收口位、封口等细节，同时该阶段需要工地人员现场返尺，将相关其他专业分包完成后的数据反馈给总监、主设计和 BIM 组，以便实现对现场环境的真实模拟，搭建表皮模型，在模型中能体现建筑分格情况。

图1 雨棚金属屋面三维放样

4 模型结构信息传递

我们将 BIM 模型中的模型通过 Grasshopper 插件对模型中的面进行提取，随后对提取出的面进行分析，建立分格线，对整体的结构体系进行分析，依据设计要求对支撑龙骨柱进行分布布置（图2）。

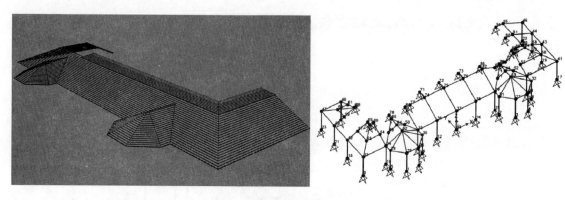

图 2　雨棚金属屋面线状图

从模型中提取构件信息导入 SAP2000 中，需要注意的是，可将线、点、面导入软件中，使用 Pl 线绘制的图形必须炸开。模型中图形所在的图层不能在默认的 0 图层中，新建的图层以数字或英文命名能提高兼容性，随后将图形线段数据导出为低版本的 dxf 格式文件。

在复杂的模型导入的过程中，需要注意检查模型中点的位置。在 CAD 里面建模时，通常情况下我们会通过点的捕捉进行辅助绘图。虽然在视图上看线段是相互连接的，但是在 Rhinoceros 的三维视图下，由于实际捕捉误差，或者软件间数据传递误差，导致两条线段实际没有交点。我们在实际操作过程中，发现平面外位移很大，最终检查发现，结构线段中的点不在同一个平面内。针对导入 SAP2000 的线段不会连接在同一个节点上的情况，通常采用 Rhinoceros 中的合并线段命令，对线段进行封闭性检查。至此已将模型转化为结构计算软件需要线状图。

5　建模分析计算

搭建金属屋面表皮模型后，通过数据拾取插件对模型中的数据进行提取，导入至结构计算软件中进行分析计算。将模型中导出的线数据导入 SAP2000 中赋予成面，如图 3、图 4、图 5 所示。

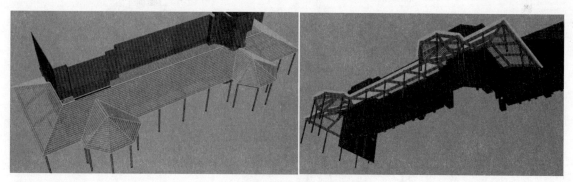

图 3　雨棚金属屋面三维放样图

将其中荷载、截面数据赋予到软件中，最后进行组合计算和校核，通过对荷载进行组合数据对标准值下的挠度进行校核，结果如下。

5.1　节点位移

钢架最大变形为 $d_{\max}=4.889$mm，发生最大变形的杆件为 40 号杆件，其跨度为：

$L=5000$mm。变形限值为：$d_{\lim}=5000/250=20$mm。$d_{\max}\leqslant d_{\lim}$，

因此变形满足设计要求。计算图如图 6 所示。

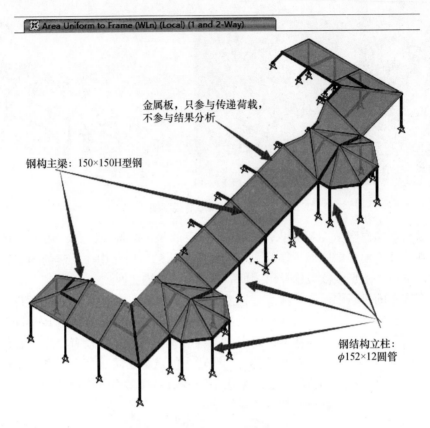

图 4 雨棚金属屋面 SAP2000 赋予面图（mm）

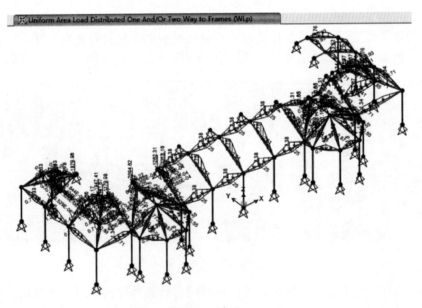

图 5 雨棚金属屋面受力计算图

5.2 杆件应力

通过软件计算核验所有杆件最大应力为 168MPa＜310MPa（Q345 抗拉强度），因此杆件的强度满足设计要求（图 7，图 8）。

综上所述，该钢结构的设计稳定性满足设计要求。

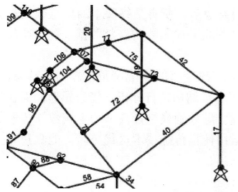

38.	37.	38.	3237.5.
39.	38.	39.	3237.5.
40.	40.	41.	5000.
41.	42.	33.	3800.
42.	41.	43.	3800.
43.	45.	42.	3200.

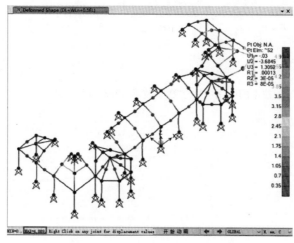

图 6 雨棚金属屋面节点位移计算图（mm）

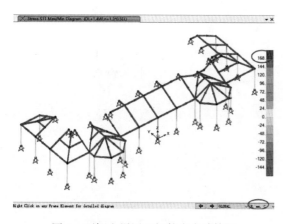

图 7 雨棚金属屋面杆件应力计算图

图 8 施工中的雨棚金属屋面钢结构图

6 结语

本项目中我司采用 BIM 技术进行深化设计指导，通过对节点模拟放样，设计人员与管理人员通过模型装配模拟、节点展示等，最终确定可行的方案。

运用 BIM 技术对力学计算的辅助作用，减少了二次建模带来的时间成本，并且模型精度达到设计要求，对其他各项模型数据的利用都会有很好的辅助设计作用。通过软件之间的数据互联对数据进行传输，从力学软件中拾取原模型中的辅助数据，直接在力学软件中导入并生成相应的计算书。

BIM 信息化文件通过不同的媒介传输到不同职能的人手中，可以清楚地把信息可视化，产生不同的功能效益。在一定程度上缩短了项目周期，也在一定程度上解决了问题、减小了误差。同时也能依据模型中的问题与各方人员进行实时交流与模拟展示，项目结束后，所有最终版本的信息数据都会被统计在 BIM 模型中。在后期运维的过程中，能最大程度地提供保养所需要的资料数据，提升产品整体质量。

随着现代建筑业的发展，越来越多复杂的异形曲面幕墙工程诞生出来。特异的造型对于幕墙设计，尤其是幕墙结构设计发起了挑战。我司运用 BIM 技术对异形幕墙结构进行分析，复杂异形曲面在计算机辅助计算下，BIM 技术与结构设计协同作用，从模型的建立导入到最终计算书，生成数据传递的过程，实现了一个模型、多方协同、多重产物。BIM 技术的运用使得传统技术迭代更新，能真正意义上将图纸的信息整合在一个三维模型中，各个专业的相关团队通过一个文件，就可以构建、分析、完善这个三维模型，从而来了解、完善这个工程。未来 BIM 技术还有许多值得探索的技术领域，在这种创新思维的大环境下，坚持创新才能在技术更新的潮流下扬帆起航。

参考文献

［1］刘爽 . 建筑信息模型（BIM）技术的应用［J］. 数字技术 2008，（1）：100.

BIM 在门窗下料中的应用与探索

◎ 刘江虹

深圳华加日幕墙科技有限公司　广东深圳　518052

摘　要　本文探讨了小型门窗设计 BIM 软件 WINCAD 引进消化过程中的相关经验总结、软件与企业原有系统对接，向软件研发人员提出改善建议、定制升级包。

关键词　门窗设计；BIM；下料计算；材料优化

1　引言

BIM 技术是一种应用于工程设计、建造、管理中的数据化工具，通过对建筑的数据化、信息化模型整合，在项目策划、运行和维护的全生命周期过程中进行共享和传递，使工程技术人员对各种建筑信息做出正确理解和高效应对，为设计团队以及包括建筑、运营单位在内的各方建设主体提供协同工作的基础，在提高生产效率、节约成本和缩短工期方面发挥重要作用。

按 BIM 软件的功能可分为三维建模软件、机械设计软件、施工管理软件等，其中三维建模软件主要有欧特克公司的 Revit、达索公司的 Catia、Robert McNeel 和 Associates 公司的 Rhino 犀牛及其 Grasshopper 插件；机械设计软件主要有达索公司的 Catia 和 Solidworks、德国 Siemens 公司的 UG、美国 PTC 公司的 ProE、美国 CNC 公司的 Mastercam 以及欧特克公司的 Inventor；施工管理软件主要有欧特克公司的 NavisWorks、宾利公司的 ProjectWise 和达索公司的 Delmia。这些软件可以应对各类曲面造型复杂的大型幕墙工程。

这些软件正版价格都要几万元到几十万元，而且要求电脑配置很高，不适合小型门窗企业、大量普通门窗设计人员使用。设计人员需要的是门窗设计技术难度不高，但要求计算准确性精确到 0.1mm 以内，而且要易学易用，造价不高，普通电脑都可以使用的软件。而 WINCAD 则是为门窗设计与生产而开发的专业软件，它的功能满足门窗设计与生产全过程的要求。价格不高，完全正版，两年内免费升级，随时网络和电话技术支持，客户授权后软件服务人员可远程操作电脑，协助安装软件，查找解决使用过程中出现的问题，可以上门辅导用户使用方法，可以为客服定制部分特殊功能。

同类型软件有长风、创盈、信友、蓝科等，功能各不相同，原理大同小异，但最基本的都是要通过输入型材断面内外两侧参数和型材之间的配合关系，才能得出型材的下料长度。在型材长度计算方面，WINCAD 提供了多种检查复核方法来确保下料长度计算的准确性。

最新技术是由深圳某公司推出的"基于 BIM 技术的建筑幕墙下料系统"，它将以上大型 BIM 软件集中到云平台的服务器上，由服务器管理人员在后台根据门窗幕墙类型预先制作一系列参数可变的标准部件图和零件图，用户只需连入互联网登录相关网址，选定幕墙类型或者窗型系列，输入门窗幕墙大样分格参数，云平台就可以自动完成门窗幕墙加工图和加工尺寸的输出，用户只需下载使用。期间所用到的 BIM 大型软件，都在服务器后台运行，无需每个用户都要采用高配置电脑，不需要安装并会使用相关 BIM 软件，现在已有公司开始试用此系统并取得显著效果。

2 门窗设计软件如何保证型材长度计算准确

2.1 型材输入标准化

使用 WINCAD 软件前，必须先在 AutoCAD 中，使用"加载应用程序"appload（AP）命令加载豪典 CAD 插件，利用此 CAD 插件将门窗所用到的全部型材，一个一个地导入软件数据库中（企业版数据保存于服务器，用户之间可以共享）。此插件要求型材导入前所有线条必须是分散独立的，如果是块、多义线、面域等，均无法导入，必须先"分解"成各自独立的线条。而且只能是构成型材壁厚封闭空间的外围轮廓线，不包括尺寸标注、说明文字、中心线、填充线等。如果是隔热型材，必须内外两侧型材与隔热条一起作为一个型材导入。而本来就不是同一支型材的，如边框与压条，就不能导入到同一个型材内。导入型材必须是最终的开模型材图。所有导入型材图形的方向必须严格按照"左墙体右玻璃，上内下外"的同一标准导入图形，违反此标准，后续设定型材搭接与拼接均很难进行，或产生错误，最终无法正确设定型材之间的相互关系，只能推倒重来。

型材输入标准化是确保计算准确的基础，导入型材尺寸不标准，后面的型材下料长度计算结果会产生偏差。导入型材方向不标准，将会给后面的型材配合带来困难。

型材导入时，必须同时输入该型材所属"分类库""系列""名称""代号""构件属性""定位"。

"分类库"一般指门窗分类，如平开窗、平开门、内开内倒窗、推拉窗、提升推拉门等大类；注意，此处分类库应按产品分类，最好不要使用项目名称分类，以便与后期加工单、材料统计时的工程项目名称区别。

"系列"一般指门窗厚度系列，如 65 系列平开窗，90 系列推拉窗等。

"分类库"与"系列"内容不能相同，如果完全相同，则后续使用型材时系统无法识别，会提示出错。

"名称"需根据门窗使用位置规范名称，方便后续定义时快速区分识别。

"代号"一般根据型材厂家或者门窗厂家内部指定唯一代号，一个代号代表一款型材。不同型材名称可以相同，而型材代号必须不同。

"构件属性"是型材分属"框""扇""梃"（"梃"对应国标《建筑门窗术语》的"中横框"与"中竖框"）"加强梃""转角""压条"（玻璃压线、扣条）"翻转框"（转向板），指定型材使用位置，有利于后期软件自动匹配识别型材使用位置。如图 1、图 2 所示。

一般型材均为"左定位"，只有中梃为"中间定位"，不对称中梃为"中间偏移定位"。只有"中间偏移定位"才需要设定 X 轴定位偏移值，只有中梃与边框不在同一平面的才需要设定 Y 轴定位偏移值。设定偏移值后效果可从 CAD 插件左下角的型材图中看出，X 轴与 Y 轴红色坐标箭头交汇原点与型材图形的相互关系。

2.2 窗型输入参数化

软件打开后基本界面如图 3 所示，常用图标内容如图 3（鼠标移动到图标上会显示相应内容）所示。新建或者打开已有的项目后，选择新建窗型（可以理解为准备一张白纸），在弹出的"窗型属性设置"（图 4）对话框中相应位置选定所属门窗系列，输入门窗编号（不同编号以区别于不同的门窗），如果输入窗底标高和建筑高度、是否七层以上，软件可以自动判定开启执手中心高度，玻璃是否需要钢化。其他门窗数量等也可暂不输入，到后期出加工单的时候再输入。

再点软件左上角"矩形外框"图标，在弹出"绘制矩形外框"对话框（图 5）内输入门窗宽度和高度（不一定是很准确，后期可以灵活调整），再在屏幕上点击一下就会出现一个矩形（可以理解为塞缝宽度为零的门窗安装洞口），再根据门窗组成情况，点选图标"斜角封闭框"或"直角竖通封闭框"或"直角横通封闭框"，在弹出"构件参数"对话框（图 6）内选择待画的"型材属性"选择"框""扇"

"梃""加强梃""转角""压条""翻转框",（第一个肯定先选择"框"）在矩形框内一点,就会相应产生一个矩形外框。再在矩形外框内可选择画"标准横梃""标准竖梃""中梃""框料",在弹出的"梃偏移距离"对话框（图7）中输入距离。如果是双扇平开门和推拉门窗,还需要画上"虚中梃"（实际并不存在的型材,所以也没有型材号,宽度只是一个示意,只相当于一个左右分格的中心线和进出定位的基准线）。门窗分格产生后再在相应的开启窗位置,按以上画矩形外框的方法画"扇"与"压条",在固定窗位置画"翻转框"（如果有）和"压条",在"压条"内画玻璃。如果是推拉门窗,要先将内扇选定后将其属性修改为"内定位",并将型材图示填充颜色修改为另外一种颜色,以随时提醒区分（软件默认为外定位,所以外扇为外定位,无需修改）。如果是三轨推拉,还需要将中扇属性改为"中定位"。完成后在窗型图如图8所示。

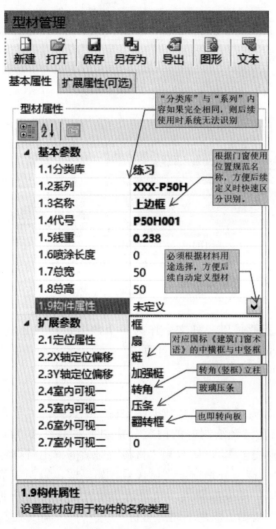

图 1 型材输入标准化（一）

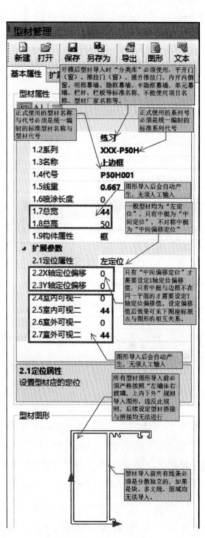

图 2 型材输入标准化（二）

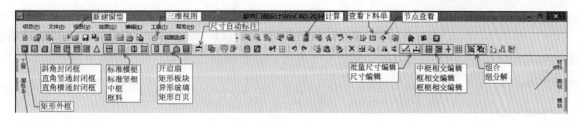

图 3 软件打开后的基本界面

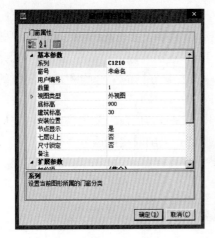
图4 窗型属性设置

图5 绘制矩形外框对话框

图6 "构件参数"对话框

图7 "梃偏移距离"对话框

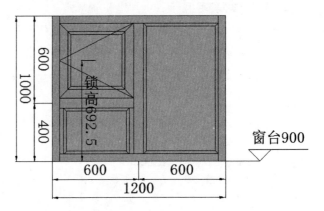
图8 完成的窗型图（mm）

以上种种点选文字，输入数字的过程，实际上就是以一种文字作为一个数据库的"变量"符号，以"变量数据"来代替图形存在于数据库中，从而参与到数据库的计算中。

2.3 信息化

先点菜单"工具"→"设置常用主材"，在弹出对话框左侧"数据库型材"中选择已经导入数据库的型材，"添加"到右侧"常用型材"内，就可以在已经绘制好的门窗分格图上左键点选"框""扇""梃""加强梃""转角""压条""翻转框"（红色虚线包围），从右侧"材料"对话框"主材材料"找到相应型材号（右下角有型材断面图可供参考判定），逐一分别指定型材代号，如果框、扇、压条四周边不是同一款型材，需要先将原来整体绘制的框、扇、压条四周边"组分解"成单支型材再分别指定不同的型材代号。一般来说，推拉门窗的上下边框与两侧边框是不同的型材。"虚中梃"需要在其属性中指定为"虚中梃"。指定型材号后还需要指定玻璃品种与厚度。全部指定后如图9所示。

型材指定信息化的过程就是将每个位置使用到型材具有的属性数据信息告诉系统，系统才能准确地知道相互搭接与拼接分别是什么型材，以及这些型材具有什么样的属性。

软件中窗型图绘制及型材指定的实质就是将窗的基本构成，型材之间的搭配关系告诉软件系统，系统可以根据图形中各构件型材之间哪些是平行搭接，哪些是垂直拼接，下一步就会自动弹出关系设置对话框了。

2.4 可视化

指定型材号后点击"计算"图标，如果是第一次使用的型材，就会自动弹出设置型材的拼接与搭接

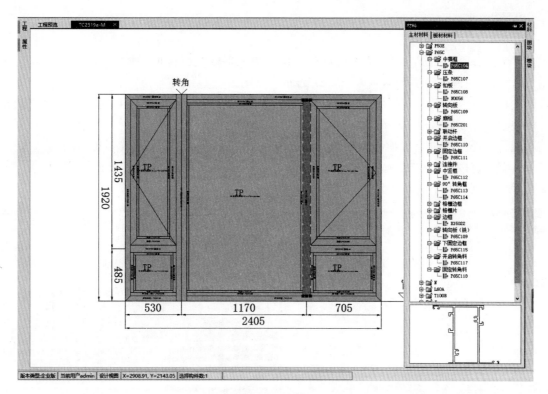

图9　窗型图绘制及型材指定（mm）

的对话框。软件将型材平行接触定义为"搭接"（剖面节点图所见的），将型材垂直相交定义为"拼接"（剖面节点不可见，立面图中可见）。搭接界面如图10所示，需要在AutoCAD中先打开节点图，测量两个平行型材左下角基准点X轴和Y轴的偏移数据，再填写到图10左侧相应位置，观察图形相互关系是否正确，还可用窗口上部的工具查询尺寸是否正确，可以上下左右对齐、移动、拖动定位。拼接界面如图11所示，但只需填写X轴偏移尺寸（Y轴偏移尺寸软件会自动确定）。一般来说，45°组角的X轴偏移数据和节点图中测量的相同，而90°组角（横通或者竖通）需要根据型材加工图确定的组装方式来输入。所有型材搭接与拼接方式设置完成后会自动完成计算，可以进入"节点查看""查看下料单""三维视图"了。

　　型材的搭接与拼接过程是完全的可视化的图形界面操作，所见即所得。即使有0.1mm的误差，图形放大后也可以看得出来。型材搭接与拼接位置必须要精确到0.1mm，45°拼角组成90°两支型材，平行搭接型材定位尺寸与垂直相交拼接的另一型材的定位尺寸应该完全相同，包括小数点后一位数都必须要完全相同，否则后一步生成的三维视图中放大后差了0.1mm同样也是可以看出来的。

　　这点与传统使用的Excel单元表格内计算公式由抽象的字母与数字完全不同，要在CAD内测量并记录数据，再到Excel重新输入一遍，过程中难免产生错误，而且错误还不容易被发现。

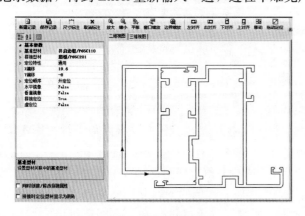

图10　搭接设置界面

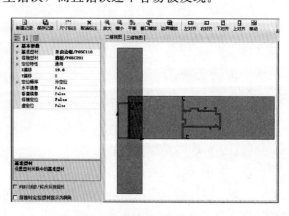

图11　拼接设置界面

2.5 模拟性

点击"节点查看"图标，在窗立面图的任意位置画水平横线或者垂直竖线（红色，无需完全水平或者垂直），红线所画过位置的横剖面或者纵剖面节点图就会显示在"节点查看"窗口，在此可以检查、查询型材的进出关系、方向是否正确，如图12所示。点击"三维视图"，可以进入三维透视视察窗口，按住鼠标左键后可以方便地旋转观察门窗内外两侧三维透视图，同时转动鼠标滚轮可任意放大或者缩小观看，还可随时点击顶部图标进入内、外、顶、底、左、右视图放大观看局部，如图13所示。如果有型材拼接错误，如两支型材交汇处任一支长度多了，就不会显示正常应有的接缝。如两支型材交汇处任一支长度不够，则会显示出两条缝隙。

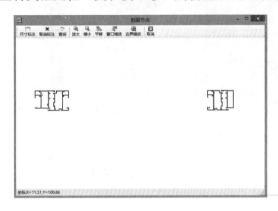

图12　节点查看窗口

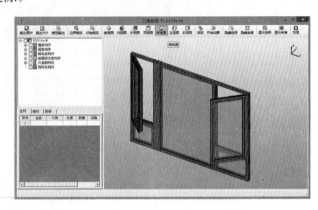

图13　三维视图窗口

如果有不正确之处，记住出错的型材代号及其邻近的型材代号，从主菜单"工具"→"数据管理"进入数据管理系统，从窗口顶部"数据选择"中选择"主材关联数据"，在数据表顶依次筛选"基准系列""基准代号""关联代号"基本就能找到这两个关联的型材了，数据表左下角的配合型材图也能大致看出是不是要找的两支型材，如图14所示。双击可进入修改这两支型材的搭接或拼接关系，修改方法与设置完全相同，还可以进入三维窗口任意角度放大或缩小观看两支型材的相互关系，修改完成后保存退出，如图15所示。

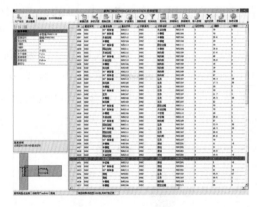

图14　主材关联数据窗口

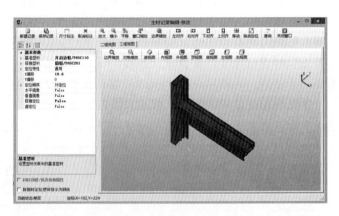

图15　三维窗口查看型材相互关系

在工作窗口"设计视图"状态下可随时切换到内视图和外视图，内视图和外视图与设计视图不同，它是与型材宽度完全相同的，是1∶1的。从主菜单"工具"→"节点图"→"设置节点索引"位置后，再点其下的"查看节点"，转到"节点查看"窗口后，从右上角"视图选择"中选择"内视图"或者"外视图"可以看到在原来画出的设置节点索引位置已经有了红色的型材断面，并且内外视图上的轮廓线与节点完全重合，如图16、图17所示。生成的内外视图（大样图）和节点图还可以直接输出为 DXF 文件，AutoCAD 可直接打开，可用 CAD 直接测量型材长度与下料表对照检查复核。

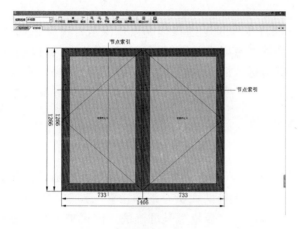

图 16　带节点外视图（mm）

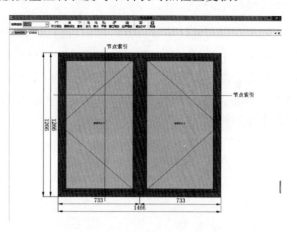

图 17　带节点内视图（mm）

以上软件使用过程中产生的节点图、三维透视图、内外视图完全是 1∶1 模拟图，型材与窗型输入及型材指定、型材拼接与搭接设置过程产生的任何错误，放大后都能准确地模拟出来，这正是 BIM 软件所必须具有的模拟性的体现。生成三维门窗图可输出为 STP、BREP 模型文件，方便其他三维软件如 Rhino、ProE 等直接打开编辑。

2.6　信息完备性

选定设计视图中的一支型材（红色虚线标记），再点左边"属性"，在弹出"属性"窗口下部"校核参数""计算公式"会显示这支型材的计算公式，可与传统的 Excel 计算公式对照检查复核，如图 18 所示。

2.7　一体化

通过自定义下料单模块，可使软件生成下料单产生的最终格式与原来 Excel 格式完全一致，如图 19 所示，方便后期的材料统计管理系统与原有系统完全兼容。自动生成发货门窗产品或者库存型材，采用条形码和二维码的产品标签，方便后续产品接收人员或者仓库管理人员扫码接收。企业版可以多用户共享数据库，只要有人使用过的型材无需再导入，已经设置的任意两支型材搭接和拼接主材关联数据，后来者自动使用，不用再次设置。

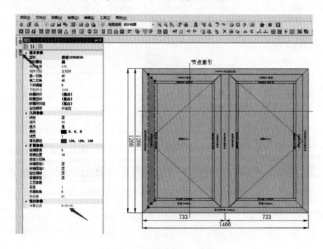

图 18　校核计算公式窗口

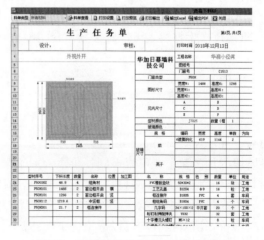

图 19　下料单格式与 Excel 格式相同

2.8 模块化

窗型模块与型材无关，窗型模块可以自行定义，软件也自带了大量标准窗型模块，可直接调入，使用时再指定型材。已经指定型材并设置完成主材关联的，可以自己随时定义为标准块和构件块。这些块是带有型材代号的，新窗使用标准块时无需再指定型材，而且这些块能随着门窗分格尺寸自动调整尺寸来适应，比 AutoCAD 里面的动态块用起来还方便。窗型模板和标准块均保存在服务器数据库中，企业版用户可以共享使用。

2.9 准确性

如果导入型材图是型材厂家的最终开模图，窗型大样绘制正确，指定型材无误，型材搭接拼接关系精确到 0.1mm，经查看查询验证节点距离正确，三维透视内外两面所有细部检查无异常，查看型材长度计算公式是正确的，则可以判定软件生成的型材下料单尺寸数量都是准确的。门窗玻璃尺寸是按玻璃四周型材嵌入深度来确定的，因此只要型材尺寸正确，玻璃尺寸也一定正确。

软件对门窗辅助型材和配件是采用按型材长度或者数量来附加的，如开启扇用胶条长度就是附加在开启扇型材长度来计算的，门窗上墙卡件、射钉射弹数量是按门窗四边框每边长度设定公式来计算附加的，门窗组角材是按组角型材数量来附加的，开启扇用执手、传动盒、连动杆、铰链等做成一个配件包，按开启方向、扇长、扇宽来设定逻辑判断条件自动计算附加上去的。只要有相应型材和开启扇，这些辅材、配件、五金在生成下料单的时候都会同时附加进去，后期材料汇总的时候也可以同时统计进去。

3 使用与改善

我司从 2018 年 1 月引进 WINCAD 软件企业版，首先是发动几个经验丰富的设计人员通过软件教程自己学习、练习、摸索软件使用经验，初期从设计人员中吸引有兴趣学习软件的人员举办集中学习讲解培训，引导入门后自行学习；中期从加工厂选调有长期门窗生产经验的生产管理人员和生产技术人员到技术部向设计人员学习软件使用方法和经验。后期对新来公司的员工，均要求学习使用软件，并作为试用期满，合格转正的考核指标。通过各种方法逐步推广到全公司。对于熟练使用 AutoCAD 和 OFFICE 的设计人员来说，WINCAD 操作方法有一些共同性，可以很快适应软件界面。现已用于多个门窗工程的大批量下单，正式进入使用阶段。经过全面验证与评估，已经达到了预期的效果。

使用过程中，我司发现并提出了一些软件不足或者不便于使用的地方，并提出了解决方案给软件研发人员，在下一次的软件升级中得到了解决。现在已经与我司原有材料管理系统完全无缝对接，WINCAD 产生材料表可以直接导入我司型材管理系统中。

4 结语

WINCAD 软件主要针对门窗设计，但同样也适用于框架式幕墙和单元式幕墙、栏杆、百叶窗、转角窗、异形窗、窗角、样角等。对已经设计好的窗型，可以直接修改分格尺寸，另存其他窗号。输入各阶段的加工数量，可以得到各阶段的加工单，只需要按几个快捷键，或者点几个图标，可自动完成材料统计、型材优化、材料分类汇总输出，直接生成各阶段的型材、配件、玻璃订货单。

不光包含门窗型材、配件、玻璃等材料的计算，线材板材自动优化、线材反向定尺、库存管理、经营报价，所有报表均可以输出为 Excel 格式，与通用电脑办公应用程序高度兼容。还可以进行门窗的强度计算和热工计算，生成 Word 格式标准计算书。

矢量化图形组织，可视化的界面，所见即所得。软件操作界面方法与常用的办公软件、CAD 基本相同，参数化输入，修改标注尺寸后图形会自动变化。使用过 CAD 的人能轻松上手，通过软件自带大量视频教程自学成才。

参考文献

[1] 曾晓武. 基于 BIM 技术的建筑幕墙设计下料［A］. 现代建筑门窗幕墙技术与应用—2018 科源奖学术论文集［C］. 北京：中国建材工业出版社.

[3] 铝合金门窗工程技术规范：JGJ 214—2010［S］.

[4] 建筑门窗术语：GB/T 5823—2008［S］.

[5] 铝合金门窗工程设计、施工及验收规范：DBJ15-30—2002［S］.

浅谈 BIM 技术在幕墙行业中的应用

◎ 江佳航　王云靖

深圳华加日幕墙科技有限公司　广东深圳　518052

摘　要　在现代建筑行业中，幕墙作为建筑行业的重要一环，大部分企业仍旧依靠人工绘制 CAD 加工工艺图，在这个追求提升效率与节约成本的行业，传统人工绘制迎来了挑战，急需将 BIM 技术应用于幕墙工程中。

关键词　BIM 技术应用

1　引言

BIM 这个词一被提起时就被广泛关注。BIM 是什么？许多人会说 BIM 就是建筑信息模型，也就是说 BIM 包含了与其相关的各专业信息模型。而我们如何使用 BIM，简单说就是如何将这些专业信息导入模型中，及如何将模型中蕴含的信息导出来为我们所用。

建筑幕墙行业的 BIM 技术应用一般可分为四个阶段，依次为：初步设计阶段、方案设计阶段、施工设计阶段、加工设计阶段。本文主要介绍 BIM 技术在幕墙工程各阶段的应用，希望能对从事幕墙行业的人士带来帮助。

2　初步设计阶段

初步设计阶段是在项目启动时，对整个项目涉及区域进行大致建模。在这阶段的模型要能体现出整体的造型、工程的范围、整体分格效果等。作为 BIM 技术流程的起始，后续阶段的深化及修改都在这个模型的基础上进行，因此该阶段模型最重要的两点是"快速"和"精准"。"快速"是指最短的时间完成整个大致模型，越早越有利于理解整个项目（图 1）。"精准"是指对图纸的快速"翻模"，通过"翻模"来核对图纸是否有问题，最常见的问题就是平面分格和立面分格不一致，若未经过复核，等到图纸深化完毕才发现问题，则会对整个工期造成不可估量的影响。

有些项目还会提供效果模型便于幕墙施工单位理解，但效果模型的精度都极差，一般与图纸有较大差异，需要根据图纸对模型进行复核与修改。同时通过查看图纸及建模加深对整个项目的理解，在展示模型时加上自身的理解，更有助于相关设计人员了解整个建筑的设计思路。

以一段弧形的菱形幕墙为例，通过建模及分析图纸知道该区域的菱形幕墙将做成竖直向下的分格（图 2 方案 1），将其建成模型后发现，转角处的拼接效果不理想。通过与建筑师沟通，建筑师希望能达成整体的连续性，因此对整体分格进行调整，获得了另一个分格方案（图 3 方案 2），再对方案进行分析，发现这种分格方式虽能完美地连接两片幕墙，但对于幕墙的边缘效果破坏较大，使边缘的分格显得很零碎。最终与建筑师及甲方反复沟通交流后，建筑师舍弃方案 2 维持原方案不变。

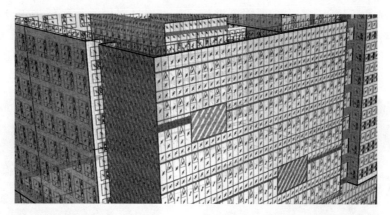

图1　目前较快捷的方式就是将平立面图投影在表皮模型上进行整体分析

图2　方案1由交接处向两边划分菱形幕墙分格

图3　方案2由两侧向交接处划分菱形幕墙分格

3　方案设计阶段

这个阶段主要是将初步设计阶段完成的模型进行分区，把不同幕墙系统区分开来，再通过模型来分析每个系统的数据。在标准矩形的幕墙之中，通过CAD就能完成节点的深化设计，但在单曲、双曲以及造型奇异的幕墙中，就需要通过模型来分析想要的数据了。以双曲面为例进行分析，在初步设计阶段已经将整体双曲面建立完成，然后可以把得到的双曲面每个分格通过曲率分析，将平缓的分格进行压平处理，最后再把压平的分格与原分格对比分析，尽可能与原方案的外观效果一致（图4）。

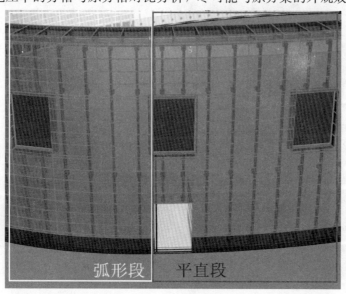

图4　将弧形铝板幕墙进行分析，将弧度平缓的铝板做成平面铝板

在把系统设计方案定下来后，也需要对其进行复核，通过建模进行部件加工分析，以确保加工工艺上没有问题，再对其进行组装模拟，确保方案的组装没有问题。这时需要通过机械设计软件（如 Inventor）对其进行模拟，首先把各部件建模后进行组装拼接，然后再通过设定的运动数字进行运动，最后通过实际模拟来复核方案的可行性（图 5、图 6）。

图 5　节点拼接的外视图　　　　　　　　　　　　图 6　节点拼接的内视图

4　施工设计阶段

该阶段主要是在标准位置方案定下之后，对标准系统边缘交接位置进行模拟。该过程需在不改变原方案基础上，对特殊的位置进行特殊处理。施工设计阶段与方案设计阶段的不同之处在于，方案设计阶段是"节点适应构造"，而施工设计阶段则是"构造适应节点"。因处理的区域相对系统较为复杂且一般具有不可复制性，往往整个系统的难点都在施工设计阶段中，因此该阶段可以说是设计的重点阶段。

以某项目屋顶一段幕墙为例：该位置为左侧玻璃幕墙与右侧室内玻璃分格交接处，该位置的设计既要兼顾左侧幕墙的整体性，还需要与室内玻璃分格保持一致，且该处还有一段护栏需要连接到室内的立柱上，护栏转角的两边是不同的幕墙系统，这时候就需要通过 BIM 技术对该区域进行分析，寻找可行方案处理该区域的搭接方式（图 7）。

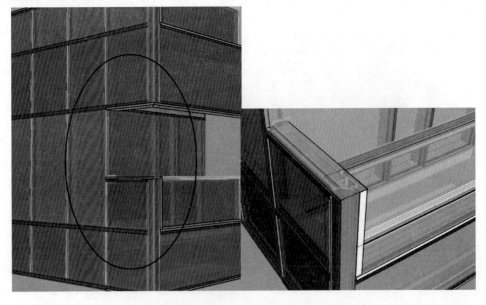

图 7　幕墙与室内区域交接处不同的栏杆系统搭接方案之一

在设计过程中还会涉及一些位置需要与其他专业进行数据互通，如管线的排布，与管道的拼接方式等，都需要将相关专业的信息模型融入幕墙模型中进行处理分析。同时也要通过各专业的模型来复核现场情况。在这个过程中需要不断地与各专业及现场人员进行数据互通，时刻保持模型的真实性与准确性，任何变动都要进行复核，以确保任何数据都与模型数据一致（图8）。

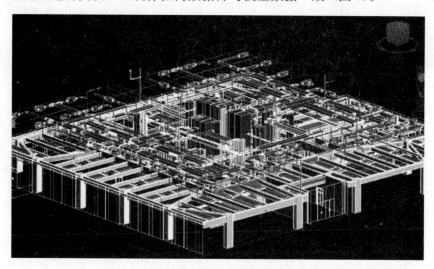

图 8　将甲方提供的模型链入幕墙模型中分析

5　加工设计阶段

经过施工图设计阶段后，就会生成一个高精度、高深度的模型，每根材料的加工组装方式都在这个模型中。下一步就是如何将这些数据提取出来，将材料加工成与模型里的一致。在加工厂机加中心无法通过导入模型进行自动加工的情况下，需要通过图纸来指导加工。因此首要的问题就是模型自动生成加工图。而为了能输出符合要求的图纸，在该阶段的模型都要尽可能地达到 LOD300-500 的深度，而当部分软件，如 Revit，无法建立符合要求的几何精度模型时，则需要通过导入到兼容的软件中，如 Inventor，进行二次处理才能完成出图要求。下面以 Inventor 和 Rhino 两款软件为例：Rhino 是生成模型的四个视图，结合插件能快速获得各种详细参数，可导出到 AutoCAD 中进行后期处理；而 Inventor 在软件中放置模型视图进行操作处理及标注，出图功能上较 Rhino 全面，但导出 AutoCAD 后较难进行后期处理（图9、图10）。

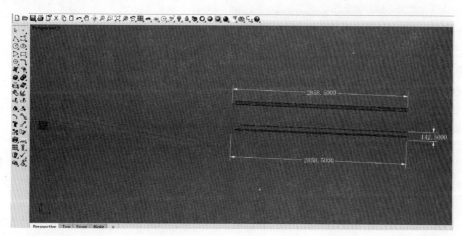

图 9　Rhino 的生成图纸功能

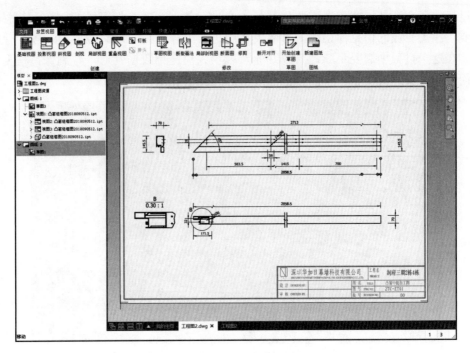

图 10　Inventor 的生成图纸功能

6　结语

BIM 技术在幕墙行业中除了模拟到生产这一方式外，还有很多应用方式。如 2016 年住房城乡建设部发布《2016—2020 年建筑业信息化发展纲要》，要求建筑行业企业"积极探索'互联网＋'"，促进建筑行业的转型升级，深入研究 BIM、物联网等技术的创新应用，创新商业模式，重点提出了大数据、云计算、物联网、3D 打印和智能化五项专项信息技术应用点。在互联网大数据的时代，BIM 也会搭着这艘"大船"快速发展，在 2018 年已经能相继找到这些技术雏形在试用，虽然功能还没有完善，技术尚未普及，但整体维持着创新进步的势头快速发展。而未来的 BIM 还有更多需要深入探讨的空间，如数据的完美互通、自动计算数据生成适用的模型、数据的交换等都是待解决的难题。

参考文献

［1］住房城乡建设部．2011—2015 年建筑业信息化发展纲要．2011.

［2］住房城乡建设部．关于推进建筑信息模型应用的指导意见．2015.

［3］住房城乡建设部．2016—2020 年建筑业信息化发展纲要．2016.

［4］王秀丽．现代建筑门窗幕墙技术与应用［C］．2018.

［5］中国房地产业协会商业地产专业委员会，中国建筑协会工程建设管理分会，中国建筑学会工程管理研究分会及中国土木工程学会计算机应用学术委员会联合发布．中国工程建设 BIM 应用研究报告［R］．2011.10.

第二部分

建筑工业化技术

新型工业化幕墙的发展思路

◎ 杨全新

深圳市方大建科集团有限公司　广东深圳　518057

摘　要　随着国家对装配式建筑的大力推广，装配式幕墙概念也不断地被提出。传统构件式幕墙材料需要在工地现场散件安装，材料分散，现场安装工序多，质量受限等诸多不便被体现出来，本文提出了将传统框架式幕墙进行单元化设计的新思路，也探索出一套适合工业化生产，装配式安装的新型工业化幕墙系统。

关键词　工业化生产；机械化安装；幕墙单元化

1　引言

新型工业化幕墙系统的探索，是基于目前建筑节能要求日益提高，以及建筑工业化快速发展的大背景下提出的，既满足国家发改委与住建部提出的关于建筑节能和推动建筑工业化的要求，又秉承了行业一贯以节能、环保、高效、安全为主旨的产品特点。近年来，随着国内外建筑业体制改革的不断深化和建筑规模的持续扩大，建筑业发展较快，但劳动生产率提高幅度不大，质量问题较多，特别是建筑幕墙的整体技术水平进步缓慢。对于行业内认为装配率相对较高的单元式幕墙，一方面因单元式幕墙其相互间配合精度要求高，在特殊部位，或者局部异形建筑中，无法有效实现其防水性能，安装难度也相对较大；另一方面，其经济性，也是很多业主，特别是房地产开发商需要关注的问题。综合上述几方面的原因，勇于创新、敢于突破，探索出一套结构简单、安装方便、经济效益好、资源消耗低的新型工业化幕墙系统是建筑幕墙发展的必然之路。

2　新型工业化幕墙系统发展的意义

构件式幕墙存在的普遍问题：原材料消耗大，开模复杂；工地安装工序多、零件较为零散、质量难以保证等。将构件式幕墙进行单元化设计，形成一套新型工业化幕墙系统，其技术主要有如下三方面的优点：

一是材料简约化。要使建筑企业可持续健康的发展，必须改变传统粗放模式，在不改变产品安全使用功能的前提下，努力降低自身成本，使幕墙真正做到"简约而不简单"。通过分析比较，新型工业化幕墙的骨料在设计方面明显比传统幕墙骨料截面要简洁，且开模简单，所耗用的材料大大减少，同时也减轻了自重。

二是生产工业化。随着建筑业的蓬勃发展，幕墙的需求量不断增大，为满足现今发展需要，必须提高制作效率，幕墙构件的工业化的流水线作业、产品标准化尤为重要，在设计时需要制定统一的参数和重要的基础标准，合理解决标准化和多样化的关系，建立和完善产品标准、工艺标准、企业管理标准、工法等，不断提高建筑幕墙标准化水平；产品一经标准制定完成，便可大规模工厂化生产，实现设计标准化，产品定型化和机械高效化，同时与周边产业形成适度的经营规模，为建筑幕墙市场提供各类系列化的通用构配件和制品。

三是安装机械化。传统幕墙多采用构件式安装方式，比较落后，存在现场施工工期长、人工费用高等缺点。如果将幕墙面板与龙骨结合，在工厂加工成单元式系统后，整体运往工地，工地只需将幕墙单元板块固定在支座上，这样安装工序减少，安装方便，安装质量也得到了保证，并且工地上材料相对集中，成品保护也比较方便。整个安装过程采用机械吊装形式，实现机械化、专业化，解决了传统幕墙工地安装工序多、工件零散、人力多、材料成品保护困难等多项缺陷。

3 系统研究内容

(1) 材料简约型设计

建设资源节约型和环境友好型社会，是中国经济、社会、环境协调发展的战略选择，节省材料是节能环保幕墙的主要方法之一。新型工业化幕墙系统与传统幕墙作对比如图1、图2所示。

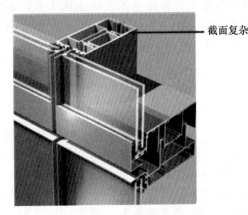
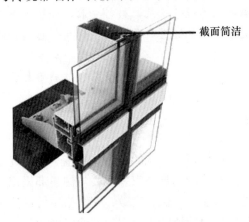

图 1　传统单元式幕墙　　　　　　　　图 2　新型单元式幕墙

通过图1、图2比较，新型工业化幕墙明显比传统幕墙的截面材料更加简洁，一方面降低材料的使用成本，另一方面在开模加工方面更容易实现，同时新型幕墙采用单腔插接，与传统幕墙采用多腔插接相比，其安装更加方便、简单，结构更合理，传力途径更清晰，更有利于板块整体受力。

(2) 工业化生产

建筑幕墙的工业化生产除将幕墙材料的加工、安装从工地转移到工厂外，采用先进的、科学的设计，制定统一的参数和基础标准，提供各类系列化的通用构配件和制品，合理地组织施工，提高机械化水平，减少繁重、复杂的手工劳动，大大缩短施工工期。另外，幕墙板块全部在工厂完成，质量易于控制，加工精度高，工地安装速度快，施工周期短。例如在工厂打胶容易控制，可以提高幕墙的密封性能等，其与传统幕墙相比如图3、图4所示。

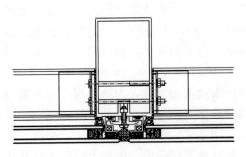
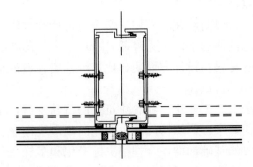

图 3　传统幕墙竖向节点　　　　　　　　图 4　新型幕墙竖向节点

（3）机械化安装

新型工业化幕墙采用单元式构建方法，将面板与龙骨结合，在工厂加工成单元式系统后，整体运往工地，工地只需将加工好的单元板块固定在支座上，整个吊装过程是机械化操作，这样安装工序大大减少，且安装方便，质量也得到了保证，工地上的材料相对集中，成品保护起来很方便，避免了传统框架式幕墙的工地安装工序多、零件较为零散、现场安装质量难以保证等缺陷。

4　系统的技术方案要点

新型工业化幕墙最大的创新点，是提供了一种新型的幕墙系统，使得其便于安装，且容易保证加工及安装质量，同时造价又相对较为经济。现有的传统单元式幕墙是由各种装饰面板与支承框架在工厂制成完整的幕墙结构基本单位，直接安装在主体结构上，其生产加工及安装质量较好，工地安装工期较短，但是其防水构造复杂，整体造价较高。而框架式幕墙采用硅酮密封胶进行密封防水，构造简单，造价低廉，但现场安装工作量大，施工周期长，安装质量不容易保证。

对设计方面而言，将单元式和框架式两种幕墙形式结合，取长补短，优势互补，包括用于连接固定的新式支座，以及连接幕墙面板的新式型材，型材为由上横料、下横料、阴竖料和阳竖料连接组成的框架结构，上横料和下横料成对设置，阴竖料和阳竖料成对设置；上下相邻的型材之间的上横料与下横料相互卡接，左右相邻的型材之间的阴竖料与阳竖料相互卡接；阴竖料和阳竖料上分别设置有芯套，相邻的幕墙单元之间的间隙处采用密封胶密封。在这种设计思路下，一方面简化型材截面并对其进行规范化、标准化，尽量提高型材在各不同工程项目中的适用性与通用性，另一方面也同时考虑到了加工设备以及安装施工的效率，降低了由于工艺复杂、操作复杂而引起的机器磨损以及人工成本增多。

新型工业化幕墙系统的研究涉及结构、热工、机械等多个领域、多个学科，项目研究的关键技术问题主要集中在以下几个方面：

（1）幕墙结构体系研究。探求更合理的结构形式，改善其力学性能；并研发新型型材截面，进一步降低单位面积成本。

（2）幕墙系统的节能原理研究。将涉及气候、温度、湿度、空气新鲜度、光照度等信息的测量、采集方法，采暖、通风、制冷、遮阳、照明等系统的状态监测以及运作控制机理。

（3）幕墙系统的热工性能。从热量传递的方式、机理、影响因素、过程规律及换热部位的结构、性能等各方面综合考虑，把传热学的理论和幕墙工程及结构实际相结合，使建筑幕墙热工性能计算建立在系统、严密、实用的基础上。

（4）幕墙系统标准化的编制。通过问卷调查、召开座谈会、实地测量、多方搜集资料、多次征求意见等，同时结合我国的实际情况，制定技术合理、操作可行的新型工业化幕墙标准。也为行业建筑幕墙技术的发展提供理论依据。

5　系统的技术性能

（1）优越的防水性能。新型幕墙防水措施吸收了单元式幕墙胶条防水及框架式幕墙密封胶防水的双重优点，采用胶条防水和密封胶防水双结合的方式。幕墙产生漏水现象，必须有三个条件，第一，水的存在；第二，水运动途径；第三，水运动的动力，如压力差 。一般传统防水方式是尽量设法在漫长的接缝处减少可能发生的开口，如用各种密封胶，胶条对接触缝密封堵塞。新型幕墙的防水首先通过外侧的密封胶来完成，当万一出现密封胶失效或者破损的情况时，内侧的密封胶条能起到第二道防水的作用。优越的防水性能是新型工业化节能环保幕墙的核心。

（2）合理的力学性能。新型幕墙的单元件高度为楼层高度，宽度一般为 1.2～1.5m，通过优化的挂件以及支座布置，传力简捷，直接挂在楼层预埋件上，安装方便。

（3）较高的工业化程度。新型幕墙构件在工厂内加工制作，把玻璃、铝板或其他材料组成的面板材料与龙骨，在加工厂内组装在一个单元件上，促进了建筑工业化程度的提升。

（4）有效的质量保证。因为单元组件在加工厂内整件组装，易于在工厂内进行检查，有利于保证组件的整体质量，保证了幕墙的工程质量。

（5）严格的工期控制。新型幕墙从楼层下方向上方安装，能够和土建配合同步施工，缩短了工程建设周期。

（6）简化的安装工艺。新型幕墙所有施工安装均可在楼层内完成，在安装期间可以节省脚手架和吊篮等措施的费用，同时可以降低室外施工造成的安全隐患。

6　与国内幕墙系统的综合比较优势

新型工业化幕墙项目属于建筑的工业化节能环保领域，满足国家发改委与住建部提出关于建筑节能和推动建筑工业化的要求，其项目优势主要体现在：节约材料、生产标准化、施工机械化等多个方面。由于新型工业化幕墙具有诸多优势，使得其在我国各个地区都具有巨大的潜在市场。随着新型幕墙在工程实践中的大量应用，必将带来可观的经济、技术和社会效益。

（1）经济效益。

在材料使用方面，新型工业化幕墙型材截面明显比传统幕墙型材截面更简洁，更易于开模和加工，不但为我国节约大量资源，还给企业带来巨大的商机。

在生产加工方面，新型幕墙实行标准化生产，制定统一的参数和基础标准，合理解决标准化和多样化的关系，容易建立和完善产品标准、工艺标准、企业管理标准、工法等，不断提高建筑幕墙标准化水平，明显缩短了幕墙的设计、施工周期，降低了工人的劳动强度，并使企业经济效益得到提高。

对于施工企业而言，新型幕墙是将幕墙的立柱、横梁和面板在工厂组装成单元板块，然后将板块运到工地现场后，整体吊装，采用加工与组装一条龙的方式，同传统构件式幕墙的加工与安装相比，可节约用工 15%，缩短工期 15%，使工程施工的成本在客观上得到良好控制。

（2）技术效益。

从我国目前节能的实现因素看，通过调整行业和产品结构实现的节能约占工业部门节能潜力的 70%～80%，依靠技术进步降低单位产品能耗实现的节能约占 20%～30%。无论结构调整，还是降低单位产品能耗，新型工业化幕墙都能充分体现。该新型工业化幕墙作为新的产品结构，它的开发处于幕墙领域的前沿，并能提升我国的自主创新能力，实现经济增长与节能效益相统一，使建筑幕墙走上一条经济效益好、资源消耗低、环境污染少、能源利用率高的稳定持续发展之路。

（3）社会效益。

新型工业化幕墙秉承绿色理念，广泛采用节省材料、标准化生产的技术手段，增强了市民的"建设资源节约型、环境友好型社会"意识，为大幅度提高城市环境质量，建设生态城市起到了示范作用。

国外发达国家幕墙业经历了百余年的历史，而在我国仅用了十多年时间就能迎头赶上。在经济高速发展的今天，建筑业的支柱产业地位在我国日益增强，竞争力也愈演愈烈，但我国的幕墙行业仍然惯用传统的幕墙技术，管理粗放，企业之间技术水平差异小，核心竞争力不突出，要想建筑幕墙企业可以健康持续的发展，必然改变传统的粗放经营模式，敢于技术创新、敢于突破旧框框，真正把企业转移到新型工业化轨道上来。新型工业化幕墙做到了材料简约化、构件标准化、安装机械化，大大降低了产品成本，创造了更高的效益，提高了市场的竞争地位。现以 2012 年深圳国际机场 T3 航站楼幕墙项目的新型工业化幕墙为例，与传统框架式幕墙安装的劳动力情况进行比较，如图 5 曲线表所示。从曲线表不难发现，新型工业化幕墙安装人员远少于构件式幕墙安装人员，安装人数减少五分之二，可以大大降低劳动力成本，同时也减少安全事故的发生。

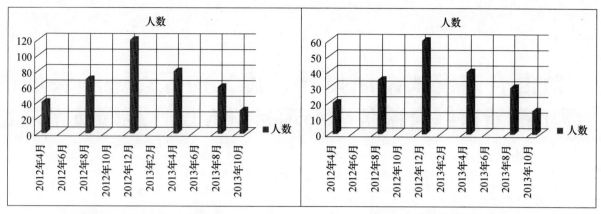

(a) 传统框架式幕墙安装劳动力曲线图　　　　(b) 新型单元式幕墙安装劳动力曲线图

图 5　两种劳动力曲线图对比

新型工业化幕墙秉承绿色理念，采用环保技术和手段，为提高城市环境质量，建设生态城市，起到模范带头作用。新型工业化幕墙由于实行材料简约化、构件标准化、施工机械化，故而外观效果好，立面效果丰富，体现了现代科技和建筑幕墙的美感；新型工业化幕墙切合了市场大环境下人们对幕墙既美观又节能环保的需求，具有很高的社会效益。

参考文献

[1] 玻璃幕墙工程技术规范：JGJ 102—2003 [S].
[2] 建筑幕墙：GB/T 21086—2007 [S].

对混合装配式幕墙设计、施工的探讨——深圳市坪山高新区综合服务中心项目（会展）幕墙技术总结

◎ 杜庆林　黄庆祥　杨友富　张忠明　贾艳明

中建深圳装饰有限公司　广东深圳　518003

摘　要　装配式幕墙设计、施工为当前幕墙行业中极为重要的形式，因此本文针对装配式幕墙设计、施工进行分析，结合对装配式幕墙设计、施工的问题进行研究，并提出相应的解决方案。

关键词　装配式幕墙设计；施工；需要哪些先决条件；设计的优缺点等

1　引言

深圳市坪山高新区综合服务中心项目作为深圳市东扩的头号重点工程，建筑外观采用汉唐风格，规模宏大，规划严整。整个项目分为会展和酒店两个区域，承担综合服务功能，建成后将成为深圳东部中心新地标。总建筑面积 11.5 万 m²，幕墙 6 万 m²，如图 1 所示。会展区域分为主展厅、分展厅、会议区三部分，其中主展厅的建筑高度为 25.8m，幕墙施工高度为 15.2m。

图 1　项目整体效果

2 探讨混合装配式幕墙设计、施工

本工程为什么要选择装配式幕墙设计、施工呢?

(1)建筑风格和使用功能的统一性

会展立面幕墙均采用 GRC 包柱与玻璃幕墙相交替的形式,幕墙的分格尺寸得到统一规划设计,玻璃幕墙的分格均为 900mm 宽,高度分别为 2400mm、1400mm 和 3200mm,GRC 造型包柱标准宽度为 1800mm,高度为 4800mm,分为上下两块,这为后期的工厂化生产打下了良好基础,如图 2 所示。

图 2 标准位置的幕墙模型

根据玻璃幕墙的跨度可以将幕墙分为三类:会展区域层高为 10m,会议区域的层高为 6m 和 4m,主展厅的层高 12m。对于不同的层高形式,选择了相同的设计理念,即尽可能多地将材料在工厂组装,然后现场整体吊装配合局部散件安装的混合装配式施工方法。以标准位置 10m 层高的分展厅幕墙设计方案为例:

从建筑立面看,玻璃幕墙每 5 个分格为一组与 GRC 柱子交替分布,即单组玻璃幕墙的尺寸为 10m×4.5m,如果能够整体吊装挂接,则无疑将是最理想的安装方案;但是,幕墙的立柱采用 300mm×100mm×6mm 的钢方通,横梁采用 100mm×100mm×4mm 的钢方通,整个钢架的质量就达到了 2.5t,而且尺寸宽度超宽,运输车辆没法在路上行驶,诸多的不利因素让我们放弃了这个方案。

方案的设计退而求其次,将 5 个分格的分为两部分,左右两个分格组成 10m×1.8m 的板块,中间 900mm 的分格散件安装,这样解决了板块运输的问题,也保证了最大程度的装配式施工,整个项目划分后形成了 502 个玻璃幕墙的板块,每两块玻璃板块之间采用散件安装,这样也规避了常规单元板块的按顺序施工的弊病,我们称之为混合装配式幕墙施工方案,如图 3 所示。

图 3　玻璃幕墙分格大板块安装示意

　　哪些材料在幕墙工厂组装，哪些材料在现场场地组装，这也是亟待解决的问题，要综合考虑加工组装的质量控制和运输、成品保护的要求。最终选择方案为，幕墙加工厂进行钢龙骨的打孔、切割加工、组装焊接，现场场地进行玻璃的安装，最后整体吊装，整个玻璃板块的质量也达到了 3.2t，如图4 所示。

图 4　现场吊装照片

　　GRC 的尺寸和形式比较单一，选了更为整体的方案，所有的造型板和背负钢架均在 GRC 厂家生产，一次性浇筑、脱模、成形，现场进行挂装即可。每个标准的 GRC 造型柱尺寸为 4.8m×1.8m×0.83m，板块的数量为 594 块，单块质量约为 1.4t，如图 5 所示。

　　（2）对施工工期和施工质量的严格把控的需要

　　本项目作为公共建筑，其工期紧、政治意义重大，对质量要求高，促使了我们选择装配式设计、施工。整个项目的幕墙面积约为 60000m²，施工工期为 45d，综合钢结构施工误差大的因素，如果采用

图5　GRC加工过程

常规的框架式玻璃幕墙和单元式玻璃幕墙是不可能完成这个项目的。装配式设计的方案，加大了板块的高度和宽度，使板块的数量减少为常规的1/4；中间散件式安装的方式，打破了常规单元板块左右插接的顺序要求；而汽车吊与高空作业车的结合让现场的吊装更加灵活，换句话说，只要满足施工条件，我们可以将整个安装工期缩短为两个星期、一个星期甚至是几天。

钢龙骨的玻璃幕墙最大的质量隐患就是钢龙骨的焊接、变形以及防锈处理，不仅需要专业技术高超、稳定的工人，更需要一个相对干净的作业场地，项目施工现场不具备这样的条件，但是我们的幕墙加工厂具备这样的条件，这里不仅有干净整洁的加工厂房，专业精确的加工机器，专业技术较高的工人，而且还有各种专业的吊装设备，整个加工过程大致分为：钢材校直、材料切割、打孔开缺、焊接组装、钢架氟碳喷涂，这样可以让整个加工、焊接、组装过程的质量可控，达到最终的设计要求，如图6所示。

图6　工厂组装、焊接

（3）天时、地利、人和

天时：整个项目的模式是 EPC，EPC 总承包为中建科技，又名中建装配式建筑设计研究院有限公司，他们对装配式设计的理念理解得更透彻，所以鼓励各个专业采用装配式设计、施工。作为业主的坪山城投也希望坪山区的开发建设融入更多的绿色施工、快速建设的方式，对于成本的控制也没有遵循低价为王，这就是本项目实施装配式的天时条件。

地利：整个项目的建筑设计不仅仅是会展区域和酒店区域还有大面积的园林绿化和市政道路，作为最先施工的主体工程，现场材料堆放场地是相对宽阔的，这也为现场平地安装玻璃提供了不可或缺的条件。另外，就地理位置来看，本工程距离我司的幕墙加工厂只有 30km 的路程，实现了所有材料当天加工当天到场的快速运输体系，这就是本项目实施装配式的地利条件，如图 7 所示。

图 7　现场广阔的场地

人和：整个项目需要一个高效的管理模式，这就需要设计、工厂、项目融合为一体，发挥出最大的能量。面对项目本身的特点和工期要求，从始至终，自上而下大家都是在围绕装配式来出谋划策，俗话说的人心齐泰山移，这就是本项目实施装配式的人和条件。

3　本工程应用装配式需要哪些先决条件

3.1　合理的设计方案——综合考虑设计方案与安装方案

设计方案是否合理成了装配式设计的重中之重，特别是对于 EPC 项目，幕墙方案设计之初，现场没有任何结构，建筑图、结构图也会有部分缺失，这就造成了对现场的结构偏差难以把控，最终影响整个幕墙的施工进度和质量。

本项目的幕墙挂接系统选用类似单元幕墙的挂接形式，在三维调节空间上不弱于常规幕墙形式，因为幕墙顶部还有金属屋面，所以在加工生产时，立柱设计尺寸加大，并增开挂码与立柱的连接孔，多种调节方式保证后期的安装效果（图 8）。

就本项目的幕墙高度而言，采用脚手架或吊篮都难以实施安装方案，本项目规划设计了两种吊装方案：在地面条件有通道的位置，采用汽车吊与升降式高空作业车相配合，这可以完成 90% 幕墙的安装；在地面条件不允许汽车吊作业的部分，采用手动吊装工具与升降式高空作业车相配合，完成剩余部分的幕墙安装。所以在幕墙方案设计之初，还要充分考虑大跨度幕墙在吊装转运过程中的变形和受力问题。

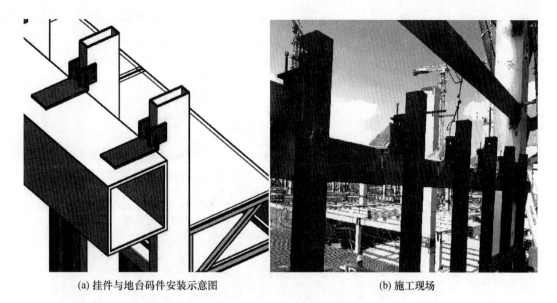

| (a) 挂件与地台码件安装示意图 | (b) 施工现场 |

图 8　挂件模型与施工

3.2　足够大的加工场地和存储场地

本项目装配式施工的特点就是将高空作业转移到地面作业，像横梁立柱的焊接、玻璃的安装等，这就需要足够大的场地完成多道安装工序的流水线作业。另外，成品板块的存储也需要很大的场地，板块的存储高度不宜过高，为了便于转运和安装，本项目板块均单层平铺在存储场地内，边加工边安装的形式能极大地提高场地的利用率。

4　本工程应用装配式幕墙设计的优缺点

4.1　现场施工效率提高 30％以上

装配式施工最大的优点就是提高了现场的施工效率，就本工程而言，相对于单元式幕墙，因为没有了左右对插的限制，考虑中间散件安装的过程，整体效率大约提升 15％以上，相对于普通框架式幕墙的一根根安装立柱横梁、一块块安装玻璃，整体效率大约提升了 50％以上，综合考虑，本项目装配式施工效率提高了 30％以上。

4.2　综合成本降低 10％以上

幕墙的成本主要体现在材料成本和安装成本上，就本项目而言，在材料成本方面，因为挂件的增加、龙骨的加大等原因，大约增加了 5％；安装方面，采用了汽车吊和升降式高空作业车相配合，代替了传统的脚手架、门支架和吊篮施工，效率高，转移方便，安装成本大约降低了 15％以上，综合成本降低 10％以上（图 9）。

4.3　设计的工作量有所增加，改变了设计工作的关注点

本项目采用的是 EPC 模式，相对比常规的幕墙工程模式，即先建筑、结构图，后幕墙方案图，再施工深化图，然后再对现场的结构进行复测，最后再进行材料的下单、加工生产。EPC 模式不具备这样的条件，需要设计工作提前介入，出图直接是施工图，而且是切实可行的施工图，这就需要设计的关注点更加全面，在成本、采购、加工、安装等各个方面都需要前期综合考虑。本项目前期采用 BIM 建模的方式，将建筑、结构模型与幕墙模型汇总在一起，将幕墙方案设计、深化设计、结构复测以及

现场安装方案，在前期统一考虑，做到一步到位，减少过程中反复修改的时间，所以一个强大的设计团队也是装配式设计的必要条件（图10）。

图 9　汽车吊与高空作业车的配合施工

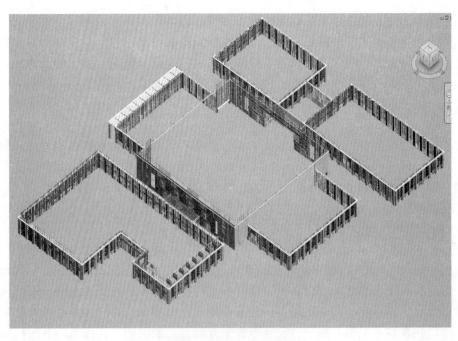

图 10　会展 BIM 模型

4.4 加工质量可控，幕墙品质得到保证

场馆类工程因为结构跨度大，不仅是钢结构会有较大的变形量，幕墙龙骨也会有很大的变形，特别对于薄壁钢结构的焊接。本项目利用资源优势，将所有的钢结构焊接全部在工厂通过胎架的方式固定、组装、焊接，然后整体做氟碳喷涂，相对于现场焊接的钢龙骨，幕墙品质得到了进一步的提高。

4.5 项目模式不可直接复制

本项目占据了天时、地利、人和的多种有利条件，装配式设计、加工、安装得到顺利实施，但不是每个项目都有这样的条件，每个项目都有自身的特点，有针对性地设计装配式的方案才是每个项目需要直面的问题。

4.6 安全风险显著降低

幕墙施工作为高危装修分包工程，安全隐患众多，而装配式施工，将现场加工、安装变为工厂加工、组装，将立面操作变为地面操作，将人工搬运变为多种机械设备配合转运、吊装，这样可以从源头上大大降低项目的安全风险。

5 结语

在"深圳速度"和"深圳质量"双重要求下，装配式设计已经到了大展身手的时代，不管是单元式、框架式幕墙系统，与装配式施工都不冲突，系统性质和安装方式是可以相互支撑、配合的，只是需要我们在传统幕墙系统的基础上，开阔思维，大胆创新，综合优势资源，实现幕墙工程的跨越式发展。

异形结构装配式设计与施工应用分析
——深圳国际会展中心（一期）中央廊道屋面幕墙

◎ 杜庆林　黄庆祥　何林武　吴永泉　张宇涵

中建深圳装饰有限公司　广东深圳　518003

摘　要　本文探讨了深圳国际会展中心（一期）中央廊道屋面幕墙的异形结构设计思路以及装配式组装与安装。

关键词　屋面；吊顶；异形结构；装配式；BIM

1　引言

深圳国际会展中心地处粤港澳大湾区湾顶，珠三角广深澳核心发展走廊、东西向发展走廊、狮子洋与内伶仃洋交汇处的空港新城片区，是深圳市委市政府布局深圳空港新城"两中心一馆"的三大主体建筑之一，规划以会展为核心驱动和战略性节点，结合空港、轨道灯区域性交通枢纽，发展会展商贸、创新研发、国际物流与空港经济紧密相关的功能业态和产业集群，引领空港新城发展（图1）。

深圳国际会展中心项目规划会展核心区用地137公顷，配套设施用地42公顷，建成后的深圳国际会展中心将超过德国汉诺威展览中心成为全球最大的会展中心，总展览面积50万 m²。作为全球规模最大的展馆，深圳国际会展中心将会成为深圳新地标、新产业发展的龙头，是关系

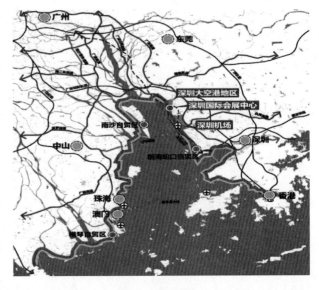

图1　项目选址

深圳经济特区未来发展的重大标志性工程，对提升城市功能和形象，打造粤港澳大湾区、核心区，有着重大意义，具有世界级影响力。投入使用后，深圳国际会展中心将作为亚洲会展贸易枢纽，服务全球，成为深圳走向世界的名片。

深圳国际会展中心（一期）中央廊道作为整个项目的点睛之处尤为重要。中央廊道贯穿南北方向（图2白色区域），总长度为1803m，东西总宽度42.25m，整体为双曲造型，南北向蜿蜒起伏，东西向呈弧形（平面模拟曲面）。中廊屋面面积约76000m²。

中央廊道屋面结构形式：钢框架、交叉网壳结构。

最高点高度：41.267m。

幕墙设计年限：25 年。

建筑防雷等级：二级。

地震设防烈度：7度。

地面粗糙度类别：A类。

屋面防水等级：Ⅱ级。

基本风压：$W_0 = 0.75\text{kN/m}^2$（按50年一遇）。

图2 项目整体效果

2 异形结构装配式系统

2.1 屋面系统

中廊屋面面积约76000m²，其中玻璃面积约7000m²，组合铝板面积约69000m²，玻璃配置为12mmTP＋1.52PVB＋12mmTP钢化夹胶玻璃，组合铝板配置为3mm铝单板＋50mm隔声岩棉＋2mm铝单板。中央廊道屋面幕墙分格根据主体钢结构菱形划分，将每个菱形边四等分，幕墙分格线与菱形边平行，面板与结构面平行，玻璃与铝板根据一定规律及图案交错布置，屋面整体按网壳结构体系设计。所有玻璃和组合铝板均为三角形或者菱形，边长1500mm左右（图3、图4）。

2.1.1 钢龙骨设计

本项目作为目前深圳最大的公建项目，工期压力极大，据了解，总包屋面主体钢结构开始卸载时间预计在8月30日，留给我司的施工工期仅为120d，要想保证工期必须打破常规异形结构钢龙骨主次概念，采用装配式设计及施工。钢龙骨与主体钢构菱形边平行布置，每个菱形的两个对角三角形不共

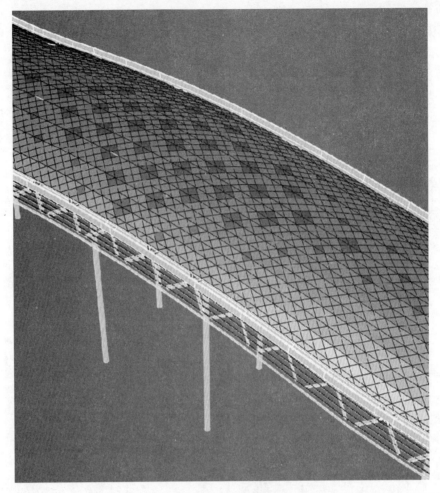

图 3 屋面标准段效果

面，菱形内采用 180mm×100mm×6mm 钢方通，菱形四边采用 18a 号槽钢，钢方通与槽钢组成一榀三角形单元，现场整体吊装，然后在屋面焊接成一个菱形单元（图 5、图 6）。

（1）钢龙骨计算。

说明：钢骨架承受垂直于面板的风荷载、自重荷载、活荷载和地震荷载，采用 SAP2000 软件建模分析的方法计算，选取位置为中央廊道两侧带一定倾斜度的连续几个单元。

（2）荷载计算。

①风荷载计算。

基本风压：

$$w_0 = 0.75\text{kPa}$$

地面粗糙度："A 类"

计算高度：

$$Z = 41.27\text{m}$$

结构＝"开敞"受风类型＝"直接受风"；

围护结构风荷载标准值（根据规范 J12795—2014）；

高度 Z 处的阵风系数：

$$\beta_{\text{gz}} = 1.61$$

正风压局部风荷载体型系数：

$$\mu_{\text{slz}} = 1.0$$

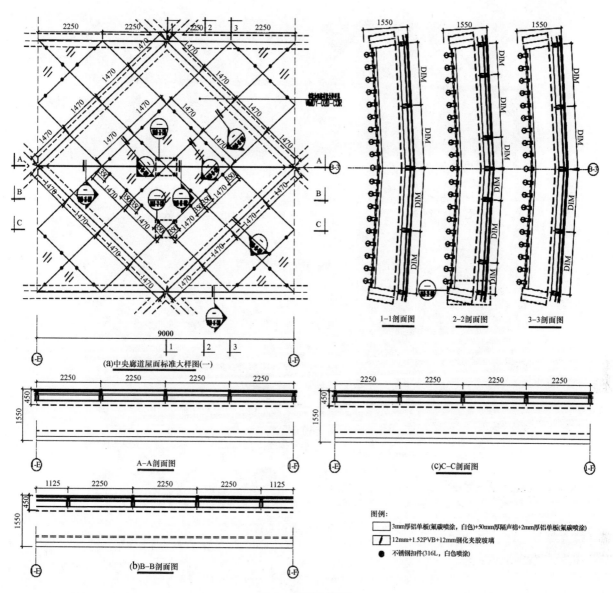

图 4　屋面大样图

负风压局部风荷载体型系数：

$$\mu_{slh}=-2$$

风压高度变化系数：

$$\mu_z=1.8$$

正风荷载标准值：

$$w_{kz1}=\beta_{gz}\times\mu_{slz}\times\mu_z\times w_0=2.18kPa$$

负风荷载标准值：

$$w_{kh1}=\beta_{gz}\times\mu_{slh}\times\mu_z\times w_0=-4.35kPa$$

风洞试验正风荷载标准值：

$$w_{kz2}=1.65kPa$$

风洞试验负风荷载标准值：

$$w_{kh2}=-2.16kPa$$

取正风荷载标准值：

$$w_{kz}=\max\left(w_{kz1},\ w_{kz2}\right)=2.18kPa$$

图 5　中央廊道屋面钢架三维模型

负风荷载标准值：

$$w_{kh} = \max(w_{kh1}, w_{kh2}) = 4.35\text{kPa}$$

② 自重荷载计算。

面板材质：

$$\text{mal} = \text{"铝合金"}$$

面板重力密度：

$$\gamma_{gl} = \gamma_{(mal)} = 28\text{kN} \cdot \text{m}^{-3}$$

面板厚度：

$$t_p = 3\text{mm}$$

面板总自重标准值：

$$q_{Gk} = \gamma_{gl} \times t_p = 0.08\text{kPa}$$

取面板总自重标准值：

$$q_{Gk} = 0.2\text{kPa}$$

③ 地震荷载计算。

由于选用的模型不是在同一水平面上的，所以需要考虑水平地震作用，施加方向直接在 SAP 软件里面水平施加，考虑龙骨的地震作用，加大计算时的自重地震加速度：

$$a_{max} = 0.08$$

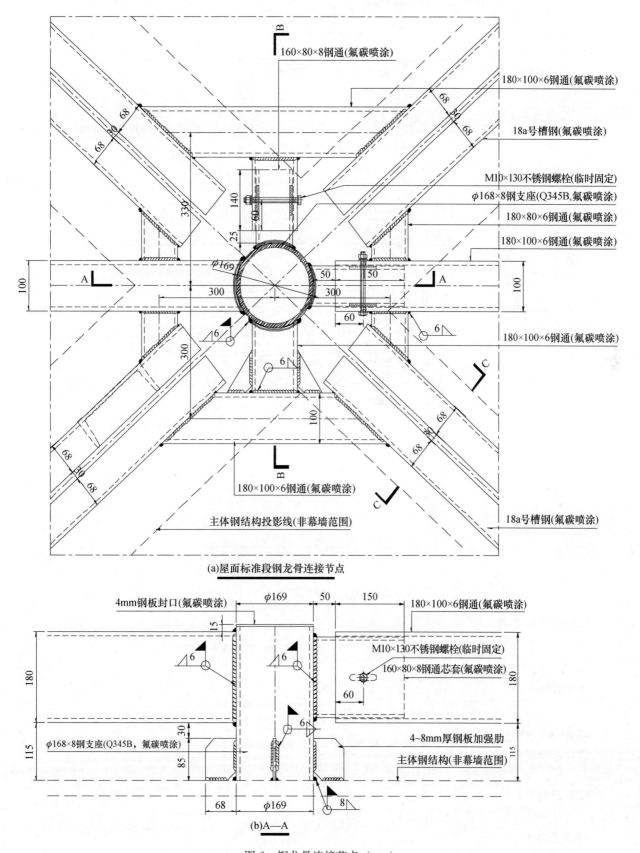

160×80×8钢通(氟碳喷涂)

180×100×6钢通(氟碳喷涂)

18a号槽钢(氟碳喷涂)

M10×130不锈钢螺栓(临时固定)

φ168×8钢支座(Q345B,氟碳喷涂)

180×80×6钢通(氟碳喷涂)

180×100×6钢通(氟碳喷涂)

180×100×6钢通(氟碳喷涂)

180×100×6钢通(氟碳喷涂)

18a号槽钢(氟碳喷涂)

主体钢结构投影线(非幕墙范围)

(a)屋面标准段钢龙骨连接节点

4mm钢板封口(氟碳喷涂)

180×100×6钢通(氟碳喷涂)

M10×130不锈钢螺栓(临时固定)

160×80×8钢通芯套(氟碳喷涂)

φ168×8钢支座(Q345B,氟碳喷涂)

4~8mm厚钢板加强肋

主体钢结构(非幕墙范围)

(b)A—A

图6 钢龙骨连接节点（mm）

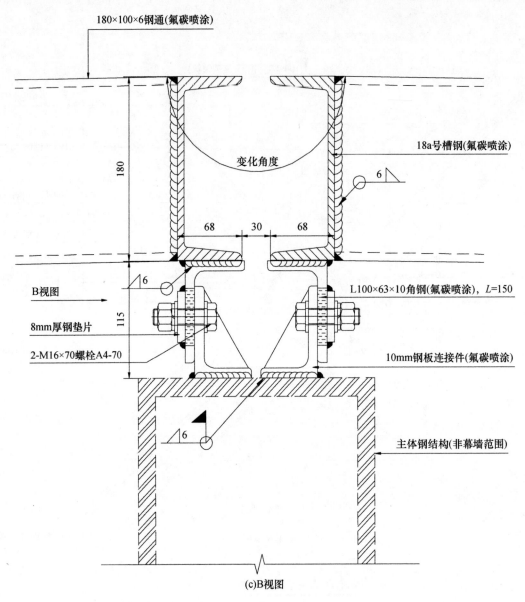

图6　钢龙骨连接节点（mm）（续）

地震作用标准值：

$$q_{Ek} = 5 \times a_{max} \times (q_{Gk} + 0.5kPa) = 0.28kPa$$

④ 活荷载计算。

活荷载标准值：

$$q_{lk} = 0.5kPa$$

⑤ 温度荷载。

按升温温度：

$$T_{up} = 10℃$$

按降温温度：

$$T_{dw} = -10℃$$

⑥ 荷载组合。

龙骨自重由 SAP2000 自动考虑。

标准值荷载组合如下：

COMB1k：1.0×自重＋1.0×正风荷载＋0.7×活荷载；

COMB2k：1.0×自重＋1.0×负风荷载。

设计值荷载组合如下：

COMB1：1.2×自重＋1.4×正风荷载＋0.7×1.4×活荷载＋0.5×1.3×正地震荷载；

COMB2：1.0×自重＋1.4×负风荷载＋0.5×1.3×负地震荷载；

COMB3：1.2×自重＋1.4×升温荷载；

COMB4：1.2×自重＋1.4×降温荷载。

采用 SAP2000 建模计算钢架结果如图 7 所示。

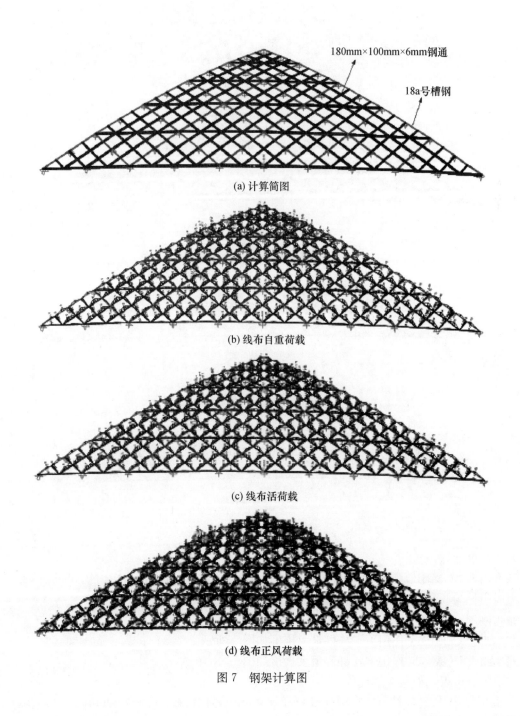

180mm×100mm×6mm钢通

18a号槽钢

(a) 计算简图

(b) 线布自重荷载

(c) 线布活荷载

(d) 线布正风荷载

图 7 钢架计算图

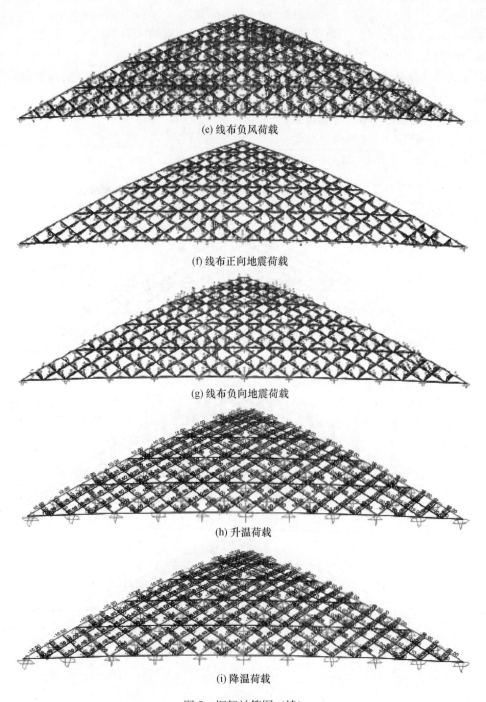

(e) 线布负风荷载

(f) 线布正向地震荷载

(g) 线布负向地震荷载

(h) 升温荷载

(i) 降温荷载

图 7　钢架计算图（续）

钢龙骨强度计算：

在基本组合 COMB1、COMB2、COMB3、COMB4 作用下，杆件最大应力比如图 8 所示。最大应力比为 0.611<1.0，钢架的强度及稳定性，满足要求。

钢龙骨刚度验算：

在基本组合 COMB1k 作用下，杆件最大挠度如图 9 所示。

在基本组合 COMB2k 作用下，杆件最大挠度如图 10 所示。

由以上组合可得钢架最大挠度：

$$d_{fx}=\max\ (11.733,\ 13.878)\ \text{mm}=13.88\text{mm}<\text{容许挠度}\ d_{fm}=9000\text{mm}/250=36\text{mm}$$

钢架的刚度，满足要求！

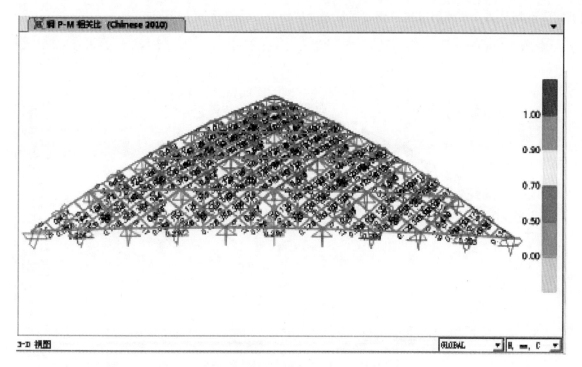

图 8 杆件最大应力比

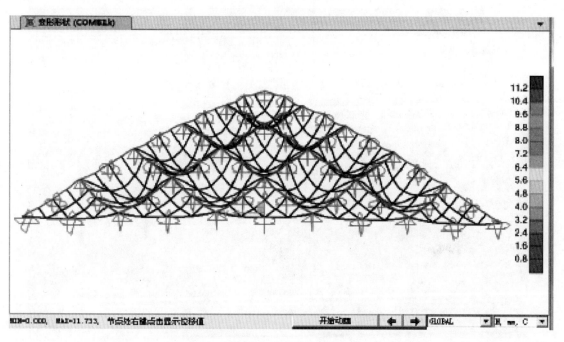

图 9 COMB1k 作用下杆件最大挠度

此方案有如下优点：

（1）构件质量：钢龙骨设计成单元形式，钢龙骨在工厂焊接，钢材校正，材料及角度的加工，以及工厂可以做胎架模型，使得钢龙骨的焊接质量以及加工精度都有保障，符合设计标准（图 11）。

（2）工序：装配式设计使得现场和工厂的工序可以同步进行，不必等到现场有施工条件才开始加工组装，节约了工期。

（3）现场环境因素：由于该项目工期对于别的专业来说也是极为紧张，主体钢结构都是分区进行，现场场地受限，没有足够的堆场，所以在工厂加工好的三角形钢架可以预先储存在项目附近的厂房，根据每天现场具体安装计划依次进场，尽量减少现场对我们的影响（图12）。

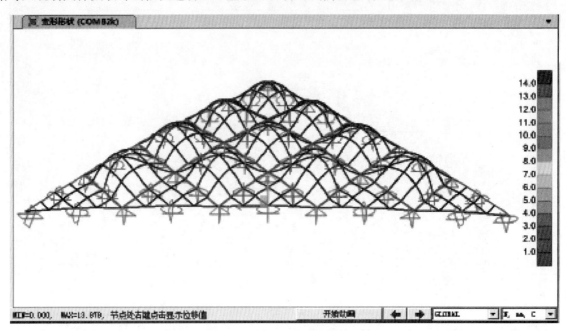

图 10　COMB2k 作用下杆件最大挠度

图 11　钢龙骨工厂焊接质量

（4）现场安装：装配式摒弃了传统的异形构件现场焊接，钢架依靠汽车吊装就位后焊接支座即可，而支座又可在总包卸载后放线先进行定位安装，加快现场的进度。现场吊装一个钢架大约需要 25min，加上就位及支座焊接大约需要 50min。加上汽车吊的灵活性，现场可以满铺作业，大大节约了措施费及工期（图13、图14）。

（5）安全：中廊屋面高空作业危险系数高，而装配式设计将钢架加工及焊接变为工厂加工组装，高空作业改变为工厂作业，工作环境大大改观，工人可以更加舒适地工作，同时采用机械搬运及吊装，大大减少安全隐患。

图 12　钢架堆场及运输

图 13　三角钢架吊装

图 14　三角钢架就位及制作焊接

2.1.2　面板设计

中廊屋面玻璃采光系统采用全隐框设计，玻璃在工厂通过用结构胶和附框粘结在一起，然后现场将板块通过压板固定于铝合金型材上，外侧铝面板在工厂通过铆钉及焊接螺栓和铝合金附框相连，现场将板块通过压板固定于铝合金型材上。

屋面防水设计采用"疏、堵、排"三者结合的处理原则。疏，即利用建筑造型将屋面大量雨水导入排水天沟；堵，即利用高性能密封胶（50 级）处理严实；排，即采用疏水胶皮将个别密封胶失效位置渗漏的雨水有组织排出。

中廊屋面是个异形双曲屋面，相邻三角板块都不共面，采用折线拼接，每个菱形钢架在对角线两侧存在一个变化角度。为适应这种角度的变化，附框采用可转动设计（图15）。

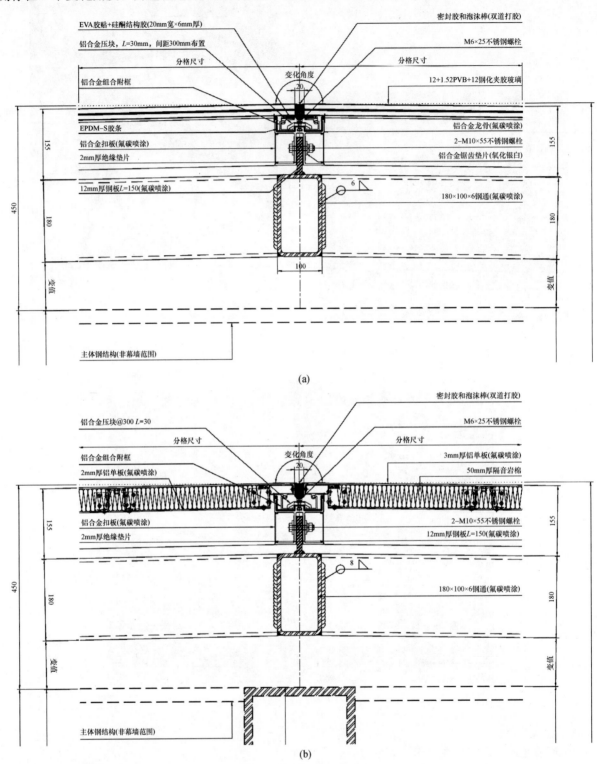

图 15　面板节点设计（mm）

2.2　吊顶格栅系统

中央廊道吊顶格栅位于主体钢结构以下，作用在于装饰整个中央廊道吊顶，同整个屋面一样，采用菱形格排布的方式。每个菱形格有 19 根直径为 150mm 的铝合金格栅，整个长廊有约 2600 个菱形格，共约 49400 根铝合金格栅，如果采用传统构件式模式，耗时非常长，还含有一笔庞大的措施费用支出。

采用装配式设计及施工。钢龙骨与主体钢构菱形边平行布置，每个菱形的两个对角三角形不共面，菱形钢架采用 102mm×8mm 钢圆管，菱形钢架在中心不共面处采用钢圆管对接焊，这样整个钢圆管组成一榀菱形单元，然后在现场将铝合金格栅通过抱箍及角码固定在菱形钢架之上，然后再现场整体吊装（图 16、图 17）。

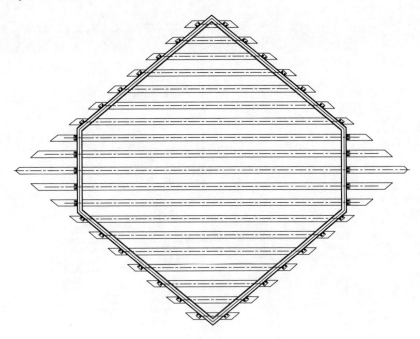

(a)吊顶格栅单元

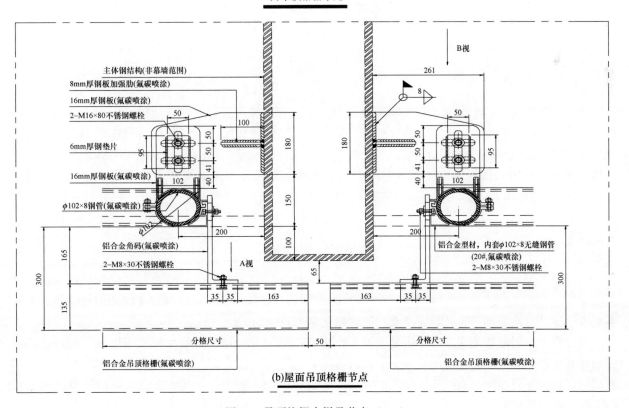

(b)屋面吊顶格栅节点

图 16　吊顶格栅大样及节点（mm）

吊顶格栅采用装配式设计的优点同屋面钢结构设计，此处不赘述。

图 17　吊顶格栅组装

2.3　BIM 的应用

BIM 全过程配合设计和施工。中廊屋面设计工作流程及实现过程：建筑师提供屋面表皮模型→设计院计算确认钢结构模型→业主、建筑师、钢结构公司确认建模原则→钢结构公司深化钢结构并建立模型→BIM 团队复核模型→钢结构正式移交工作面→项目部反馈钢结构实际坐标→BIM 团队依据坐标调整支座→BIM 团队依据模型导出钢结构尺寸、吊顶格栅尺寸、面板尺寸及加工图→设计组整理下单，如图 18、图 19 所示。

3　结语

当今中国仍处于一个高速发展的阶段，但是"高速度、高质量"已经成为新时代的关键词。特别是在深圳，"深圳速度"和"深圳质量"已然成为全国的先锋地。怎样才能做到速度和质量兼得，只有不断改进设计思路及施工工艺，才能实现速度与质量的双重保障。

可以看出，通过装配式设计，将复杂的工作在工厂处理好，加工质量及精度可以得到保证，能完美地展现建筑效果的同时，还能让现场的材料管理、安全管理压力都可以大大缓解，缩短加工和安装的周期，减少现场措施，起到降本增效的效果。希望通过此文能为设计及施工适应不规则钢结构表皮的工程提供借鉴思路。

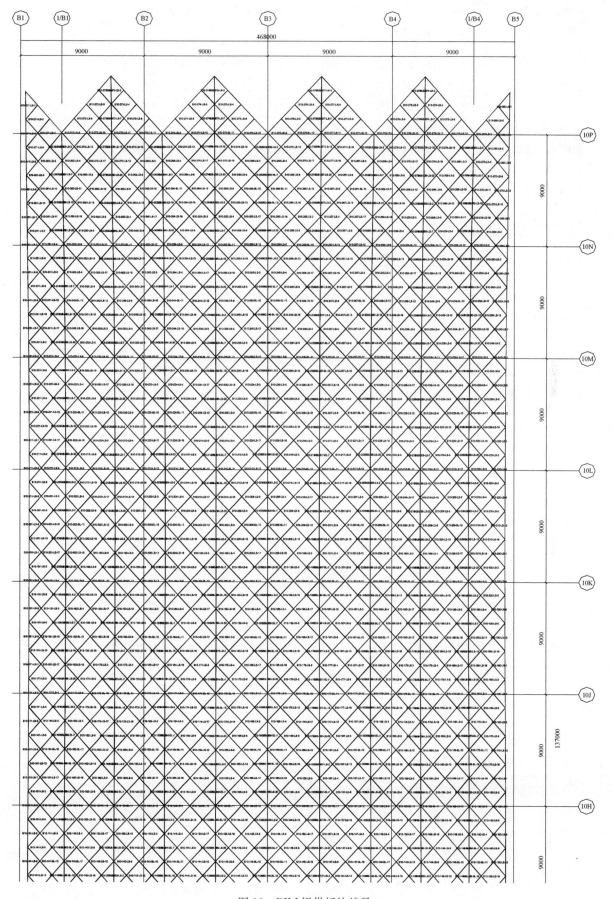

图 18 BIM 提供板块编号

序号	板块编号	材料规格	加工图	加工尺寸（mm）					
				LA	LB	LC	LD	LE	LF
1	B9-100-LB-1	3mm 铝板＋50mm 隔间岩棉＋2mm 铝板	ZHLB-201	1410.9	1486.9	2179.7	—	—	—
2	R9-100-LB-2	3mm 铝板＋50mm 隔间岩棉＋2mm 铝板	ZHLB-103	1503	1425.2	1503	1425.2	2202.6	1931.1
3	B9-100-LB-3	3mm 铝板＋50mm 隔间岩棉＋2mm 铝板	ZHLB-109	1503	1425.2	1503	1425.2	2202.6	1931.1
4	B9-100-LB-4	3mm 铝板＋50mm 隔间岩棉＋2mm 铝板	ZHLB-204	1410.9	1486.9	2179.7	—	—	—
5	B9-100-LB-5	3mm 铝板＋50mm 隔间岩棉＋2mm 铝板	ZHLB-113	1503	1425.2	1503	1425.2	2202.6	1931.1
6	B9-100-LB-6	3mm 铝板＋50mm 隔间岩棉＋2mm 铝板	ZHLB-206	1410.9	1486.9	2179.7	—	—	—
7	B9-101-LB-1	3mm 铝板＋50mm 隔间岩棉＋2mm 铝板	ZHLB-101	1462.8	1410.4	2181.5	—	—	—
8	B9-101-LB-10	3mm 铝板＋50mm 隔间岩棉＋2mm 铝板	ZHLB-110	1425.1	1478.8	1425.1	1478.8	2204.9	1890.6
9	B9-101-LB-13	3mm 铝板＋50mm 隔间岩棉＋2mm 铝板	ZHLB-113	1425.1	1478.8	1425.1	1478.8	2204.9	1890.6
10	B9-101-LB-14	3mm 铝板＋50mm 隔间岩棉＋2mm 铝板	ZHLB-106	1462.8	1410.4	2181.5	—	—	—
11	B9-101-LB-17	3mm 铝板＋50mm 隔间岩棉＋2mm 铝板	ZHLB-113	1425.1	1478.8	1425.1	1478.8	2204.9	1890.6
12	B9-101-LB-19	3mm 铝板＋50mm 隔间岩棉＋2mm 铝板	ZHLB-119	1462.8	1410.4	2181.5	—	—	—
13	B9-101-LB-3	3mm 铝板＋50mm 隔间岩棉＋2mm 铝板	ZHLB-103	1425.1	1478.8	1425.1	1478.8	2204.9	1890.6
14	B9-101-LB-5	3mm 铝板＋50mm 隔间岩棉＋2mm 铝板	ZHLB-103	1425.1	1478.8	1425.1	1478.8	2204.9	1890.6
15	B9-101-LB-6	3mm 铝板＋50mm 隔间岩棉＋2mm 铝板	ZHLB-106	1462.8	1410.4	2181.5	—	—	—
16	B9-101-LB-9	3mm 铝板＋50mm 隔间岩棉＋2mm 铝板	ZHLB-303	1410.4	1462.8	2181.5	—	—	—
17	B9-102-LB-11	3mm 铝板＋50mm 隔间岩棉＋2mm 铝板	ZHLB-110	1422.6	1465.8	1422.6	1465.8	2204.6	1866.7
18	B9-102-LB-12	3mm 铝板＋50mm 隔间岩棉＋2mm 铝板	ZHLB-112	1422.6	1465.8	1422.6	1465.8	2204.6	1866.7

图 19　BIM 提供面板加工数据清单

浅谈装配式建筑预制窗

◎ 彭 斌

深圳华加日幕墙科技有限公司 广东深圳 518052

摘 要 随着我国建筑行业发展，铝合金门窗得到了迅速地发展，预制窗也随之开始应用到住宅项目中。本文着重介绍预制窗的设计、安装、包装等要点。

关键词 铝合金门窗；预制；装配式

1 引言

将建（构）筑物的混凝土墙体（包括墙体中的铝合金窗、外墙贴砖、涂料等）在工厂预先制成，以供现场组配安装的工艺。采用混凝土预制构件进行装配化施工，比采用混凝土现浇工艺可节省劳动力，克服季节影响，提高建筑效率，是实现建筑工业化的重要途径之一，同时也可以减少高空的室外作业，最大限度避免高空坠落事故的发生。

随着我国建筑行业的发展，装配式建筑成为建筑业生产方式的一场重大变革。通过建造装配式建筑，可提升工程建设效率和质量，降低施工过程能耗水耗和垃圾排放，节约时间和运维成本。其中装配式预制窗是装配式建筑中的重要环节。装配式预制窗在香港应用普遍，内地市场在国家相关政策的引导下，逐步推广进入更多的住宅及安居房项目。

传统的铝合金门窗的安装方案是在土建留出来的窗洞口中，套入窗框，窗框与结构洞口之间采用1.5mm厚的上墙钢片或者其他连接件连接，然后调整好整窗的进出和水平之后，再进行塞缝的工序，而塞缝的材料通常为防水砂浆。优点：工人的安装较为熟练，安装步骤清晰。缺点：实际操作过程中，土建预留的窗洞口大小不一，造成后续的塞缝空间有大有小，窗框与结构之间的防水砂浆填充不密实，引起漏水、渗水；部分工序需要室外操作，操作难度大，同时存在一定的高空坠落风险；土建在做洞口时，需要用到大量的木模板，而木模板周转率低，重复使用次数少，需要大量木材，不环保。

而预制窗的操作主要在工厂进行，窗框预埋到洞口周边的混凝土中，同时边框的内腔也是由混凝土填充密实，减少了出现渗漏的隐患。工人安装窗户、室外侧打胶等工艺都在平地进行，没有高空作业。另外，预制窗的洞口都是用钢模，周转率高，并且可以多次重复使用。预制窗可以与主体结构同步进行，大大缩短了工期（图1）。

根据相关信息，装配式建筑预制窗在香港已经发展了20多年，从设计到施工等环节都较为成熟，本文结合香港项目的经验，重点阐述了设计、安装和包装中应关注的细节。

2 预制窗的设计要点

窗框部分：根据香港 APP-116 规定，铝合金窗的壁厚 $t \geq 2.0mm$，窗框的高度不小于 38mm，我们常用的 50 系列窗型即可满足相关要求。由于香港相关的检查部门对壁厚要求相当严谨，因此开模的时候建议将壁厚加大 0.1mm，同时负偏差控制在 $0.5 \sim 0.1mm$ 之间，保证壁厚的实测厚度 $t \geq 2.0mm$。

而窗框的室内外的腿部，需要预埋到混凝土中，预埋深度在 10～15mm 之间（详见图 2 所示预制窗节点）。另外，为保证防水效果，通常做法是增长进水路径，即将窗框室外侧的腿比室内侧的腿长。由于窗框是预埋到混凝土中，因此窗框是不可更换的，必须考虑一种有效的防腐处理手段。为避免混凝土腐蚀铝合金型材，必须在窗框组框完毕之后，在窗框的外侧框涂上 1mm 厚度的沥青（注意：由于沥青有毒，因此需要在室外侧进行涂刷），窗框与混凝土通过沥青隔离，这样就能有效地避免混凝土腐蚀窗框。

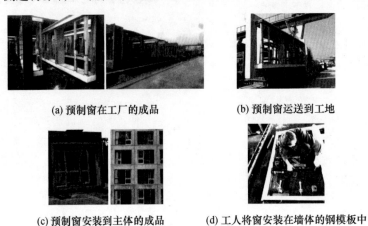

(a) 预制窗在工厂的成品　　　　(b) 预制窗运送到工地

(c) 预制窗安装到主体的成品　　(d) 工人将窗安装在墙体的钢模板中

图 1　预制窗安装流程

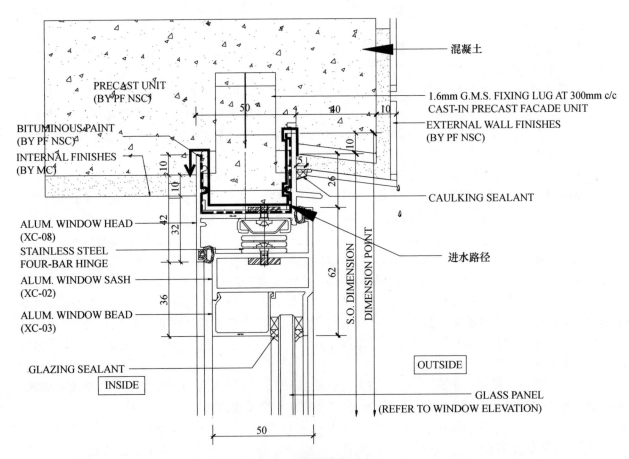

图 2　预制窗顶部节点

由预制窗节点图可以看到，窗框与混凝土是通过 1.6mm 的人字形钢片连接，虽然窗框是预埋到混凝土中，但我们在设计时，考虑窗受到的水平荷载（主要是风荷载）是通过钢片传递给结构，因此针对钢片的设计，必须要经过结构受力计算，而不能单单依据构造去设计。根据香港规范 APP-116 钢片的材质必须是热镀锌钢片或者不锈钢片，厚度为 1.5mm 以上（图 3），间距小于等于 300mm。钢片的设计有很多种，目前我做的三个项目主要用到的是图 3 的钢片。钢片顶部需要有个小折边，此折边的作用主要是在混凝土浇筑过程中，避免钢片脱落。钢片的小折边加工的时候，控制在约 80°（图 4），然后在工人安装钢片的时候，钢片通过钳子用力旋卡在边框的扣槽内，在旋卡的过程中，小折边与型材接触而导致角度由 80° 变到更加高的角度，使得小折边顶住型材内侧边，从而达到紧密配合的效果，这样做钢片就不容易脱落。

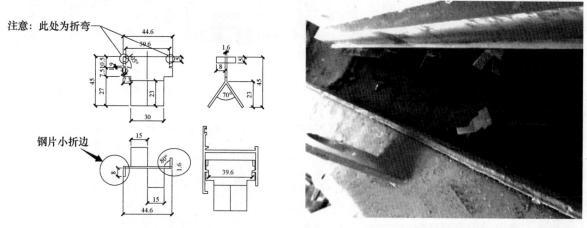

图 3　人字形钢片加工图　　　　　　　　　　　　图 4　脱落的钢片

窗扇部分：根据 APP-116，平开窗窗扇的最大宽度为 700mm，不锈钢滑撑的最小厚度 $t \geqslant 2.5\text{mm}$，安装滑撑应使用直径不小于 4.8mm 的不锈钢铆钉或者不小于 M5 的不锈钢螺钉。滑撑的选择上，要求不小于窗扇宽度的 60%，同时满足承重即可。

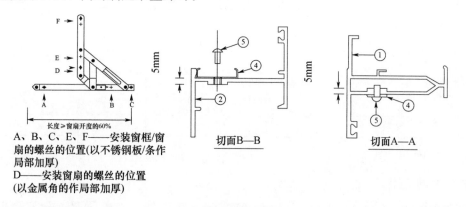

A、B、C、E、F——安装窗框/窗扇的螺丝的位置(以不锈钢板/条作局部加厚)
D——安装窗扇的螺丝的位置
(以金属角的作局部加厚)

图 5　铝合金型材局部加厚至 5mm

另外，APP-16 也规定，铝合金型材中，固定滑撑的部位，厚度不小于 5mm，通长做法是将铝合金型材局部加厚至 5mm（图 5）或者在型材内侧加钢（图 6）。

在窗扇组框方面，铝合金窗的壁厚 $t \geqslant 2.0\text{mm}$，因此对于组角码的选择，其壁厚需要比窗扇壁厚大。我所负责的香港项目中，有一个项目窗扇的型材壁厚为 2.4mm，而组角材的壁厚为 2.0mm，同时该组角材内部是没有任何支撑的。在调试过程中，我们首先采用较小的力度进行组角，扇的组角点与组角材两者稍微接触。整个窗扇组好后，存在松动的情况。我们逐级加大了组角机的力度，但效果不明显，仍然存在松动的情况。在最后一次加大组角机力度时，组角材开始变形，从而导致型材组角的位置开裂（图 7）。造成组角码变形的主要原因：

（1）选用的组角码壁厚比窗扇的型材壁厚薄，其强度比窗扇型材弱。

（2）组角码的结构形式不适宜用在此窗扇型材中。

为加强组角材的强度，可以采用如下方案：

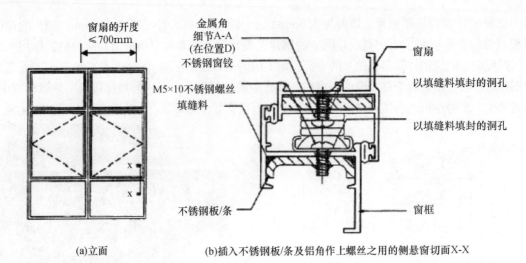

(a)立面　　　　　　(b)插入不锈钢板/条及铝角作上螺丝之用的侧悬窗切面X-X

图6　型材内侧加钢

（1）采用复合组角材加金属胶的方案，即在上述的组角码内腔放置一个实心的组角材，然后通过金属胶粘结在一起，然后再进行组角，通过此方案加强了原组角材的强度。上述项目前期几批窗采用此方案组角，未出现窗扇组角部位松动的情况。但此方案比较繁琐，增加了工序，因此后期大批量生产时不采用此方案。

（2）为加强组角材的强度，组角材的材质可以采用6063-T6（门窗用的型材的材质一般采用6063-T5），见表1。

表1　组角材的强度

铝合金牌号	状态	壁厚（mm）	强度设计值 f_a		
			抗拉、抗压强度	抗剪强度	局部承压强度
6063	T5	所有	90	55	185
	T6	所有	150	85	240
6063A	T5	≤10	135	75	220
	T6	≤10	160	90	255

由上表可知，T6的强度为T5强度的1.67倍，组角材材质改用T6材质可大大提高其本身强度，从而给铝型材强大的支撑。

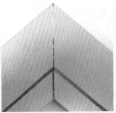

(a) 组角过程中组角材变形　(b) 组角后出现开裂门　(c) 扇组角材ZJC02变形前　(d) 门扇组角组紧后变形

图7　组角过程中出现的问题

3　预制窗的安装

预制窗在工厂中，是先安放在钢板板中窗的位置，然后通过螺栓和木方固定在钢模板上，再浇筑混凝土。为避免浇筑混凝土过程中，窗框受到混凝土的侧向压力过大，通常在窗框内侧加支撑。钢撑可以重复利用，并且设计可以伸缩调节使用（图8）。

(a) 铝合金窗安装到钢模板前的准备

(b) 铝合金窗安装到钢模板上

(c) 窗框内侧加钢撑

(d) 铝合金窗安装完毕，下放钢筋笼

(e) 安装铝合金窗防雷导线

图8 预制窗的安装

4 预制窗的包装

香港预制窗的包装，有层次的要求，每做一道工序，需要撕掉一层保护胶纸。如做吊顶时，与吊顶交接的窗框的那部分胶纸需要撕掉，而对吊顶这道工序没有影响的保护胶纸则保留。因此，窗的包装保护胶纸有3～4层，规格也有多种。如图9（a）所示的包装图，虚线的保护胶纸是第一道保护胶纸，此道保护胶纸是所有施工工序做完之后才撕掉的。作为第一道保护胶纸的选择（下图虚线的保护胶纸），首先需要根据气候去选择黏度，如冬天需要选择高黏度的保护胶纸，夏天需要选择低黏度的保护胶纸。其次需要选择与铝合金型材粘结牢固，同时撕开后又不会残留胶水在型材上的保护胶纸。

第二道保护胶纸主要是保护玻璃槽不受其他单位施工时造成的污染，如图9a的5'保护胶纸，直接从扇框室外侧包到扇框的室内侧。在选择此道保护胶纸规格的时候建议选择5'及以下的保护胶纸，因为保护胶纸粘贴在型材前需要把保护胶纸撕开拉直，而5'以上拉直，是非常吃力的。

第三道保护胶纸主要是室内装饰开始前保护铝合金型材不受污染，因此此道保护胶纸是在内装与铝合金型材交接部位施工时撕掉。在设计此道保护胶纸时不要贴在铝合金型材上而预埋到混凝土中，避免混凝土浇筑后保护胶纸撕不下来。保护胶纸与型材边缘的距离为室外侧18mm，室内侧8mm。

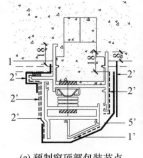
(a) 预制窗顶部包装节点

(b) 包装成品

(c) 边框包装成品局部

(d) 中竖框包装样板

图9 预制窗的包装

5　结语

　　本文主要介绍了香港装配式预制窗在设计、安装和包装中需要关注的细节，希望能对内地目前及未来的装配式预制窗的项目提供借鉴。具体工程还需结合国内的相关规范与项目自身的技术要求和特点进行设计，在满足国内相关规范的情况下，力求设计出优质的装配式预制窗。对于日益发展的建筑市场，装配式建筑的发展将会进入一个崭新的时代。

参考文献

[1] 香港房屋署. 认可人士及注册结构工程师作业备考 248，APP-116.
[2] 铝合金门窗工程技术规范：JGJ 214—2010 [S].

第三部分

新材料与新技术应用

幕墙窗如何应对台风天
——上悬窗自动锁闭五金系统介绍

◎ 朴永日　朱业明

广东合和建筑五金制品有限公司　广东佛山　528100

摘　要　在台风天怎么保护幕墙上悬窗？本文主要通过上悬窗自动锁闭五金系统的介绍提出一种新的保护上悬窗的方法，供大家探讨研究。

关键词　台风；上悬窗自动锁闭五金系统

1　引言

在人类居住环境中，台风天气是对建筑的极大考验。近年来，台风天气对沿海地区的建筑损害越来越大。近期的"山竹"台风，前几年的"天鸽""榴莲"等台风都给广东、福建、浙江沿海建筑的外围护结构的幕墙窗造成了很大损害。

现有幕墙上悬窗应用极其广泛，通常情况下，幕墙上悬窗均设置悬窗滑撑以及撑挡（摩擦式和锁定式）来实现窗扇的开启定位和关闭。在建筑高层或强风作用的使用环境中，幕墙上悬窗在正负风压共同作用下，有可能使撑挡损坏，导致窗扇自定位失效，使窗扇反复与窗框碰撞，存在窗扇损坏和脱落的安全隐患。上悬窗自动锁闭五金系统主要是解决两个方面的问题，一是窗扇的自动定位及受到一定外力后自动回位，二是窗扇自动回位后可以自动锁闭；目的在于克服现有技术的不足，提供一种结构新颖的幕墙自动锁闭装置。

下面根据幕墙上悬窗实际情况给予分析和配置。

2　上悬窗自动锁闭五金系统概述

2.1　五金系统的作用

上悬窗自动锁闭五金系统在刮强风时，受到的外力超过一定的值或人工关闭时，才会锁闭窗扇；即使没有手动关闭窗扇，在风力作用下，也能自动锁闭窗扇（图1、图2）。

按目前的上悬窗常规做法，一种为挂勾式上悬窗（或合页式上悬窗），一种为滑撑式上悬窗。本公司的上悬窗自动锁闭五金系统如图3、图4所示。

2.2　五金系统的各部件

（1）自动定位撑部件。

定位撑DA22长度550mm，需要有17mm的安装空间（图5、图6、图7）。

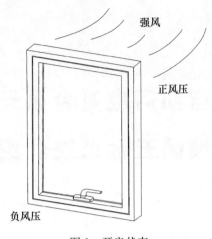

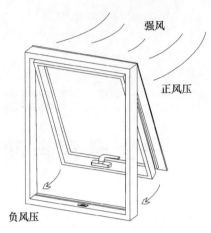

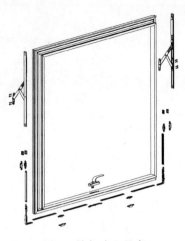

图 1　开启状态

图 2　关闭状态

图 3　挂勾式上悬窗
自动锁闭五金系统 MQS01

图 4　滑撑式上悬窗自动
锁闭五金系统 MQS02

图 5　左自动定位撑

图 6　右自动定位撑

自动定位撑按悬窗的尺寸和重量需要分级别。由于我们针对的是幕墙悬窗，尺寸和重量都比较大，根据《建筑门窗五金件 滑撑》（JG/T 127—2017），启闭力要分级。

由于自动定位撑安装空间的需求，如果开启距离 300mm 时，挂勾式（合页式）上悬窗扇高最少为 1300mm 以上，滑撑式上悬窗需要扇高最少 1500mm 以上。

使用了该气动定位支撑装置的上悬窗，可调节窗扇开启的角度，并且在受到较大外力时，上悬窗会自动关闭，不会造成装置损坏从而保护幕墙窗扇不掉落，保护人身安全和公共安全。

（2）自动锁闭部件。

本系统的自动锁闭部件，包括固定安装于窗扇上的锁座部件（图 8）和固定安装于窗框上的锁闭部件（图 9），窗框锁闭部件包括基座、锁舌以及用于带动锁舌自动伸出于基座表面的复位弹簧；窗

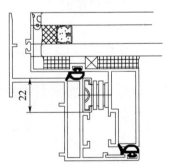

DA22气动定位撑
与型材配合

图 7　自动定位撑需要的
安装空间（mm）

扇锁座部件包括有底座以及调节块，调节块表面成形有一对锁止卡块以与锁舌配合锁紧。扇上必须有 15/20 槽口才能传动，框上可以有槽口，也可以没有。

由于窗扇锁座部件上的锁止卡块以及窗框锁闭部件上的锁舌可相互配合锁紧，因此当悬窗的窗扇关闭时，利用窗扇锁座部件以及窗框锁闭部件配合可将窗扇锁紧于窗框，防止悬窗受风压掀开。

图 8　窗扇锁座部件

图 9　窗框锁闭部件

窗扇锁座部件的底座与调节块之间形成悬窗内外侧方向上的调节安装，其中调节块上预留有腰型槽，同时该底座开有螺栓孔，并通过贯通所述腰型槽与螺栓孔的内外调节螺栓，连接调节块与底座。采用上述结构后，可通过腰型槽调节调节块在底座上的安装位置，由于调节块的调节方向对应悬窗内外侧方向，因此可通过上述方式实现现场校正。

底座与调节块之间的接触面均成形有相互配合的定位齿，定位沿悬窗内外侧方向排列；可通过底座与调节块之间的定位齿相互配合卡紧，从而进一步保持两者的相对位置，防止使用过程中两者位置偏移。

窗扇锁座部件的底座底面设置有阻尼胶，可利用缓冲窗扇锁座部件碰撞。

窗框锁闭部件的基座预留有容纳锁舌和复位弹簧的安装腔，基座表面开有连通安装腔并供锁舌伸缩的开口，同时该安装腔预留有腔口以及覆盖腔口的盖板，可实现窗框锁闭部件的锁舌自动弹出，从而保持锁紧状态。

盖板与安装腔之间通过螺钉连接。

窗框锁闭部件的基座两侧成形有安装部，每一安装部均开有与所述悬窗窗框进行螺栓连接的通孔，此外两侧安装部还分别通过螺纹连接高度调节螺栓；可通过高度调节螺栓，调节窗框锁闭部件的安装高度，从而调节窗框锁闭部件与窗框之间的安装高度，也可通过上述方式实现工地现场调整（图 10）。

（3）操作部件（执手）。

执手操作可以定位两个位置；可以设置人工开启位置、自动锁闭位置（图 11）。

定位的位置，关系到锁闭部件的行程，可根据实际情况，下调铝传动杆的尺寸。

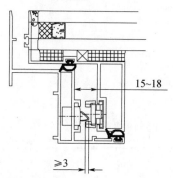

图 10　锁闭部件配合示意（mm）

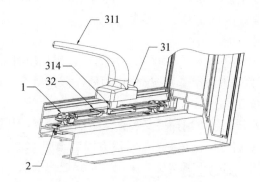

图 11　操作部件配合示意

2.3　五金系统的力学性能

参考目前《建筑门窗五金件 通用要求》（GB/T 32223—2015）、《建筑门窗五金件 滑撑》（JG/T 127—2017）、《建筑门窗五金件 传动锁闭器》（JG/T 126—2017）的标准，设定此自动锁闭五金系统性能值如下：

（1）执手启闭力。

门窗锁闭装置的锁紧力和松开力、活动扇开启力和关闭力的最大值；

外开上悬窗为关闭位置至启闭 300mm 位置过程中的启闭力（表 1）。

表 1　外开上悬窗用滑撑的启闭力

承载质量 m （kg）	启闭力（N）	承载质量 m （kg）	启闭力（N）
$m \leqslant 40$	$F \leqslant 50$	$70 < m \leqslant 80$	$F \leqslant 100$
$40 < m \leqslant 50$	$F \leqslant 60$	$80 < m \leqslant 90$	$F \leqslant 110$
$50 < m \leqslant 60$	$F \leqslant 75$	$90 < m \leqslant 100$	$F \leqslant 120$
$60 < m \leqslant 70$	$F \leqslant 85$	$m > 100$	$F \leqslant 140$

（2）锁闭部件强度。

锁闭部件强度根据《建筑门窗五金件 传动锁闭器》（JG/T 126—2017）的标准，设定如下：

锁点、锁座承受 1800_0^{+50} N 破坏力后，各部件应无损坏。

强度极限可提高为 2800N。

试验方法为：

将传动锁闭器按实际工作状态安装在试验模拟门窗上，在传动锁闭器上任选一组锁点、锁座，将其处于正常锁闭位置时，在扇型材对应该锁点的位置处，向扇开启方向施加 1800_0^{+50} N 静拉力，保持 60_0^{+10} s，卸载后打开门窗扇，检查锁点、锁座损坏情况。

（3）反复启闭次数。

反复启闭次数定为 2.5 万次。

（4）自动定位撑性能。

根据《建筑门窗五金件 撑档》（JG/T 128—2017）的标准，设定如下：

① 锁定式撑挡反复启闭 1 万次后，各部件不应损坏，且应满足 5.4.1.1 的要求；

② 摩擦式撑挡反复启闭 1.5 万次后，各部件不应损坏，且应满足 5.4.1.2 的要求；有可调功能摩擦式撑挡的可调部件反复启闭 2250 次后，应满足 5.4.1.2 的要求。

试验方法为：

将外开上悬窗用撑挡安装在试验模拟窗上，按最大开启距离为 300_{-20}^{0} mm，进行反复启闭试验；试验频率 250～275 次/h，每 5000 次启闭试验后，调节并润滑，检查试件损坏情况。试验完成后将撑挡从试验模拟窗上拆下，按 6.4.1 的方法测试锁定力并评定。

反复启闭可设为 2.5 万次。

抗破坏能力为：

① 开启方向承受 1000N 作用力后，撑挡所有部件不应损坏；

② 关闭方向承受 600N 作用力后，撑挡所有部件不应损坏。

试验方法为：

将外开上悬窗用撑挡安装在试验模拟窗上，开启到最大开启位置，按下列方法进行：

① 开启方向：在窗扇的开启方向上施加 1000_0^{+20} N 垂直（允许角度偏差 ±5°）窗扇的作用力，施力点为窗扇开启侧距离型材外缘 55_{-5}^{0} mm 处的中点上，保持 5_0^{+1} s，卸载后，检查撑挡所有部件是否脱落。

② 关闭方向：将锁定式撑挡锁定，保证窗扇开启角度不变，在窗扇的关闭方向上施加 600_0^{+20} N 垂直（允许角度偏差 ±5°）窗扇的作用力，施力点为窗扇开启侧距扇型材外缘 55_{-5}^{0} mm 处的中点上；保持 5_0^{+1} s，卸载后，检查撑挡所有部件是否脱落。

在窗扇开启方向施加 1000N 的力，从保持 5s，提高到保持 60s，卸载后仍能使用。

关闭方向在有阻碍物的情况下，施加 1000N 的力，从保持 5s，提高到保持 60s，卸载后仍能使用。

2.4　五金系统的试验情况

（1）执手启闭力。

由于自动定位撑在关闭时，气缸处于压缩状态，开启到最大位置时气缸在自然状态。所以上悬窗开启力小于关闭力。

测试模拟窗规格，宽度 2000mm，高度 1500mm，质量 120kg。

执手负载单独操作力矩最大为 1.72N·m，推窗最大关闭力 119N（图 12、图 13）。

图 12　执手负载单独操作力矩　　　　图 13　推窗关闭力

（2）锁闭部件强度（图 14、图 15）。

图 14　锁座测试　　　　　　图 15　锁点测试

检测结果如表 2 所示。

表 2　检验结果

报告编号：HHJ-201810069

序号	检验项目	标准要点	检验结果	单项判定
1	锁点锁座抗破坏	锁点、锁座承受 800^{+80}_{0}N 破坏力后，各部件应无损坏	1#锁座承受 1810N 破坏力后各部件无损坏，加载到 3001N 破坏力后部件有损坏	符合
			2#锁点承受 1831N 破坏力后部件无损坏，加载到 3020N 破坏力后部件无损坏	符合
			3#锁座承受 1805N 破坏力后各部件无损坏，加载到 2900N 破坏力后部件无损坏	符合
			4#锁点承受 1804N 破坏力后部件无损坏，加载到 3014N 破坏力后部件无损坏	符合
			5#锁座承受 1807N 破坏力后各部件无损坏，加载到 3002N 破坏力后部件有损坏	符合
			6#锁点承受 1820N 破坏力后部件无损坏，加载到 3010N 破坏力后各部件无损坏	符合

以下空白

锁闭部件极限满足 2800N，60s。

（3）反复启闭次数检验（见表 3）。

表 3　反复启闭次数检验

序号	检验项目	客户要求	检验结果	单项判定
1	反复启闭	反复启闭 25000 次后，撑挡能正常工作	反复启闭 25004 次后，撑挡能正常工作	符合

以下空白

（4）自动定位撑抗破坏能力（图 16、图 17）

图 16　开启方向施加 1000N/60s　　　　图 17　关闭方向增加障碍物，
施加 1000N/60s

根据试验数据判定结果为合格。

3　实际工作中的指导

3.1　首先计算上悬窗自动回位的力

假设上悬窗尺寸为：宽 w、高 h；

所以窗面积为 $M = w \times h$

则，悬窗所受风力为：

$$S = W_s \times M = W_s \times w \times h$$

从开启最大位置关闭窗扇的力为窗扇的自重和自动定位撑的合力，根据试验得知启闭力约为 110 ～140N（自动定位撑开启力和关闭力会有所不同，因为开启时自动定位撑因气动的原因，窗扇自动向开启方向移动，关闭时要增加自动定位撑的阻力）。

在窗的几何中心受力要达到 $2F$，那么窗需要关闭时的风压值为：

$$W_s = \frac{2F}{w \times h} (\text{N/m}^2)$$

（注：瞬时风压 W_s 和目前建筑荷载使用的平均风压 W_k 是有区别的，实际计算中应区分。在本文中，考虑计算方便，没有对瞬时阵风和平均阵风详加区分。）

根据贝努利公式：

$$W_0 = \frac{1}{2}\rho v^2 = \frac{v_0^2}{1600} (\text{kN/m}^2) \quad (\text{空气密度 } \rho = 1.25\text{kg/m}^3)$$

所以：

$$v = \sqrt{1600 \times W_s} = \sqrt{\frac{1600 \times 2F}{w \times h \times 1000}} \quad (1\text{kN} = 1000\text{N})$$

从开启最大位置关闭窗扇的力为窗扇的自重和自动定位撑的合力，根据试验得知为启闭力约为110～140N。设定取值，启闭力 $F = 120$N、宽 $w = 2$m、高 $h = 1.5$m 时，需要关闭窗扇的风速值为：

$$v = \sqrt{1600 \times W_s} = \sqrt{\frac{1600 \times 2F}{w \times h \times 1000}} = \sqrt{\frac{1600 \times 2 \times 120}{2 \times 1.5 \times 1000}} = 12.6\text{m/s}$$

结合蒲福风力等级表，

$$v_0 = 0.835 \times f^{1.5}$$

风力等级 f 为：

$$f = \sqrt[1.5]{\frac{v}{0.835}} \approx 6$$

约为 6 级风时，自动锁闭五金系统就可以自动关闭。

实测悬窗自动关闭时候的风速如下（图18）：

上悬窗启闭力 F 可通过窗户自重和自动定位撑合力计算得知，此处不再展开说明，只体现结果为：

图18　风速测量结果

$$F = \frac{G[(f\sin a - \cos a) \times B/2 + L_1 \times \sin a]}{h_2(f\sin a - \cos a) + L_1 \times \sin a \times \sin d - f \times L_1 \times \sin a \times \cos d} \approx 0.12G \quad （计算过程略）$$

（可参看《中国建筑金属结构》2006 年 1 月刊《建立滑撑力学模型的探讨（一）-上悬窗滑撑受力分析》）

3.2　锁闭部件的排布

在锁闭部件排布时，门窗设计经常会出现平均分配锁闭部件的情况。实际上，有旋转轴的开启窗，受力最大的位置一般都是离旋转轴最远的位置。这是因为旋转轴本身的强度一般比锁闭部件的强度高，在受风压时，最终会发生旋转效果，所以我们要优先加强离旋转轴最远的位置。

幕墙外开上悬窗的旋转轴有两种，一种合页式（包括挂勾式），一种滑撑式。受力，合页式比较可靠，滑撑式上悬窗，由于上部不能安装锁闭部件，受风压时，上部不能加装锁闭部件，所以滑撑式上悬窗宽度不能大，要根据门窗实际情况进行设计（图19、图20）。

幕墙外开上悬窗受正风压时，主要是型材受力；受负风压时，主要是五金系统受力。所以五金系统主要考虑负风压的情况就可以了。

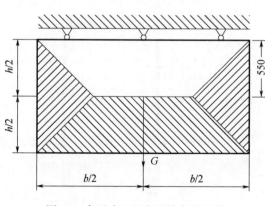

图19　合页式上悬窗设计窗型示意

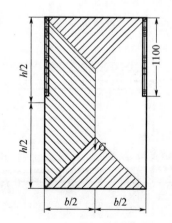

图20　滑撑式上悬窗设计窗型示意

根据《建筑门窗配套件应用技术导则》第四章 4.1 条：建筑外窗在风荷载作用下，受力构件上的总荷载（Q）应等于该构件所承受的受荷面积（A），即活动扇面积，与施加在该面积上的单位风荷载

（W_k）之乘积（式4-1）：

$$Q = W_k \times A \tag{4-1}$$

活动扇锁点数量的计算公式（4-2）：

$$n_1 \geqslant Q/f_a = W_k \cdot A/f_a \tag{4-2}$$

式中　n_1——锁点的个数，取不小于计算值的自然数；

　　　W_k——风荷载标准值（kN/m²）；这里要采用负风压；

　　　A——活动扇面积（m²）；

　　　f_a——单个锁点允许使用的剪切力，取800N计算。800N这个设计值是根据极限数据1800N而来的，保险系数为2.2。

（注：原来制定标准时，是因为部分铝连杆上的活动锁点强度无法提高而造成的；铆接的锁点比活动锁点的强度要好得多）。

我们可以经过理论验证：

$$\tau = \frac{f_v \times A}{\xi \times \gamma_w} ;$$

式中　f_v——压铸锌合金YX041材料抗剪切设计值，$f_v = \dfrac{f_s}{\sqrt{3}}$ ；

　　　压铸锌合金YX041材料的抗力分项系数为 $\gamma_R = 1.087$，$\sigma_s = 235 \text{N/mm}^2$，

　　　抗拉强度设计值：$f_s = \dfrac{\sigma_S}{\gamma_R} = \dfrac{235}{1.087} = 216.2 \text{N/mm}^2$ ；

　　　所以 $f_v = 125 \text{ N/mm}^2$。

　　　S——锁点抗剪截面面积：$S = 12 \times 4 = 48 \text{mm}^2$ ；

　　　ξ——多点锁锁点受力不均匀系数，取 $\xi = 1.35$ ；

　　　γ_w——风荷载分项系数，取 $\gamma_w = 1.4$。

计算结果：$\tau = 125 \times 48/1.35 \times 1.4 \approx 3174 \text{N}$ ；

以上结果与试验结果相对比，基本吻合。

因此，本五金系统的锁闭部件设计极限强度可定为2800N，设计值可按1400N来计算。

例如：$W_k = 3.5 \text{kN/m}^2$，幕墙悬窗面积为 $A = 2 \text{m}^2$，锁点数量为：

$$n_1 \geqslant Q/f_a = W_k \cdot A/f_a = \frac{3500 \times 2}{1400} = 5$$

锁点排布：

如上5锁点时，锁点排布应如图21、图22所示。

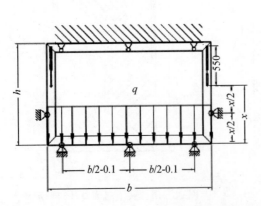
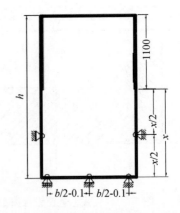

图21　合页式（含挂勾式）上悬窗锁点排布示例　　图22　滑撑式上悬窗锁点排布示例

采用工程模拟有限元分析软件，进行力学分析，结果如图23、图24、图25、图26所示。

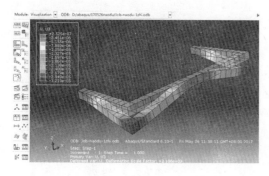

图 23　单锁点形式

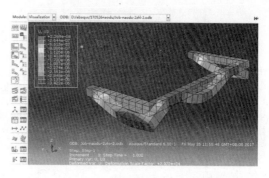

图 24　两锁点形式

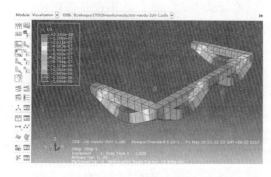

图 25　三锁点形式

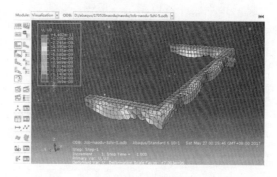

图 26　五锁点形式

多点锁的重要作用之一是保证窗扇与窗框的密封条件，在风荷载频遇值条件下保证门窗幕墙正常功能的实现，对应于正常使用极限状态。

我们单独对执手侧锁点布置进行分析如下：

设窗宽为 B，窗高为 H，窗扇抗弯刚度 $E \times I$，分为单锁点、两锁点、三锁点三种情况（锁点距扇边不小于 0.1mm），按结构力学公式分别给出窗扇的最大变形值 f，如图 27 所示。

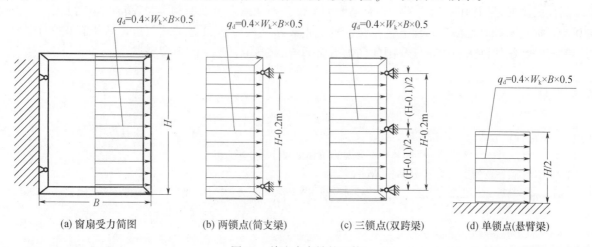

(a) 窗扇受力简图　　　(b) 两锁点(简支梁)　　　(c) 三锁点(双跨梁)　　　(d) 单锁点(悬臂梁)

图 27　单边多点锁的比较

单锁点：$f_1 = \dfrac{q_d \times H \times (H/2)^3}{8 \times E \times I} = \dfrac{q_d \times H \times (H/2)^3}{8 \times E \times I} = \dfrac{q_d \times H^4}{64 \times E \times I} = 0.0156 \dfrac{q_d \times H^4}{E \times I}$

两锁点：$f_2 = \dfrac{5 \times q_d \times (H-0.2)^4}{384 \times E \times I} = 0.013 \dfrac{q_d \times (H-0.2)^4}{E \times I}$

三锁点：$f_3 = 0.00521 \dfrac{q_d \times ((H-0.2)/2)^4}{E \times I} = 0.00033 \dfrac{q_d \times (H-0.2)^4}{E \times I}$

式中 q_d——执手侧线荷载，可按下式计算：

$$q_d = W_d \times \frac{B}{2} = (0.4 \times W_k) \times \frac{B}{2}$$

为对上式做一个概念性的比较，忽略 f_2、f_3 锁点边距的影响，可得：

$$f_1 : f_2 : f_3 = 47.3 : 39.3 : 1$$

采用三锁点形式可大大减少扇的变形，提高密封性能。

抗风压性能 5 级时，$W_k = 3.5 \text{kN/m}^2$，幕墙悬窗面积为 $A = 2\text{m}^2$，

扇的抗弯惯性矩一般为 $I = 30\text{cm}^4$，

则其抗弯刚度 $EI = 70 \times 10^9 \times 30 \times 10^{-8} = 21000\text{N} \cdot \text{m}^2$

$$f_3 = 0.12\text{mm}$$

可见三锁点已经可以满足一般密封要求。如果风压设计荷载更大，此时，不仅是考虑锁点的数量和锁点排布的问题，而且要考虑窗扇的刚度和密封构造。

3.3　操作部件

操作部件主要是确定执手定位几个位置。一般来说，大执手一般都有 90°和 180°行程，90°行程一般在 17～18mm 之间，都可以通过执手手柄的旋转运动进行有效地操作，定位两个位置（人工开启位置、自动锁闭位置）。在平时需要通风换气时，将上悬窗打开，并将执手手柄旋转到自动锁闭位置，这样，在有较大的风时，上悬窗自己就会自动关闭，从而达到保护窗扇的目的。

4　结语

综上所述，本五金系统主要是在无人看管的上悬窗遇到突然而至的狂风时，自动关闭窗户从而达到保护窗户的目的，并且提高了锁闭部件的强度。

近年来，由于强风的影响，导致门窗脱落的现象屡有发生。所以在高风压地区，风压部分的计算也是必不可少的。

门窗五金件是门窗的"心脏"，具有重要的地位。本文从一个全新的上悬窗自动锁闭五金系统的发明开始，提出了针对幕墙上悬窗五金系统新的方案。本文的分析只是抛砖引玉，希望有识之士能参与到门窗五金系统的创新当中，使我国的门窗五金系统尽快提高到一个新的层次。

参考文献

[1] 材料力学 [M]. 武汉：华中科技大学出版社，2001.
[2] 朴永日. 建立滑撑力学模型的探讨（一）-上悬窗滑撑受力分析 [M].
[3] 朴永日. 门窗锁点的受力及排布探讨 [M].
[4] 最新金属材料牌号、性能、用途及中外牌号对照速用速查实用手册 [M]. 北京：中国科技文化出版社，2005.

幕墙伸缩缝系统简述

◎ 何锦星

艾勒泰设计咨询（深圳）有限公司　广东深圳　518049

摘　要　本文探讨幕墙墙面在结构伸缩缝处的处理方法，即伸缩缝处的幕墙系统。结构伸缩缝，是指为防止建筑物构件由于地震或气候温度变化（热胀、冷缩），使结构产生裂缝或破坏而沿建筑物或构筑物施工缝方向的适当部位设置的一条构造缝。伸缩缝是将基础以上的建筑物构件如墙体、楼板、屋顶等分成两个独立部分，使建筑物或构筑物沿长方向可做水平伸缩。随着现代建筑对功能性与艺术性需求的增加，建筑幕墙要提供美观的建筑装饰艺术效果的同时，对幕墙结构也需要设计得更加科学合理。针对结构伸缩缝的幕墙产品应运而生，并且可以实现装配式安装，安全可靠。本文为幕墙伸缩缝系统在实现建筑效果上提供了技术支持，并详细介绍了其工作原理及应用于超高层的实际案例。对幕墙伸缩缝系统的各项性能要求，如物理性能、抗风性能、抗震性能、质量控制、使用要求、保养维护等进行简述。从而在外观上符合建筑师的设计理念及使用功能。

关键词　幕墙；伸缩缝系统；安全性；装配式

1　引言

苏州国际金融中心，简称苏州国金，位于江苏省苏州市美丽的金鸡湖旁边，工业园区 271 号地块。该项目地下 5 层，地上 98 层，整体高达 450m，主体结构形式为框架＋核心筒，地面粗糙度类型为 C 类，抗震设防为重点设防（乙类），抗震设防烈度为 7 度，建成后将成为江苏第一高楼。本工程的主体结构具有特殊性：T1 高度达 450m，而 T2 的高度为 80m，两单体的高度相差悬殊，为防止地震、温度和不均匀沉降因素等对两单体的影响，同时为实现建筑效果和建筑功能，主体结构需要设置一整条从东面至西面、从首层至屋顶的结构伸缩缝，总长度达 170m（图 1），其宽度为 700mm（图 2）。为实现玻璃幕墙的完整性，需设计一种独特的系统来支撑幕墙板块，以下内容则从设计原理、测试要求、安装质量及检测等方面进行介绍。

2　工程特点

2.1　设计原理

伸缩缝系统采用了"门"的工作原理。"门"实际上是一个铝框架结构，这个框架需要加上与外立面统一的建筑饰面，然后安装到骨架上，才算是一套完整的系统。"门"与"幕墙饰面材料"合称为"面板"。这套伸缩缝系统以特有的"磁铁""平衡绳索"构成了伸缩缝的自平衡系统。面板的开口位置有磁铁，确保面板在正常情况下保持关闭（图 3）。关闭时，伸缩缝系统也会承受来自幕墙饰面板的重力荷载、水平地震荷载及最大风荷载，同时必须保证不会因为负风压而被打开。当建筑物发生较大的位移时，面板会像门一样打开弹出，这样就避免挤压而损坏饰面（图 4）。当建筑物位移结束，自平衡系统会通过配重的上升和下降来控制面板立即关闭，这样面板就不会因为长时间的打开，而对建筑物造成损伤。通过这个自平衡系统自行闭合，确保了伸缩缝在幕墙系统中"前后、左右、上下"六个方向的位移，起到保护幕墙不发生破坏的作用。

图1　结构伸缩缝范围（粗实线）

图2　结构伸缩缝位置（已安装一部分）

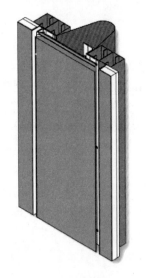

图3　伸缩缝
系统关闭时

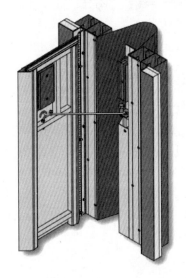

图4　伸缩缝系统在建筑物发生
较大位移时的打开状态

2.2　选型及结构受力分析

在各厂家的产品手册中有不同的型号，设计人员可根据实际工程的条件，比如面板的尺寸及重量、风压大小、伸缩缝的位移值大小等直接选择某一种型号以满足设计要求（图5）。而本项目中结构伸缩缝外的玻璃尺寸为 $600mmW \times 3500mmH$，配置为 6HS＋1.52PVB＋6HS＋9A＋6FT 中空夹胶玻璃，其质量加上框料质量达到120kg；所承受的风荷载为 3.5kPa，作用在"磁铁"上的水平荷载设计值为 $0.6m \times 3.5m \times 3.5kPa \times 1.4 = 10.3kN$。在伸缩缝标准的产品中没有可以满足此要求的型号，所以厂家根据此条件特别研发出一款重型的型号（图6），以满足玻璃板块传递过来的重量荷载和水平荷载。伸缩缝系统与玻璃面板之间的连接为厂家专利技术，厂家保证其受力满足要求。我们在计算中，主要分析保证其与幕墙框料之间的受力要求，计算连接钢码件的强度和不锈钢螺栓的强度。

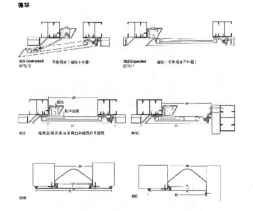

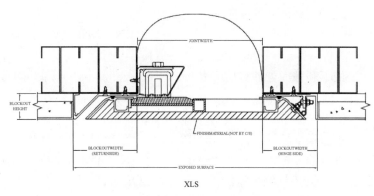

XLS

图5 伸缩缝系统的各种产品型号　　　　图6 针对此项目特制的伸缩缝系统型号

2.2.1 以下为基本参数及计算过程

风荷载标准值：$W_k = 3.5 \text{kPa}$

单元宽度：$W = 700 \text{mm}$

单元计算高度：$H = 3500 \text{mm}$

连接码件间距：$B = 350 \text{mm}$

玻璃单元板自重：$G_k = 0.7 \text{kPa}$

地震荷载标准值为：$S_k = 5 \times 0.04 \times G_k = 5 \times 0.04 \times 0.7 \text{kPa} = 0.14 \text{kPa}$

作用效应组合设计值为：$S_d = 1.4 \times W_k + 1.3 \times 0.5 \times S_k = 1.4 \times 3.5 \text{kPa} + 1.3 \times 0.5 \times 0.14 \text{kPa} = 4.99 \text{kPa}$

作用点处水平反力设计值：$F_w = S \times W \times B = 4.99 \text{kPa} \times 700 \text{mm} \times 350 \text{mm} = 1.22 \text{kN}$

作用点处竖向反力设计值：$F_d = 1.2 \times G_k \times W \times H/2 = 1.2 \times 0.7 \text{kPa} \times 700 \text{mm} \times 3500 \text{mm}/2 = 1.0 \text{kN}$

2.2.2 8mm厚钢连接码件校核（图7中SECA）

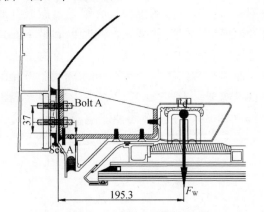

图7 伸缩缝板块固定连接计算（mm）

Q235抗弯强度设计值：$f_y = 215 \text{MPa}$

Q235抗剪强度设计值：$f_v = 125 \text{MPa}$

作用点至最不利截面处的受力偏心：$e = 195.3 \text{mm}$

连接码件长度及厚度：$L = 200 \text{mm}$，$t = 8 \text{mm}$

截面面积：$A = L \times t = 200 \text{mm} \times 8 \text{mm} = 1600 \text{mm}^2$

载面抵抗矩参数：$W_x = L \times t^2/6 = 200mm \times (8mm)^2/6 = 2133mm^3$

$\qquad\qquad\qquad W_y = L^2 \times t/6 = (200mm)^2 \times 8mm/6 = 53330mm^3$

截面抗扭参考：$W_p = L \times t^2/3 = 200mm \times (8mm)^2/3 = 4267mm^3$

最不利截面处的弯曲应力：$\sigma = F_w \times e/W_x + F_d \times e/W_y$

$\qquad\qquad\qquad\qquad = 1.22kN \times 195.3mm/1200mm^3 + 1.0kN \times 195.3mm/2400mm^3$

$\qquad\qquad\qquad\qquad = 115.44MPa$

最不利截面处的剪切应力：$\tau = (F_w + F_d)/A + F_d \times e/W_p$

$\qquad\qquad\qquad\qquad = (1.22kN + 1.0kN)/1600mm^2 + 1.0kN \times 195.3mm/4267mm^3$

$\qquad\qquad\qquad\qquad = 47.16MPa$

抗弯强度校核：$f_y = 215MPa > \sigma = 115.44MPa$ 满足要求

抗剪强度校核：$f_v = 125MPa > \tau = 47.16MPa$ 满足要求

2.2.3　M8 不锈钢螺栓校核（图 7 中 BOLTA）

螺栓抗拉强度设计值（A4-70）：$f_{bt} = 320MPa$

螺栓抗剪强度设计值（A4-70）：$f_{bv} = 245MPa$

螺栓有效面积：$A_e = 36.6mm^2$

螺栓数量：$n = 2$

作用点至螺栓处的受力偏心：$e = 195.3mm$

螺栓抗拉承载力：$T_c = f_{bt} \times A_e = 320MPa \times 36.6mm^2 = 11.7kN$

螺栓抗剪承载力：$V_c = f_{bv} \times A_e = 245MPa \times 36.6mm^2 = 9.0kN$

每个螺栓拉力设计值：$T = (F_w \times e/(0.8 \times 37mm) + F_d \times e/500mm)/n = 4.25kN$

每个螺栓剪力设计值：$V = (F_w + F_d)/n = 1.2kN$

抗弯强度校核：$T_c = 11.7kN > T = 4.25kN$ 满足要求

抗剪强度校核：$V_c = 9.0kN > V = 1.2kN$ 满足要求

组合验算：$[(T/T_c)^2 + (V/V_c)^2]^{0.5} = 0.39 < 1.0$ 满足要求

2.3　伸缩缝板块气密性和水密性设计

用于伸缩缝处的系统或墙型，为适应主体的位移，必须是要做成开放式的系统。从 2.1 节的设计原理中我们也介绍过，其主要的原理是"门"的概念，同时也满足单元式系统中的等压腔原理。伸缩缝装置只是很好地解决了建筑幕墙外立面的效果问题，针对建筑物室内的功能性要求，幕墙系统还必须满足气密性和水密性的要求，而这个"门"的气密性和水密性达不到标准单元式幕墙的性能等级，只能借助一些比较传统的做法得以实现。当这个"门"关闭，即伸缩缝板块安装完成时，胶条四周的胶条被压紧，形成第一道防水线（图 8），在全部的伸缩缝都安装完成后，在室内安装一层防水胶皮（图 9），形成第二道防水线和气密线，而且这层胶皮必须是连接的，贯穿整条伸缩缝，从而保证伸缩缝处的性能要求。

2.4　伸缩缝板块搭接处的排水

前面说到此系统也满足单元式的等压腔原理，假设有小量水冲破胶条的第一道防水线，因每榀单元底部都设有排水缝，能把水排到室外（图 10）。

2.5　伸缩缝板块的测试

（1）测试内容：整个伸缩缝系统，包括与玻璃面板同等配重的面板、铝龙骨、连接码件、伸缩缝产品及相关附件。

（2）测试执行的相关标准：UL 认证体系、ASTM E1966-FB、ASTM E 1399-97。

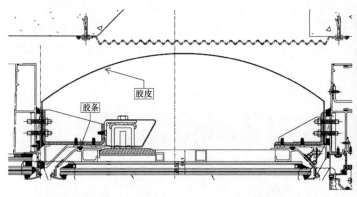

图 8　伸缩缝的气密性和水密性做法

图 9　室内胶皮作为第二道防水线（黑色胶皮）

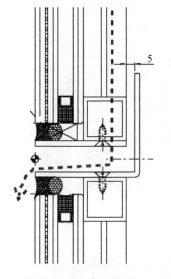

图 10　上下单元之间的搭接及排水示意

所需测试值—6 组组合模块

类型	分项编码	数值（英寸）	
		模块 1600	模块 3400
缝宽最小值	10.1.1	4″	7″
缝宽最大值	10.2.1	32″	61″
位移允许值	10.3.1	28″, 4″, 32″	54″, 7″, 61″
实际测试值	10.6	16″, −12″, 16″	34″, −27″, 27″
闭合/张开百分比	10.8	16″, −75%, +100%	34″, −79%, 79%
循环次数	10.9.1	100/400	100/400
循环测试设备误差值	分缝变化及比例变化	±1/16″	±1/16″

图 11　伸缩缝测试的具体数值

（3）测试程序：安装之前经历过 500 次循环测试。模拟地震运动，每分钟 30 次，做 100 次模拟热胀冷缩或者摇摆运动，每分钟 10 次，做 400 次。每次测试的位移数值必须为三个方向正负值的最小值或最大值。先分别测试六个方向，最后组合六个方向作同时位移测试。

（4）测试地点：美国马萨诸塞州米尔顿市。

（5）测试数值：X 为幕墙平面内左右方向，左方向位移值为 −304.8mm，右方向位移值为 ＋406.4mm；Y 为幕墙平面内上下方向，下方向位移值为 −215.9mm，上方向位移值为 ＋287.02mm；Z 为垂直幕墙面进出方向，进方向位移值为 −228.6mm，出方向位移值为 ＋228.6mm（图 11），所有位移值由主体结构工程师给出并确认。

（6）测试平台：底部设置固定的水平、左右可滑动滑轨支撑，上面设置两个可顺着轨道滑动的移动平台，实现平面方向的移动，在右边的平台底下设置可提升装置，实现垂直方向的移动。移动的频率及速度等参数，通过主机调整气压阀门来实现。

（7）测试过程：X 平面内方向，左右位移（图 12、图 13）。Y 平面外方向，进出位移（图 14、如图 15）。

2.6　伸缩缝系统及幕墙板块安装

伸缩缝系统及幕墙板块在安装前必须确保两座建筑单体的位移沉降已基本上稳定，经过对 T1 楼及 T2 楼的沉降作长期的监测后得到较为稳定的数据，T1 楼比 T2 楼下沉多约 12mm，为确保两座单体之间的水平缝达到一致，经讨论后决定把 T2 楼的幕墙分缝整体向下移动 12mm 以满足施工深化及施工安装的要求。首先把带有伸缩缝产品的附框固定在幕墙的龙骨上（图 16、图 17）。随后把玻璃幕墙板块固定在其中一边带合页的龙骨上。最后把幕墙板块以"门"的形式关上，伸缩缝产品上的磁铁随即把幕墙板块吸住，至此安装完成（图 18、图 19）。

图 12　伸缩缝平面内闭合状态　　　　　　　图 13　伸缩缝平面内拉开状态

图 14　伸缩缝平面外方向—进　　　　　　　图 15　伸缩缝平面外方向—出

图 16　伸缩缝系统的成品

图 17　伸缩缝系统安装过程中

图 18　伸缩缝系统的成品安装后（粗线标准的为磁铁）

图 19　伸缩缝系统及幕墙板块安装完成

2.7　验收、保养及维护

目前我国现行国家规范及行业标准中还没有针对伸缩缝的幕墙系统产品实施验收的标准和认证。在验收、保养及维护方面都需参考现行幕墙中的相关规范，如 JGJ 102—2003。

（1）验收：验收时需提供的资料包括此部分的竣工图及施工图和结构计算书、构件或组件的产品合格证书、性能检测报告、进口产品的商检证及原产地证明、安装记录、隐蔽工程验收文件、产品制作加工记录、UL—2079 质保证明及认证文件、构件与龙骨连接节点、产品的质量抽检记录。

（2）保养及维护：幕墙公司除提交《幕墙使用维护说明书》外，还需针对伸缩缝产品提交更加专业性的《伸缩缝系统产品使用维护说明书》。维护方面，应保持排水系统的畅通，当发现产品及连接有脱落或损坏时，应及时进行修补与更换。当发现构件或附件的螺栓、螺钉松动或锈蚀时，应及时拧紧或更换。在幕墙验收后一年时，就对伸缩缝系统作全面检查，此后每五年检查一次，包括此墙型的板块是否出现错位或变形、磁铁是否出现失效、连接码件是否有锈蚀、螺栓是否有松动、五金件是否有功能障碍或损坏等。当幕墙遭遇强风袭击后，应及时对伸缩缝系统进行全面的检查、修复或更换损坏的构件。当幕墙遭遇地震、火灾等灾害后，应由专业技术人员对伸缩缝系统进行全面的检查，并根据损坏程度制定处理方案，及时处理。

参考文献

［1］建筑结构荷载规范：GB 50009—2012［S］.

［2］钢结构设计规范：GB 50017—2017［S］.

［3］Standard Test Method for Cyclic Movement：ASTM E1399-97［S］.

［4］玻璃幕墙工程技术规范：JGJ 102—2003［S］.

直立锁边金属屋面性能提升方法与实践

◎ 刘　健[1]　戴传宝[2]　冯三连[3]

1　中国建筑科学研究院有限公司深圳分公司　广东深圳　518057

2. 盛墙建筑材料制造（上海）有限公司　上海　201301

3. 珠海市晶艺玻璃工程有限公司　广东珠海　519030

摘　要　本文通过对直立锁边金属屋面常见缺陷、屋面承载力和防水等性能问题的分析，引进开发了一种以移动不锈钢座码为核心的新型直立锁边金属屋面系统，并对其屋面系统进行承载力试验研究。新型金属屋面系统可大大提高抗风掀和防水等性能，有效解决现有直立锁边系统的弊端，扩大了直立锁边金属屋面系统的应用范围。

关键词　金属屋面性能；移动不锈钢座码；新型金属屋面系统；抗风掀能力

1　引言

美国的 Kaiser 铝业公司在 1964 年发明直立锁边屋面系统，采用隐藏式滑动支撑件，允许屋面板因温度变化自由伸缩，并且有效抵御风荷载。20 世纪 70 年代 ZipLok 系统开始引进欧洲。根据不同工程需要，20 世纪 80 年代研发了 SRS65 第二代系统。两个系统根本区别在于采用了不同的卡件固定系统。

直立锁边咬合式（Standing Seam System）点支撑金属屋面系统的核心构成，是基于直立锁边咬合设计的特殊板形的金属板块，板块通过其特有的隐藏在面板之下的铝合金固定支座的连接，形成屋面上看不见任何穿孔的自支承式密合安装体系。板块与板块的直立锁边咬合紧密，咬合过程无须人力，完全由机械自动完成。

直立锁边屋面板的特点：可与屋面通长，杜绝搭接缝，消除漏水隐患，且外观整体性和观感性增强；肋较高，从而可得到较大的排水切面，杜绝雨水从搭接边处渗透，有效解决低坡度屋面积水、排水困扰；直立锁边屋面系统的固定座（铝座码）下装上断冷桥的隔热垫，可有效防止保温屋面的冷桥现象，杜绝冷凝水的形成；板肋上端安装特制夹具，用以在屋面上安装金属装饰板、太阳能光电板等附属系统。

2　直立锁边金属屋面系统构成和施工方法

传统直立锁边屋面板系统的板型和伸缩特性如图 1、图 2 所示。

图 1　板型和固定座（mm）

图 2　板型伸缩示意

屋面板板型除直板外，当用于扇形和曲面屋面时，屋面板可以做成上弯板、下弯板、扇形直板、扇形上弯板、扇形下弯板等形状。

3 直立锁边金属屋面系统存在的问题

（1）当屋面为扇形平面、单曲或双曲形状时，板型可以做成各类扇板或弯板，但作为支撑屋面板的铝合金固定座，只能采用标准的梅花头倒T形铝座码（长度60～100mm）。安装屋面系统时，首先要把梅花头倒T形铝座码固定在底板或檩条上，再将屋面板扣在梅花头倒T形铝座码上，最后用电动锁边机将两侧的屋面搭接扣边咬合在一起。由于倒T形铝座码具有一定的长度，与屋面板板肋的支承点并不是理想的单点状，而是前后2点（曲板板型）或条状（直板或扇形直板）。面板为直板或扇形直板的情况下，屋面板在温度作用下开始伸缩时，倒T形码与板肋之间是沿板肋方向的线接触滑动；而当面板为曲面板的情况下，由于倒T形码具有一定的长度，因此当屋面板在温度作用下开始伸缩时，屋面板伸缩受阻，倒T形码不能变形，导致与板肋之间发生沿2个方向的点接触摩擦滑动，久而久之，必然造成倒T形码和板肋之间的不均匀磨损和产生温度应力，后果是倒T形码磨损、屋面金属板变形乃至磨漏。图3为直立锁边屋面节点，图4为曲面屋面金属板伸缩受阻造成的变形实例。

（2）屋脊、山墙、檐口、天沟等节点处理方式简单粗暴，造成关键收边节点漏风漏水。图5～图8为典型工程节点处理实例。檐口等边界节点处理不当，严重时会造成风从侧面吹进屋面系统，使得事实上的风体型系数（−1.4以上）远低于封闭屋面时考虑的风体型系数（−0.7左右），造成风吸力增大1倍以上，屋面因承载能力严重不足而遭破坏。

图3 直立锁边咬合节点　　图4 曲面屋面金属板伸缩　　图5 普通屋脊节点设计
受阻造成的变形实例

图6 普通山墙节点处理　　图7 普通檐口设计　　图8 普通天沟收边设计

实际工程中，尤其在沿海台风高发地区，直立锁边金属屋面系统被风掀破坏的情况屡有发生。直立锁边金属屋面在风吸荷载作用下的破坏，多出现在屋面板与 T 形码的咬合处。在强风作用下，风吸力反复不断地对屋面板产生向上作用，导致上层屋面板板肋与 T 形码之间的咬合破坏，破坏时面板与 T 形码脱开上拱，带动其他位置的屋面板依次拱起，导致屋面板最终撕裂破坏。直立锁边金属屋面抗风掀试验结果和有限元分析研究成果均表明，在向上荷载作用下，倒 T 形支座位置锁边处的板首先达到屈服，进入塑性状态，继续加载时，屋面板跨中也随之达到屈服，进入塑性状态，荷载位移曲线趋向水平，表明该结构不能继续承载，结构破坏。

（3）屋面板的安装方式为先安装固定铝支座后再安装板。其缺点为：需要在支撑结构上严格放线定位，每一个支座位置，支座间距不能有高低和左右偏差，不能有歪斜，否则金属板无法安装；对于曲面、扇形和异形建筑，支座定位更加困难。

由于现有屋面连接方式容易产生安装缺陷，因此经常会造成 T 形码偏位、倾斜、与屋面板肋虚接等情况。T 形码偏位、倾斜会造成屋面变形受阻和增大屋面内应力；T 形码与屋面板肋虚接时，会造成屋面板的支承跨度加大一倍或更多，严重降低屋面的承载能力。

由于屋面系统问题和 T 形码安装缺陷造成的抗风掀能力不足而破坏的实例如图 9 所示，铝 T 形码发生变形、磨损、断裂的情况很多。

图 9　屋面和 T 形码破坏实例

（4）直立锁边屋面上用夹具安装装饰面板的工程越来越多，在台风来袭时，屋面破坏的情况也逐年增多。实践证明，和单纯的直立锁边屋面系统相比，增加了装饰面板系统的复合直立锁边金属屋面系统，风掀破坏的概率和破坏程度都增加了许多，破坏实例如图 10 所示。虽然很多重点公共建筑金属屋面在进行设计时，也进行了风掀试验，试验结果也满足设计要求，但现实中的屋面破坏惨状告诉我们，增加了装饰面板系统的复合直立锁边金属屋面系统，其屋面风环境绝对不像单纯的直立锁边屋面那样简单，其真实风荷载值可能远远大于设计风荷载值，加上连接装饰板的夹具的承载能力和所对应的位置可能不与 T 形码重合，因此整个屋面系统的复杂性要远远大于目前我们的经验所及，因此，就目前情况而言，沿海台风多发地区，不提倡采用增加了装饰面板的复合直立锁边金属屋面系统。

图 10　增加装饰面板的复合直立锁边金属屋面系统破坏实例

4 新型直立锁边金属屋面系统 SRS65

（1）针对现有曲面屋面的屋面板变形受 T 形码阻碍的影响，造成屋面板和角码磨损破坏和降低 T 形码梅花头与屋面的连接强度等情况，从而导致屋面承载能力降低和屋面渗漏的后果发生，引进了双片能相对滑动的不锈钢座码（专利产品），代替目前普遍采用的梅花头铝合金 T 形码，形成新型屋面系统 SRS65。不锈钢座码实物图如图 11 所示。

图 11　2080p 移动卡件

固定方式：采用不锈钢两片式卡件，卡件扣合板公肋。

固定座高度：支座高度为固定值 65mm，为普遍采用 T 形码支座高度的 2/3，可大大提高固定座的强度。

位移方式：两片式移动卡件之间发生滑动，左右可摇摆并可限位。卡件与金属板之间不发生摩擦，可释放温度应力。

相对滑动的不锈钢座码固定方式的优点：

① 金属板与卡件之间不会摩擦磨损。

② 固定座在屋面板安装之后安装，可保证定位准确，避免常规 T 形码支座先于屋面板安装所造成的支座定位偏差大的弊端。

③ 对板的固定能力强，可防飓风。

④ 金属板 45m 范围内固定伸缩，伸缩更自由，解决了钢、铝两种材料延伸不一致的难题；两片式移动卡件，杜绝其他屋面系统摩擦损伤穿孔情况。

使用范围：各种气候，各种结构屋面，最小坡度 1.5%，扇形、弧形曲面等各种形状。

（2）开发了屋脊、山墙、檐口、天沟等节点处的专用配件，如图 12 所示。

(a) 山墙卡件　　　(b) 屋脊板端封堵配件　　(c) 金属和泡沫封堵配件　　(d) 板肋泡沫封堵配件

图 12　节点专用配件

（3）SRS65 金属屋面系统安装过程。

安装方式：先安装固定铝支座后安装板，如图 13 所示。

优点：两片式移动卡件随屋面板定位后安装，卡件固定调整方便；异形曲面屋面无需对卡件严格定位，安装更快捷方便。

（4）SRS65 金属屋面系统咬合。

屋面咬合特点：直立缝屋面板机械咬合密闭；自动敷设密封胶确保严密；防毛细管设计，杜绝毛细现象的产生，如图 14 所示。

（5）SRS65 金属屋面系统外夹具。

屋面板上可直接安装采光系统、走道、防坠落系统、挡雪系统等。试验表明，夹具承载力可达到

图 13　SRS65 屋面系统安装过程

图 14　SRS65 屋面系统咬合设备

解锁装置

10kN 以上。

（6）屋脊、山墙、檐口、天沟等节点的性能提升措施（图 15～图 18）。

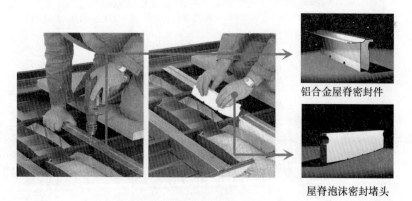

铝合金屋脊密封件

屋脊泡沫密封堵头

图 15　屋脊节点构造与施工

排水设计安全可靠：虹吸排水安全，虹吸溢流、自然溢流两项保障措施。

天沟节点特点：防变形——可自由伸缩；防冲溅——落水口设置盖片；防溢流——顺坡溢流。

天窗侧面与屋面相接节点处理、天窗上侧焊接节点处理方案确保天窗与屋面之间防水节点的可靠性。

固定座带隔热胶垫，热量传递被隔断，避免冷桥。

屋面无需另设避雷带。

从主材到铝合金配件和不锈钢紧固件，都保证屋面不会因为任何一个环节薄弱而影响屋面的有效使用和寿命。

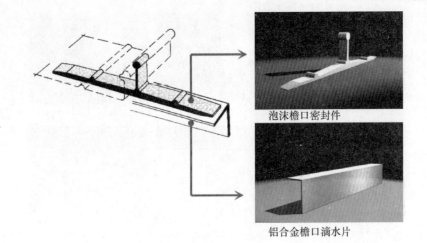

泡沫檐口密封件

铝合金檐口滴水片

图 16　檐口节点构造

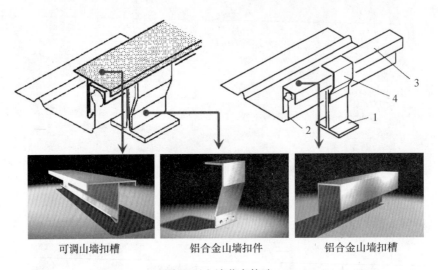

可调山墙扣槽　　　铝合金山墙扣件　　　铝合金山墙扣槽

图 17　山墙节点构造

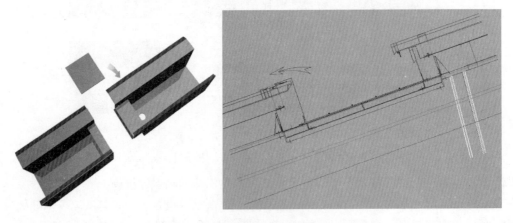

图 18　天沟节点构造

5　新型直立锁边金属屋面系统的试验验证

在国家建筑工程质量监督检验中心完成板厚 0.9mm、板宽 400mm、跨度 1.5～1.75m 的 SRS65 金属屋面系统水密、气密和抗风性能试验。试验结果表明，系统水密性达到 4 级、气密性和抗风性能达到 5 级（图 19、图 20）。

反复加载试验结果：

正压力差：压力波动范围为 2250～3750Pa，波动周期 7s，加载次数 10 次，构件无损坏。

负压力差：压力波动范围为 2250～3750Pa，波动周期 7s，加载次数 10 次，构件无损坏。

安全检测试验结果：

正压力差安全检测：5000Pa，持续 3s，构件无损坏。

负压力差安全检测：3500Pa，试件发生损坏。

图 19　水密性试验

图 20　抗风性能试验破坏情况

美国试验结果如图 21 所示。

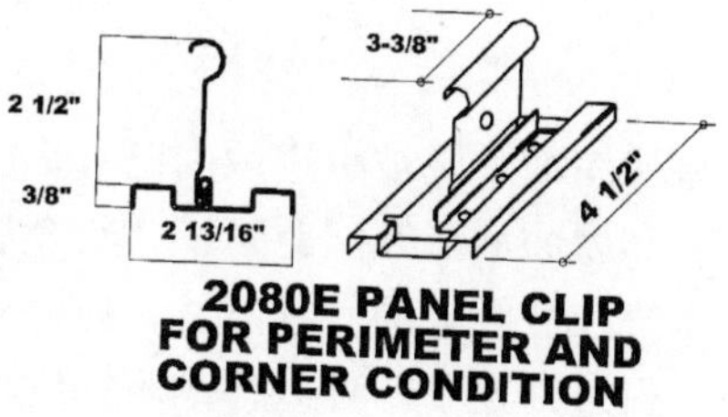

12″宽板材设计最大压力		
屋顶	外场	边缘及隅角 1
最大压力	-8.26kN/m^2	-9.34kN/m^2
卡件类型	♯2080	♯2080E
最大间距	609mm	457mm
最小标准板厚	0.76mm	0.91mm

图 21　美国试验结果

6　新型直立锁边金属屋面系统的工程应用

新型直立锁边金属屋面系统的工程应用实例如图 22～图 25 所示。

图 22　低坡案例——弧形顶部的坡度接近于零

图 23　海花岛世界民俗文化博物馆

图 24　海花岛世界奇趣体验馆

图 25　海花岛酒店

7　结语

　　直立锁边金属屋面系统被引进国内已有 20 年，并被广泛应用于各类公共建筑中，但其在台风作用下的抗风掀能力和屋面渗漏等问题频发，给金属屋面的应用造成了不好的影响。本文从分析现有直立锁边金属屋面系统在性能上的弊端出发，通过对直立锁边金属屋面常见缺陷、屋面承载力和防水等性能问题的分析，引进开发了一种以移动不锈钢座码为核心的新型直立锁边金属屋面系统——SRS65 系统，并对其屋面系统进行承载力试验研究。工程实践和试验结果表明，新型金属屋面 SRS65 系统可大大提高抗风掀和防水等性能，有效解决了现有直立锁边系统的弊端，扩大了直立锁边金属屋面系统的应用范围。

参考文献

[1] 秦国鹏，刘美思，刘毅，侯兆新，孙超 . 金属屋面系统抗风揭性能的试验研究 [J] . 钢结构，2016（3）.
[2] 姜兰潮，范亚娟 . 直立锁边金属屋面抗风吸力的有限元分析 [J] . 中国科技论文在线，http：//www. paper. edu. cn.

自然景观的抽象延伸
——浅谈铜板幕墙在犹他自然历史博物馆的运用

◎ 江宇翔　杜继予

深圳市新山幕墙技术咨询有限公司　广东深圳　518057

摘　要　美国犹他自然历史博物馆用 4200m² 的铜板幕墙创造了一个新型建筑材料与周边环境完美结合的范例。该博物馆从 2011 年建成至今，每年接待游客约 27.8 万人次，成为盐湖城的地标建筑。本文通过对建筑与周边环境的融合、可持续策略、材料特征、主要节点设计等四个方面的分析，介绍铜板幕墙作为一种新型建筑表皮材料的运用。

关键词　铜板幕墙；可持续建筑；LEED

1　引言

犹他自然历史博物馆（Natural History Museum of Utah）又称为里约-廷托中心（Rio Tinto Center）位于美国中北部的盐湖城犹他大学校园内。馆藏超过 130 万件人类学、古生物学以及地质学方面的展品。该建筑包括了多个主题展厅、科研实验室、教室、会议室、管理办公室、展品储藏库、收藏品修复工作室和纪念品商店等多个不同种类的使用功能。

该建筑的设计由美国恩尼德建筑事务所（Ennead Architects）领导的由建筑设计公司、结构顾问、展厅设计顾问、景观设计顾问、水电暖顾问等组成的设计团队合作完成，于 2011 年竣工。建筑共 5 层，总建筑面积约 1.6 万 m²，总造价约 1.02 亿美元（约合 6.7 亿元人民币），获得绿色建筑金级认证（LEED Gold）。2012 年，犹他自然历史博物馆获得包括美国建筑师协会（AIA）优秀设计奖在内的多个荣誉，并得到了《时代周刊》《华尔街日报》等知名媒体的好评。

这个项目最为引人注目的当属安装在博物馆表面约 4200m² 的铜板幕墙。这种特殊材质的幕墙，模糊了自然与人工介入的界限，使博物馆与背景的山脉、植被融为一体，仿佛根植于场地之中。同时，设计团队以铜板幕墙为媒介，将绿色建筑的策略融入其中，使博物馆在向游客展示藏品的同时，也起到了宣传环境保护的作用（图 1）。

图 1　建筑与周边环境的结合

2 设计概念与抽象自然景观的延伸

早在 20 多年前，现任该博物馆馆长的莎拉-乔治（Sarah George）女士当时还是犹他大学研究公园（Research Park）生态的研究员时，就被博物馆所在的沃萨奇岭（Wasatch Range，落基山犹他州的一段）的自然景色所吸引，由此产生了建造博物馆的愿景，希望通过自然与人文展示、现场引导与互动等方式让游客了解并热爱自然环境。此后的几十年间，莎拉女士一直在为建造博物馆而积极奔走。

在筹划建造博物馆的过程中，博物馆的设计要求和选址逐渐变得清晰起来。博物馆的基地被确定在博纳维尔湖小径（Lake Bonneville shoreline Trail）附近的高地上，小径本身就是一处重要的人文历史景观。数百年前的犹他州先民，就是借助这条小径翻越萨奇岭进行农业生产和商品交换的。同时，高地还有着良好的视野，不仅大盐湖（the Great Lake）、奥林匹斯山（Mt. Olympus）等重要的自然景观尽收眼底，同时还可以远眺宾汉峡谷铜矿（Bingham Canyon Mine）以及盐湖城全貌等人文景观。选择该处作为建馆地址，能很好地体现人文与自然相互融合的设计愿景（图 2）。

图 2 建筑与周边自然环境的联系

在建筑形体设计方面，设计团队充分考虑了地势特点。建筑主体部分沿着山体的等高线展开，同时在建筑的中部植入公共空间，以打破 150m 长的条形体量，并增加了空间的趣味性（图 3，概念设计草图）。按照使用功能，建筑划分为南北两翼。南翼主要是展厅部分，通过不同主题的展示，引导游客探索自然历史与人类活动微妙的平衡；北翼主要是科学探索功能，包含研究实验室、会议中心、办公管理用房、博物馆库房、收藏品修复工作室和纪念品商店等。另外，设计团队在建筑内部空间处理上，大量运用了抽象的峡谷造型，尝试给游客营造在峡谷中探索犹他州自然历史的参观体验（图 4）。

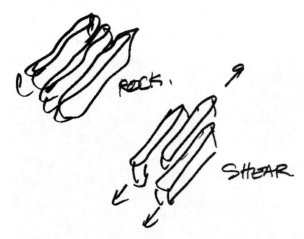

图 3 概念设计草图，建筑体块推敲

图 4 建筑内部的峡谷效果

3 材料选择和可持续策略

虽然早在建筑方案设计初期，馆方和设计团队便已经就建筑立面采用天然材料以反映犹他州的自然环境达成了共识，但具体的材料选择却是经过了一番争论才最终决定的。起初，馆方推荐采用广泛存在于犹他州的红色砂岩作为表皮材料。但这种材料质地比较松软，不适合用于建筑，且其也同时存在于中西部的其他地区。于是，这种不能体现犹他州特色的材料便被否定了。

随后，馆方和设计团队联想到了距离基地不远的宾汉峡谷（Bingham Canyon Mine）出产的铜矿。经冶炼的铜呈深红色，颜色上与犹他州红色砂岩非常接近，满足了博物馆追求的自然景观的抽象延伸的要求。此外，宾汉峡谷铜矿早在1898年就开始了采矿和冶炼作业，作为当地的一处仍在使用的历史文化遗产，选择这里出产的铜矿正好体现了历史与现实的对话。因此，无论从自然还是人文的角度考虑，宾汉峡谷出产的铜都是博物馆表皮材质的理想选择。最终，宾汉峡谷铜矿为博物馆赞助了价值超过1500万美元的铜板幕墙材料，并提供专业的安装和维护。作为回报，博物馆以铜矿所属的里约-廷托集团（Rio Tinto Group）命名其研究中心，铜板幕墙作为媒介，让彼此实现了互惠互利、合作双赢的理想结果。

确定外墙材料种类以后，设计团队花了大量的时间研究如何用铜板幕墙来体现基地周边的自然地貌。他们首先研究场地周边的自然要素，如岩石、泥土、矿石和植被等的主要颜色以及它们在基地周边的大致比例。然后在立面色彩的搭配上，通过颜色深浅不同的铜板把基地周边自然要素的色彩比例抽象地重现出来。在这个设计过程中，设计团队还尝试了铜板幕墙的不同排列方式，试图找出一种最能体现建筑与基地联系的组合方式（图5）。最终，经过对比，设计团队决定所有铜板均沿着水平向布置，用宽窄不一的横条再现了地质运动中铜的形成过程（图6）。这样的处理策略，模糊了自然与人工介入的界线，最大程度地减少了建筑对于环境的影响。

图5　立面效果对比

图6　铜板幕墙细部

此外，选择本地出产的铜矿还有助于减少运输过程的能耗，实现绿色建筑的设计要求。据美国绿色建筑协会统计，通常情况下，在建筑建造过程中，很大一部分能耗来自于建材的运输。而博物馆表皮的铜板来自于距场地仅57km的宾汉峡谷铜矿，这个距离完全满足绿色建筑协会（LEED）要求的800km范围内的本地化要求。因此，铜板的选择不仅减少了运输过程的能耗，同时还促进了就业，振兴了地方的经济。不失为材料的最佳选择。

作为获得绿色建筑金级认证（LEED Gold Certification）的博物馆，除了铜板幕墙，建筑本身还有多项绿色的措施。比如，周边的停车场铺地采用了多孔隙的面砖，便于雨水直接流入土壤，保证水在自然界中的循环；采用在建筑地下设置两个 10000 加仑的雨水收集箱，它们基本可以满足场地周边的绿化灌溉需要；设计师还在屋顶设置近 1400 块太阳能板，它们大约能提供博物馆 25％的电能；此外，90％的室内空间采用了自然采光，有效地减少了能源的消耗；建造过程中产生的废料有 75％被循环使用。

4 铜板幕墙的特性和主要节点设计

铜板幕墙的选择，除了铜富有自然与人文的价值，更突出的是铜自身优良的物理化学特性。这些特性完全满足了理想建筑表皮材料要求，如高稳定性、易于加工、使用寿命长、抗腐蚀性好、较好的金属光泽等。随着时间的推移，暴露在空气中的铜，表面会逐渐形成氧化层，这层氧化物隔绝了铜表面和空气的进一步接触，减少了空气中有害物质对铜表面的侵蚀，对幕墙起了很好的保护作用；而在漫长的氧化过程中，铜板幕墙的颜色会从开始时与土壤接近的红褐色慢慢过渡到与远处山林近似的灰绿色。我们也可以把这种变化看作是人工建筑缓慢地融入自然环境之中（图 7）。

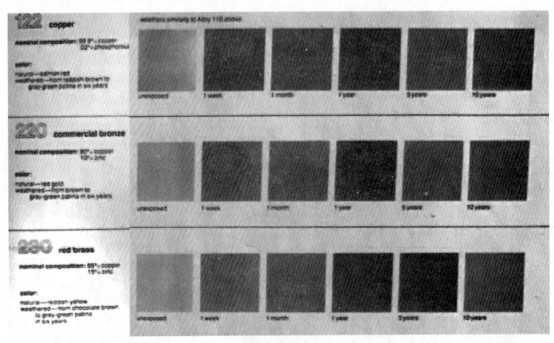

图 7 10 年周期为例，铜板幕墙的氧化过程的颜色变化

此外，为了实现在建筑立面上反映出场地周边色彩构成，设计团队选择了几种不同颜色的铜板进行了组合（即图 7 中的♯122，♯220，♯230）。这种颜色的差异来源于铜板中所含的铜和其他金属的不同比例。颜色最深，也是使用面积最大的♯122，含铜量 99.99％；♯220 是铜锌合金，铜占 90％，锌占 10％；♯230 也是铜锌合金，铜占 85％，锌占 15％。

在铜板的生产流程中，工厂把铜轧制成宽度约为 500mm，厚度为 0.7～0.8mm，总长度约为 15m 的卷材，然后运到施工现场进行下料、制作和安装。卷材形式便于运输，减少了中间环节被损坏的可能性，同时还可以根据施工现场的实际情况进行调整，有很大的灵活性。在铜板幕墙系统中，因受铜板宽度的限制，板与板之间必须以相互咬合的形式连接。在博物馆的铜板幕墙设计中，建筑设计团队采用了双锁扣立边（Double Lock Seam System）和平锁扣边（Flat Seam System），两种连接方式相结合。在游客能看见的主立面上，采用了双锁扣立边的连接方式，意在强调建筑的水平方向与场地的联系。在底面或者转角等处，则采用了成本相对比较低的平锁扣边。

双锁扣立边，顾名思义，就是在施工现场把两块铜板相邻的边缘分别弯折成 90°形成直立边，然后再通过成形机和锁边机完成双咬合的锁边工艺（图8）。常见的直立边高度是25mm或32mm，咬合加工后铜板的宽度为430mm或者416mm（由直立边的高度决定）（图9）。这种机械咬合方式，没有采用任何的化学黏合剂，也没有采用钻孔加螺栓的传统连接方式，保持了材料表面的完整性，避免雨雪通过缝隙进出幕墙系统内部，对材料进行侵蚀。而平锁扣主要有浮雕式和嵌入式两种形式（图10），即采用简单的折边结合内置的扣件和螺栓加以固定，对机械的要求和成本相对较低。所有铜面板完成咬合以后，通过镀锌底板和钢制龙骨固定在建筑的结构上，面板与底板之间敷置了玻璃纤维保温棉层（图11）。

图8 铜板现场锁边

图9 直立双锁边示意

图10 平锁扣示意

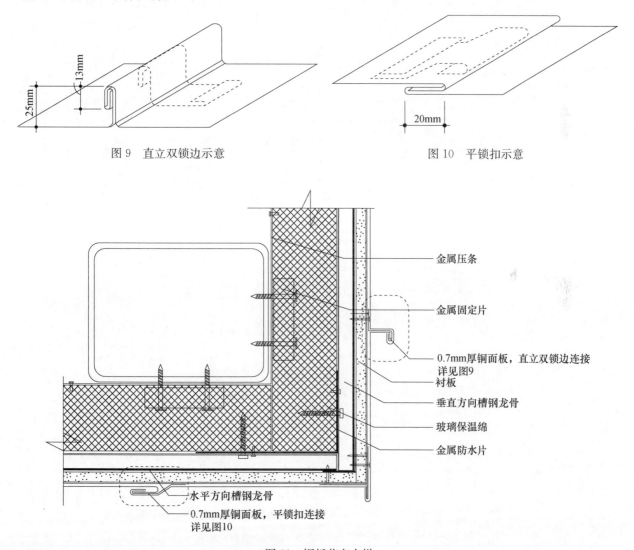

金属压条

金属固定片

0.7mm厚铜面板，直立双锁边连接详见图9

衬板

垂直方向槽钢龙骨

玻璃保温绵

金属防水片

水平方向槽钢龙骨

0.7mm厚铜面板，平锁扣连接详见图10

图11 铜板节点大样

5 结语

建筑的表皮设计发挥了传承场地精神的重要作用。犹他州自然历史博物馆的设计团队通过创新的铜板幕墙的设计，成功地把场地的自然环境、建筑内部空间以及寓教于乐的博物馆宗旨完美地结合在一起，不但成了美国博物馆设计的标志性建筑，同时还给新时代的公共建筑设计开辟了新的思路。

参考文献

[1] http：//www. ennead. com/work/utah.

[2] 恩尼德建筑事务所. 犹他自然历史博物馆［M］.

[3] copper development association Inc，https：//www. copper. org/.

[4] https：//nhmu. utah. edu/museum/our-new-home/sustainability.

[5] http：//www. archdaily. com/201933/natural-history-museum-of-utah-ennead-architects.

第四部分

理论研究与技术分析

土建误差对槽式埋件及支座相关连接的安全性分析

◎ 赖志维　杨江华

深圳金粤幕墙装饰工程有限公司　广东深圳　518029

摘　要　本文结合典型支座系统，探讨了土建误差对槽式埋件及支座相关连接的安全性的影响，旨在阐明槽式埋件设计时应注意的问题，给设计师的设计提供相关参考。

关键词　土建误差；槽式埋件；支座；安全性

1　引言

本工程位于广州，建筑高度为 $h=140m$，标准层高为 4.2m，典型幕墙分格为 $B=1500mm$。50 年一遇基本风压为 $W_0=0.5kN/m^2$，地面粗糙度类别为 B 类，抗震设防烈度为 7 度，地震加速度为 0.10g。

2　槽式埋件简介

槽式预埋件不同于传统的平板预埋件，传统的平板预埋件由钢平板及若干钢筋组成预埋件，在钢平板上通过焊接进行支座连接件的固定，应用历史长，加工安装工艺等方面有相当成熟的经验。

槽式预埋件则是一种新式的埋件产品，由 C 形槽及若干锚钉组成，在单元式幕墙中使用尤为广泛。如图 1 所示。

跟传统平板埋件相比，槽式预埋件具有以下优势：

（1）安装无噪声、无灰尘。

（2）T 型螺栓连接，无需焊接。

（3）构件预制，减少施工时间。

（4）理想的可调节性，支持复杂支座系统。

（5）埋设简单。

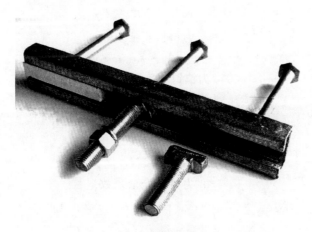

图 1　槽式埋件

槽式埋件主要有平埋（包括顶埋和底埋）和侧埋两种埋设方式（图 2）。

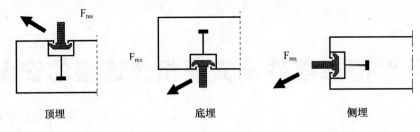

顶埋   底埋   侧埋

图 2　埋设方式

其中，侧埋及顶埋为最普遍的埋设形式。幕墙龙骨通过连接件、挂码、支座等连接到槽式埋件上。

3　槽式埋件破坏形式及计算原理

3.1　拉力作用可能的破坏形式

3.1.1　钢材破坏

锚钉破坏

$$N_{Ed} \leqslant N_{Rd,s,a} = N_{Rk,s,a} / \gamma_{Ms}$$

γ_{Ms} 为材料安全系数

锚钉与 C 形槽连接破坏

$$N_{Ed} \leqslant N_{Rd,s,c} = N_{Rk,s,c} / \gamma_{Ms,ca}$$

$\gamma_{Ms,ca}$ 为材料安全系数

C 形槽边缘局部变形破坏

$$N_{Ed} \leqslant N_{Rd,s,l} = N_{Rk,s,l} / \gamma_{Ms,l}$$

$\gamma_{Ms,l}$ 为材料安全系数

T 形螺栓破坏

$$N_{Ed} \leqslant N_{Rd,s} = N_{Rk,s} / \gamma_{Ms}$$

γ_{Ms} 为材料安全系数

C 型槽破坏

$$M_{Ed} \leqslant M_{Rd,s,flex} = M_{Rk,s,flex} / \gamma_{Ms,flex}$$

$\gamma_{Ms,flex}$ 为材料安全系数

3.1.2　拔出破坏

$$N_{Ed} \leqslant N_{Rd,p} = N_{Rk,p} / \gamma_{Mp}$$

γ_{Mp} 为材料安全系数

$$N_{Rk,p} = 6 \cdot A_h \cdot f_{ck,cube} \cdot \psi_{ucr,N}$$

A_h 为锚钉端头承载面积

$f_{ck,cube}$ 为混凝土立方体强度标准值

$\psi_{ucr,N}$ 开裂混凝土取 1.0，非开裂混凝土取 1.4

3.1.3　混凝土锥体破坏

$$N_{Ed} \leqslant N_{Rd,c} = N_{Rk,c} / \gamma_{Mc}$$

γ_{Mc} 为材料安全系数

$$N_{Rk,c} = N_{Rk,c}^0 \cdot \alpha_{s,N} \cdot \alpha_{e,N} \cdot \alpha_{c,N} \cdot \psi_{re,N} \cdot \psi_{ucr,N}$$

$$N_{Rk,c}^0 = 8.5 \cdot \alpha_{ch} \cdot \sqrt{f_{ck,cube}} \cdot h_{ef}^{1.5}$$

$$\alpha_{\mathrm{ch}} = (h_{\mathrm{ef}}/180)^{0.15}$$

$$\alpha_{\mathrm{s,N}} = \frac{1}{1 + \sum_{1}^{n}\left[\left(1 - \dfrac{s_i}{s_{\mathrm{cr,N}}}\right)^{1.5} \cdot \dfrac{N_i}{N_0}\right]}$$

$$s_{\mathrm{cr,N}} = 2 \cdot (2.8 - 1.3 \cdot h_{\mathrm{ef}}/180) \cdot h_{\mathrm{ef}} \geqslant 3 \cdot h_{\mathrm{ef}}$$

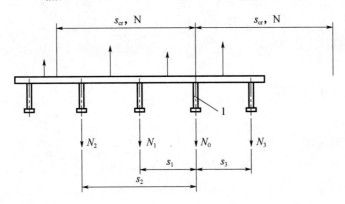

$$\alpha_{\mathrm{e,N}} = \left(\frac{c_1}{c_{\mathrm{cr,N}}}\right)^{0.5} \leqslant 1$$

$$c_{\mathrm{cr,N}} = 0.5 \cdot s_{\mathrm{cr,N}} = (2.8 - 1.3 \cdot h_{\mathrm{ef}}/180) \cdot h_{\mathrm{ef}} \geqslant 1.5 \cdot h_{\mathrm{ef}}$$

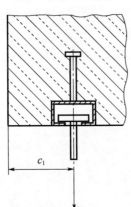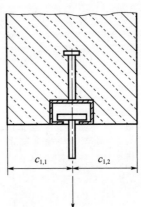

$$\alpha_{\mathrm{c,N}} = \left(\frac{c_2}{c_{\mathrm{cr,N}}}\right)^{0.5} \leqslant 1$$

$$\psi_{\mathrm{re,N}} = 0.5 + \frac{h_{\mathrm{ef}}}{200} \leqslant 1$$

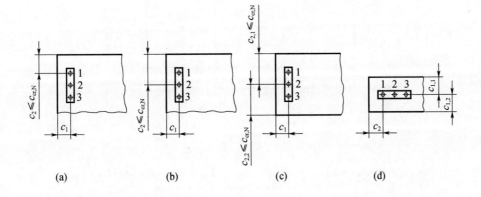

$\psi_{ucr,N}$ 开裂混凝土取 1.0,非开裂混凝土取 1.4

3.1.4　混凝土劈裂破坏

$$N_{Ed} \leqslant N_{Rd,sp} = N_{Rk,sp} / \gamma_{Msp}$$

γ_{Msp} 为材料安全系数

$$N_{Rk,sp} = N^0_{Rk} \cdot \alpha_{s,N} \cdot \alpha_{e,N} \cdot \alpha_{c,N} \cdot \psi_{re,N} \cdot \psi_{ucr,N} \cdot \psi_{h,sp}$$

$$N^0_{Rk} = \min(N_{Rk,p}, N^0_{Rk,c})$$

$$\psi_{h,sp} = \left(\frac{h}{h_{\min}}\right)^{2/3} \leqslant \left(\frac{2 \cdot h_{ef}}{h_{\min}}\right)^{2/3}$$

3.2　剪力作用可能的破坏形式

3.2.1　钢材破坏

C 型槽边缘局部变形破坏

$$N_{Ed} \leqslant N_{Rd,s,1} = N_{Rk,s,1} / \gamma_{Ms,1}$$

$\gamma_{Ms,1}$ 为材料安全系数

T 型螺栓破坏

$$N_{Ed} \leqslant N_{Rd,s} = N_{Rk,s} / \gamma_{Ms}$$

γ_{Ms} 为材料安全系数

3.2.2　翘起破坏

$$V_{Ed} \leqslant V_{Rd,cp} = V_{Rk,cp} / \gamma_{Mc}$$

γ_{Mc} 为材料安全系数

$$N_{Rk,c} = N^0_{Rk,c} \cdot \alpha_{s,N} \cdot \alpha_{e,N} \cdot \alpha_{c,N} \cdot \psi_{re,N} \cdot \psi_{ucr,N}$$

$$N^0_{Rk,c} = 8.5 \cdot \alpha_{ch} \cdot \sqrt{f_{ck,cube}} \cdot h^{1.5}_{ef}$$

$$\alpha_{ch} = (h_{ef}/180)^{0.15}$$

$$\alpha_{s,N} = \frac{1}{1 + \sum_1^n \left[\left(1 - \frac{s_i}{s_{cr,N}}\right)^{1.5} \cdot \frac{N_i}{N_0} \right]}$$

$$s_{cr,N} = 2 \cdot (2.8 - 1.3 \cdot h_{ef}/180) \cdot h_{ef} \geqslant 3 \cdot h_{ef}$$

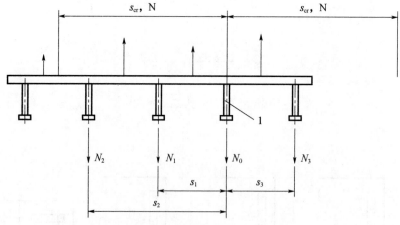

$$\alpha_{e,N} = \left(\frac{c_1}{c_{cr,N}}\right)^{0.5} \leqslant 1$$

$$c_{cr,N} = 0.5 \cdot s_{cr,N} = (2.8 - 1.3 \cdot h_{ef}/180) \cdot h_{ef} \geqslant 1.5 \cdot h_{ef}$$

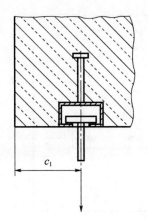
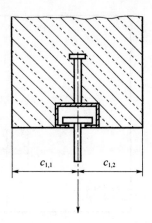

$$\alpha_{c,N} = \left(\frac{c_2}{c_{cr,N}}\right)^{0.5} \leqslant 1$$

$$\psi_{re,N} = 0.5 + \frac{h_{ef}}{200} \leqslant 1$$

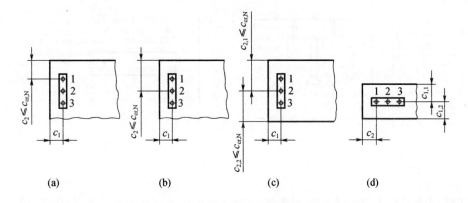

$$\psi_{ucr,N} \text{ 开裂混凝土取 } 1.0,\text{非开裂混凝土取 } 1.4$$

$$V_{Rk,cp} = k_5 \cdot N_{Rk,c}$$

3.2.3 混凝土边缘破坏

$$V_{Ed} \leqslant V_{Rd,c} = V_{Rk,c} / \gamma_{Mc}$$

$$\gamma_{Mc} \text{ 为材料安全系数}$$

$$V_{Rk,c} = V_{Rk,c}^0 \cdot \alpha_{s,V} \cdot \alpha_{c,V} \cdot \alpha_{h,V} \cdot \alpha_{90°,V} \cdot \psi_{re,V}$$

$$V_{Rk,c}^0 = \alpha_p \cdot \sqrt{f_{ck,cube}} \cdot c_1^{1.5}$$

$$\alpha_p = 2.5$$

$$\alpha_{s,V} = \frac{1}{1 + \sum_{1}^{n}\left[\left(1-\frac{s_i}{s_{cr,V}}\right)^{1.5} \cdot \frac{V_i}{V_0}\right]}$$

$$s_i \leqslant s_{cr,V} = 4 \cdot c_1 + 2 \cdot b_{ch}$$

$$\alpha_{c,V} = \left(\frac{c_2}{c_{cr,V}}\right)^{0.5} \leqslant 1$$

$$c_{cr,V} = 0.5 \cdot s_{cr,V} = 2 \cdot c_1 + b_{ch}$$

$$\alpha_{h,V} = \left(\frac{h}{h_{cr,V}}\right)^{0.5} \leqslant 1$$

$$h_{cr,V} = 2 \cdot c_1 + 2 \cdot h_{ch}$$

117

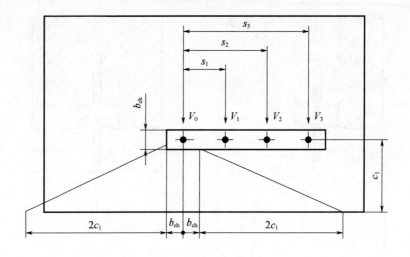

$$\alpha_{90°,V} = 2.5$$

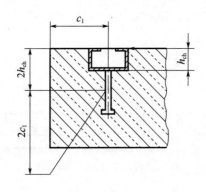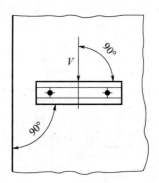

$\psi_{re,V}$ 无边缘加强钢筋开裂混凝土取 1.0,边缘加强钢筋开裂混凝土取 1.2,非开裂混凝土取 1.4

3.3 拉力剪力组合作用可能的破坏形式

包含上述所有可能的破坏形式。

3.3.1 钢材破坏

$$\beta_N^2 + \beta_V^2 \leqslant 1$$
$$\beta_N = N_{Ed}/N_{Rd} \leqslant 1 \quad \beta_V = V_{Ed}/V_{Rd} \leqslant 1$$

3.3.2 其他破坏

$$\beta_N + \beta_V \leqslant 1.2 \quad \beta_N^{1.5} + \beta_V^{1.5} \leqslant 1$$
$$\beta_N = N_{Ed}/N_{Rd} \leqslant 1 \quad \beta_V = V_{Ed}/V_{Rd} \leqslant 1$$

4 埋件受力分析

4.1 幕墙典型支座系统

本工程典型的支座系统如图4、图5所示。

4.2 土建误差的主要形式

4.2.1 进出误差（图6）

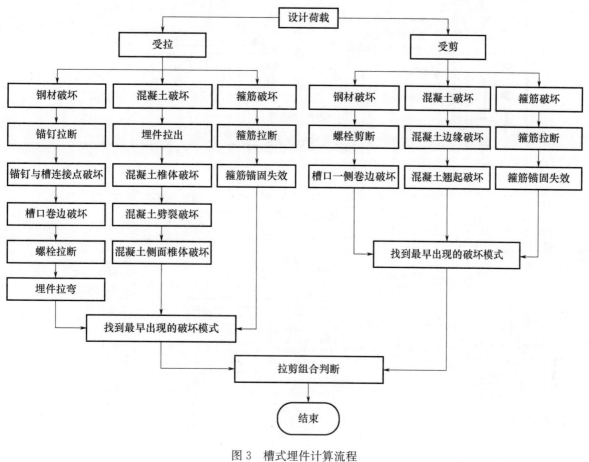

图 3 槽式埋件计算流程

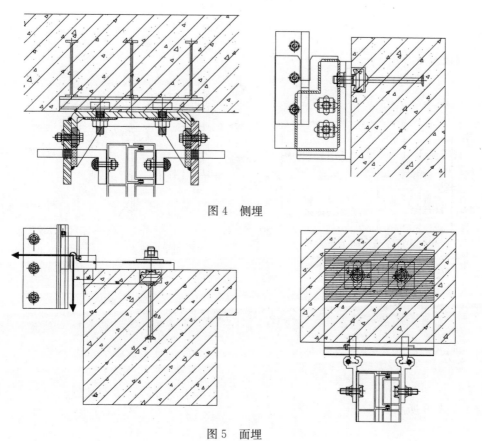

图 4 侧埋

图 5 面埋

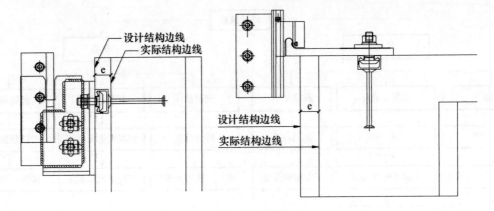

图 6　进出误差

4.2.2　竖向误差（图 7）

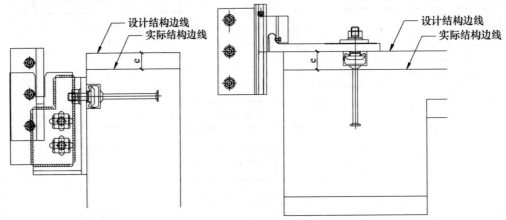

图 7　竖向误差

4.2.3　埋件埋设误差（图 8）

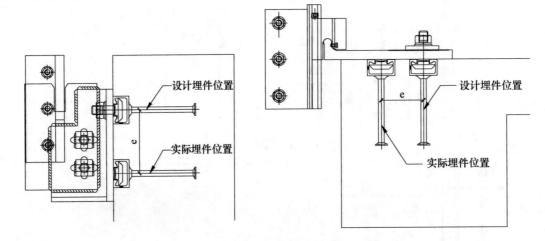

图 8　埋件埋设误差

4.3　埋件受力影响

4.3.1　侧埋

侧埋受力如图 9 所示。

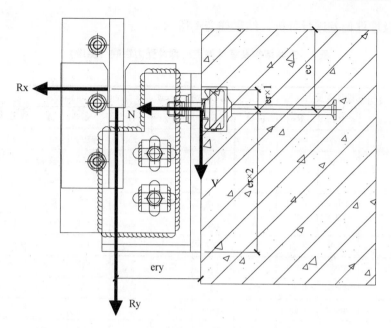

图 9　侧埋受力示意

$$N = \frac{R_x \cdot (\text{erx1} + \text{erx2}) + R_y \cdot \text{ery}}{\text{erx2}} = R_x \cdot \left(1 + \frac{\text{erx1}}{\text{erx2}}\right) + R_y \cdot \frac{\text{ery}}{\text{erx2}} \qquad V = R_y$$

· 若主体结构向外偏移，则 ery 减小，erx1 和 erx2 保持不变，埋件所受拉力减小，剪力不变。此种情况对埋件受力有利。

· 若主体结构向内偏移，则 ery 增大，erx1 和 erx2 保持不变，埋件所受拉力增加，剪力不变。

· 若主体结构向上偏移，则 erx1 减小，erx2 增大，ery 保持不变，埋件所受拉力减小，剪力不变。此种情况对埋件受力有利。

· 若主体结构向下偏移，则 erx1 增加，erx2 减小，ery 保持不变，埋件所受拉力增加，剪力不变。

· 若埋件位置向下偏移，则 erx1 增加，erx2 减小，ery 保持不变，埋件所受拉力增加，剪力不变。但埋件边距增大，埋件承载力有可能会略微增加。

· 若主体结构向内、向下偏移，同时埋件位置向下偏移，则 ery 增大，erx1 增大，erx2 减小，埋件所受拉力大大增加，剪力不变。此种情况对埋件受力最为不利。

标准设计图中，erx1＝0mm，erx2＝182mm，ery＝97mm，ec＝150mm，Rx＝30kN，Ry＝6kN，采用喜利得 HAC-50F 槽式埋件，满足设计要求，综合利用率为 84％（图 10）。

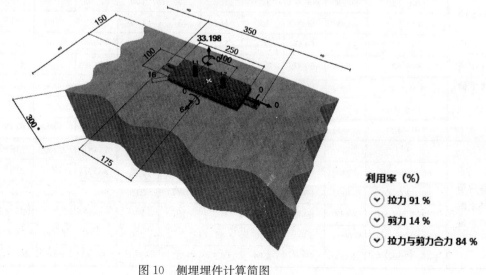

利用率（%）

ⓥ 拉力 91 %

ⓥ 剪力 14 %

ⓥ 拉力与剪力合力 84 %

图 10　侧埋埋件计算简图

121

针对主体结构及埋件偏差进行分析，结果如表1所示。

表1 主体结构及埋件偏差对埋件受力影响（侧埋）

槽埋安全系数：2.5

误差（mm） / 尺寸 & 受力		设计支反力（N）		偏心尺寸（mm）				埋件实际受力（N）		综合利用率	总安全系数
		Rx	Ry	erx1	erx2	ery	ec	N	V		
标准设计		30000	6000	0	182	97	150	33198	6000	84%	2.5/0.84=2.98
主体内偏	40	30000	6000	0	182	137	150	34516	6000	91%	2.5/0.91=2.75
	60	30000	6000	0	182	157	150	35176	6000	94%	2.5/0.94=2.66
	80	30000	6000	0	182	177	150	35835	6000	98%	2.5/0.98=2.55
	100	30000	6000	0	182	197	150	36495	6000	101%	2.5/1.01=2.48
	120	30000	6000	0	182	217	150	37154	6000	105%	2.5/1.05=2.38
	140	30000	6000	0	182	237	150	37813	6000	109%	2.5/1.09=2.29
主体下偏	20	30000	6000	20	182	97	150	36495	6000	101%	2.5/1.01=2.48
	40	30000	6000	40	182	97	150	39791	6000	120%	2.5/1.20=2.08
	60	30000	6000	60	182	97	150	43088	6000	140%	2.5/1.40=1.79
	80	30000	6000	80	182	97	150	46385	6000	162%	2.5/1.62=1.54
	100	30000	6000	100	182	97	150	49681	6000	186%	2.5/1.86=1.34
	120	30000	6000	120	182	97	150	52978	6000	211%	2.5/2.11=1.18
埋件下偏	20	30000	6000	20	162	97	170	37296	6000	106%	2.5/1.06=2.36
	40	30000	6000	40	142	97	190	42549	6000	137%	2.5/1.37=1.82
	60	30000	6000	60	122	97	210	49525	6000	185%	2.5/1.85=1.35
	80	30000	6000	80	102	97	230	59235	6000	263%	2.5/2.63=0.95
	100	30000	6000	100	82	97	250	73683	6000	406%	2.5/4.06=0.62
	120	30000	6000	120	62	97	270	97452	6000	709%	2.5/7.09=0.35
主体内偏 主体下偏	40+20	30000	6000	20	182	137	150	37813	6000	109%	2.5/1.09=2.29
	60+40	30000	6000	40	182	157	150	41769	6000	132%	2.5/1.32=1.89
	80+60	30000	6000	60	182	177	150	45725	6000	158%	2.5/1.58=1.58
	100+80	30000	6000	80	182	197	150	49681	6000	186%	2.5/1.86=1.34
	120+100	30000	6000	100	182	217	150	53637	6000	216%	2.5/2.16=1.16
	140+120	30000	6000	120	182	237	150	57593	6000	249%	2.5/2.49=1.00
主体内偏 埋件下偏	40+20	30000	6000	20	162	137	170	38778	6000	114%	2.5/1.14=2.19
	60+40	30000	6000	40	142	157	190	45085	6000	153%	2.5/1.53=1.63
	80+60	30000	6000	60	122	177	210	53459	6000	215%	2.5/2.15=1.16
	100+80	30000	6000	80	102	197	230	65118	6000	318%	2.5/3.18=0.79
	120+100	30000	6000	100	82	217	250	82463	6000	508%	2.5/5.08=0.49
	140+120	30000	6000	120	62	237	270	111000	6000	919%	2.5/9.19=0.27
主体内偏 主体下偏 埋件下偏	40+20+20	30000	6000	40	162	137	170	42481	6000	136%	2.5/1.36=1.84
	60+40+40	30000	6000	80	142	157	190	53535	6000	215%	2.5/2.15=1.16
	80+60+60	30000	6000	120	122	177	210	68213	6000	348%	2.5/3.48=0.72
	100+80+80	30000	6000	160	102	197	230	88647	6000	587%	2.5/5.87=0.43
	120+100+100	30000	6000	200	82	217	250	119049	6000	1056%	2.5/10.56=0.24
	140+120+120	30000	6000	240	62	237	270	169065	6000	2128%	2.5/21.28=0.12

由表 1 分析结果可知，若标准设计条件下选用利用率较满（84%，HAC 50F）的埋件，仅能适应主体结构内偏 80mm 以内的情况，一旦出现主体或埋件下偏的情况，利用率均超过 100%。若标准设计条件下选用大一号的槽式埋件（HAC 60F），则各种偏差工况下的受力如表 2 所示。

表 2 主体结构及埋件偏差对埋件受力影响（侧埋，更换埋件）

槽埋安全系数：2.5

误差（mm）	尺寸 &. 受力	设计支反力（N）		偏心尺寸（mm）				埋件实际受力（N）		综合利用率	总安全系数
		Rx	Ry	erx1	erx2	ery	ec	N	V		
标准设计		30000	6000	0	182	97	150	33198	6000	40%	2.5/0.40＝6.25
主体内偏	40	30000	6000	0	182	137	150	34516	6000	42%	2.5/0.42＝5.95
	60	30000	6000	0	182	157	150	35176	6000	43%	2.5/0.43＝5.81
	80	30000	6000	0	182	177	150	35835	6000	45%	2.5/0.45＝5.56
	100	30000	6000	0	182	197	150	36495	6000	46%	2.5/0.46＝5.43
	120	30000	6000	0	182	217	150	37154	6000	47%	2.5/0.47＝5.32
	140	30000	6000	0	182	237	150	37813	6000	48%	2.5/0.48＝5.21
主体下偏	20	30000	6000	20	182	97	150	36495	6000	46%	2.5/0.46＝5.43
	40	30000	6000	40	182	97	150	39791	6000	52%	2.5/0.52＝4.81
	60	30000	6000	60	182	97	150	43088	6000	58%	2.5/0.58＝4.31
	80	30000	6000	80	182	97	150	46385	6000	67%	2.5/0.67＝3.73
	100	30000	6000	100	182	97	150	49681	6000	76%	2.5/0.76＝3.29
	120	30000	6000	120	182	97	150	52978	6000	86%	2.5/0.86＝2.91
埋件下偏	20	30000	6000	20	162	97	170	37296	6000	47%	2.5/0.47＝5.32
	40	30000	6000	40	142	97	190	42549	6000	57%	2.5/0.57＝4.39
	60	30000	6000	60	122	97	210	49525	6000	76%	2.5/0.76＝3.29
	80	30000	6000	80	102	97	230	59235	6000	107%	2.5/1.07＝2.34
	100	30000	6000	100	82	97	250	73683	6000	165%	2.5/1.65＝1.52
	120	30000	6000	120	62	97	270	97452	6000	287%	2.5/2.87＝0.87
主体内偏 主体下偏	40＋20	30000	6000	20	182	137	150	37813	6000	48%	2.5/0.48＝5.21
	60＋40	30000	6000	40	182	157	150	41769	6000	56%	2.5/0.56＝4.46
	80＋60	30000	6000	60	182	177	150	45725	6000	65%	2.5/0.65＝3.85
	100＋80	30000	6000	80	182	197	150	49681	6000	76%	2.5/0.76＝3.29
	120＋100	30000	6000	100	182	217	150	53637	6000	88%	2.5/0.88＝2.84
	140＋120	30000	6000	120	182	237	150	57593	6000	102%	2.5/1.02＝2.45
主体内偏 埋件下偏	40＋20	30000	6000	20	162	137	170	38778	6000	50%	2.5/0.50＝5.00
	60＋40	30000	6000	40	142	157	190	45085	6000	63%	2.5/0.63＝3.97
	80＋60	30000	6000	60	122	177	210	53459	6000	88%	2.5/0.88＝2.84
	100＋80	30000	6000	80	102	197	230	65118	6000	129%	2.5/1.29＝1.94
	120＋100	30000	6000	100	82	217	250	82463	6000	206%	2.5/2.06＝1.21
	140＋120	30000	6000	120	62	237	270	111000	6000	371%	2.5/3.71＝0.67
主体内偏 主体下偏 埋件下偏	40＋20＋20	30000	6000	40	162	137	170	42481	6000	57%	2.5/0.57＝4.39
	60＋40＋40	30000	6000	80	142	157	190	53535	6000	88%	2.5/0.88＝2.84
	80＋60＋60	30000	6000	120	122	177	210	68213	6000	142%	2.5/1.42＝1.76
	100＋80＋80	30000	6000	160	102	197	230	88647	6000	238%	2.5/2.38＝1.05
	120＋100＋100	30000	6000	200	82	217	250	119049	6000	427%	2.5/4.27＝0.59
	140＋120＋120	30000	6000	240	62	237	270	169065	6000	858%	2.5/8.58＝0.29

由表 2 分析结果可知，若标准设计条件下选用利用率较小（40%，HAC 60F）的埋件，能适应的偏差工况大大增加，增加容错率。若侧埋的数量不多的情况下，从受力的角度综合经济性考虑，建议

可选用大一号的槽式埋件。

4.3.2 平埋

平埋受力如图 11 所示。

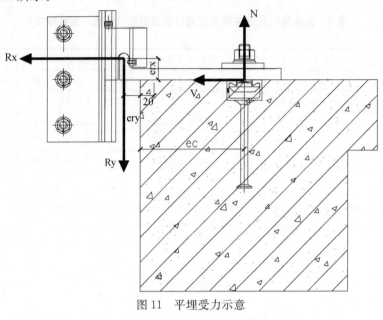

图 11 平埋受力示意

$$N = \frac{R_y \cdot (ery + 20) + R_x \cdot erx}{ec - 20} \qquad V = R_x$$

• 若主体结构向外偏移，则 ery 减小，ec 和 erx 保持不变，埋件所受拉力减小，剪力不变。此种情况对埋件受力有利。

• 若主体结构向内偏移，则 ery 增大，ec 和 erx 保持不变，埋件所受拉力增加，剪力不变。

• 若埋件位置向内偏移，则 ec 增大，ery 和 erx 保持不变，埋件所受拉力减小，剪力不变。此种情况对埋件受力有利。

• 若埋件位置向外偏移，则 ec 减小，ery 和 erx 保持不变，埋件所受拉力增加，剪力不变。同时由于埋件边距减小，埋件承载力下降。

• 若主体结构向内偏移，同时埋件位置向外偏移，则 ery 增加，ec 减小，erx 保持不变，埋件所受拉力增加，剪力不变。同时由于埋件边距减小，埋件承载力下降。此种情况对埋件受力最为不利。

• 由于支座与楼板面在竖向的相对位置固定，也就是支座水平反力与埋件的竖向相对位置固定，故主体结构竖向误差对埋件受力无影响。

标准设计图中，ec＝150mm，erx＝30mm，ery＝24mm，Rx＝30kN，Ry＝6kN，采用喜利得 HAC-40F 槽式埋件，满足设计要求，综合利用率为 81%（图 12）。

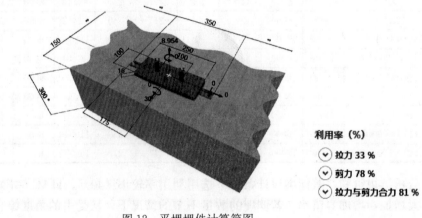

利用率（%）

⌄ 拉力 33 %

⌄ 剪力 78 %

⌄ 拉力与剪力合力 81 %

图 12 平埋埋件计算简图

针对主体结构及埋件偏差进行分析，结果如表 3 所示。

表 3　主体结构及埋件偏差对埋件受力影响（平埋）

槽埋安全系数：2.5

误差（mm）＼尺寸＆受力		设计支反力（N）		偏心尺寸（mm）			埋件实际受力（N）		综合利用率	总安全系数
		Rx	Ry	erx	ery	ec	N	V		
标准设计		30000	6000	30	24	150	8954	30000	81%	2.5/0.81＝3.09
主体内偏	40	30000	6000	30	64	150	10800	30000	86%	2.5/0.86＝2.91
	60	30000	6000	30	84	150	11723	30000	89%	2.5/0.89＝2.81
	80	30000	6000	30	104	150	12646	30000	92%	2.5/0.92＝2.72
	100	30000	6000	30	124	150	13569	30000	96%	2.5/0.96＝2.60
	120	30000	6000	30	144	150	14492	30000	99%	2.5/0.99＝2.53
	140	30000	6000	30	164	150	15415	30000	103%	2.5/1.03＝2.43
埋件外偏	20	30000	6000	30	24	130	10582	30000	86%	2.5/0.86＝2.91
	40	30000	6000	30	24	110	12933	30000	93%	2.5/0.93＝2.69
	60	30000	6000	30	24	90	16629	30000	107%	2.5/1.07＝2.34
	80	30000	6000	30	24	70	23280	30000	130%	2.5/1.30＝1.92
	100	30000	6000	30	24	50	38800	30000	255%	2.5/2.55＝0.98
	120	30000	6000	30	24	30	116400	30000	1816%	2.5/18.16＝0.14
主体内偏埋件外偏	40＋20	30000	6000	30	64	130	12764	30000	93%	2.5/0.93＝2.69
	60＋40	30000	6000	30	84	110	16933	30000	109%	2.5/1.09＝2.29
	80＋60	30000	6000	30	104	90	23486	30000	131%	2.5/1.31＝1.91
	100＋80	30000	6000	30	124	70	35280	30000	221%	2.5/2.21＝1.13
	120＋100	30000	6000	30	144	50	62800	30000	571%	2.5/5.71＝0.44
	140＋120	30000	6000	30	164	30	200400	30000	5265%	2.5/52.65＝0.05

4.4　支座受力影响

支座受力简图如图 13 所示。

以平埋为例。支座宽度为 L，厚度为 t。

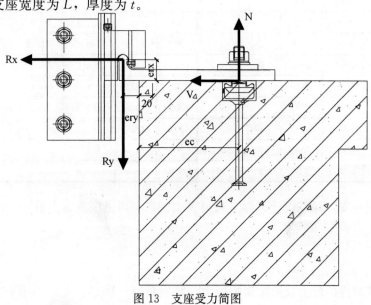

图 13　支座受力简图

支座控制截面应力：

$$\sigma = \frac{R_y \cdot (ery + 20) + R_x \cdot erx}{\frac{1}{6} \cdot L \cdot t^2} + \frac{R_x}{L \cdot t}$$

标准设计图中，erx＝30mm，ery－24mm，Rx＝30kN，Ry＝6kN，L＝300，t＝12mm，控制截面最大应力为：

$$\sigma = 170\text{N/mm}^2$$

主体结构内偏的情况下，应力如表4所示。

表4 主体结构偏差对支座受力影响（t＝12mm）

铝合金安全系数：1.8

误差（mm） 尺寸 & 受力		设计支反力（N）		尺寸（mm）				应力（N/mm²）	利用率	总安全系数
		Rx	Ry	erx	ery	L	t			
标准设计		30000	6000	30	24	300	12	170.0	85.0%	1.8×200/170.00＝2.12
主体内偏	10	30000	6000	30	34	300	12	178.3	89.2%	1.8×200/178.33＝2.02
	20	30000	6000	30	44	300	12	186.7	93.3%	1.8×200/186.67＝1.93
	30	30000	6000	30	54	300	12	195.0	97.5%	1.8×200/195.00＝1.85
	40	30000	6000	30	64	300	12	203.3	101.7%	1.8×200/203.33＝1.77
	50	30000	6000	30	74	300	12	211.7	105.8%	1.8×200/211.67＝1.70
	60	30000	6000	30	84	300	12	220.0	110.0%	1.8×200/220.00＝1.64
	70	30000	6000	30	94	300	12	228.3	114.2%	1.8×200/228.33＝1.58
	80	30000	6000	30	104	300	12	236.7	118.3%	1.8×200/236.67＝1.52

由表4分析结果可知，标准设计条件下利用率85%，主体内偏大于30mm的情况下，利用率开始超过100%。若标准设计壁厚改为 t＝13mm，结果如表5所示。

表5 主体结构偏差对支座受力影响（t＝13mm）

铝合金安全系数：1.8

误差（mm） 尺寸 & 受力		设计支反力（N）		尺寸（mm）				应力（N/mm²）	利用率	总安全系数
		Rx	Ry	erx	ery	L	t			
标准设计		30000	6000	30	24	300	13.5	135.1	67.6%	1.8×200/135.14＝2.66
主体内偏	10	30000	6000	30	34	300	13.5	141.7	70.9%	1.8×200/141.73＝2.54
	20	30000	6000	30	44	300	13.5	148.3	74.2%	1.8×200/148.31＝2.43
	30	30000	6000	30	54	300	13.5	154.9	77.4%	1.8×200/154.90＝2.32
	40	30000	6000	30	64	300	13.5	161.5	80.7%	1.8×200/161.48＝2.23
	50	30000	6000	30	74	300	13.5	168.1	84.0%	1.8×200/168.07＝2.14
	60	30000	6000	30	84	300	13.5	174.7	87.3%	1.8×200/174.65＝2.06
	70	30000	6000	30	94	300	13.5	181.2	90.6%	1.8×200/181.23＝1.99
	80	30000	6000	30	104	300	13.5	187.8	93.9%	1.8×200/187.82＝1.92

由表5分析结果可知，标准设计条件下利用率67.6%，可适应主体内偏80mm，容错率大大增加。

5 结语

土建误差对槽式埋件的反力及边距影响极大，特别是埋件埋设误差，影响更为明显。埋件作为幕墙的最后一个也是最重要的一个受力环节，在设计过程中，选择埋件规格时需充分考虑可能出现的误差情况，综合考虑经济因素，避免因土建误差而出现埋件大面积不满足受力要求的情况。在尽可能适应常规误差的情况下，小部分大误差情况采取纠偏、后埋等措施进行补救。

参考文献

［1］建筑结构静力计算手册（第二版）［M］. 北京：中国建筑工业出版社，1998.

［2］PROFIS Anchor Channel，Hilti Coporation，2010.

［3］DD CEN/TS 1992-4-1：2009/1992-4-3：2009，BSI.

竖向大线条插接型单元幕墙设计浅析

深圳市方大建科集团有限公司 广东深圳 518057

摘 要 本文对竖向大线条插接型单元幕墙进行了定义，详细介绍了其大线条的风荷载局部体型系数及体系设计，并以具体计算进行对比分析，总结了各种体系的特点，供广大幕墙工程设计人员参考。

关键词 竖向大线条；插接型单元幕墙；设计；定义；荷载取值；局部体型系数；体系设计；传力路径；对比分析

1 引言

在当代建筑行业，幕墙因其美观、时尚而深受建筑师的青睐，它赋予建筑的最大特点是将建筑美学、建筑功能、建筑节能等因素有机地统一起来，因而受到广泛的使用和推广，幕墙行业也得到了高速的发展。幕墙成就建筑之美，形态成就幕墙之美，线条是幕墙最常见的形态之一，同时也可以通过线条来增强其遮阳功能，建筑师会根据建筑的特色设置不同类型的横向或竖向装饰线条。然而，幕墙的分类有很多种，根据其安装施工方法分为单元式幕墙和构件式幕墙，随着施工现场人工成本的不断攀升以及人们对于幕墙品质的要求越来越高，单元式幕墙运用得越来越多，带有大线条的单元式幕墙比比皆是，需要幕墙工程设计人员对于幕墙的设计有更深入的研究。本文针对竖向大线条插接型单元幕墙的设计体系进行分析和总结，供广大幕墙工程设计人员参考。

图1

128

2 定义

本文主要介绍的是竖向大线条插接型单元幕墙设计，根据《建筑幕墙术语》（GB/T 34327—2017）3.3.1.2条以及3.3.1.2.1款内容，文中所述的竖向大线条插接型单元幕墙定义如下：由面板与支承框架在工厂制成的不小于一个楼层高度的幕墙结构基本单位，直接安装在主体结构上组合而成的框支承建筑幕墙，其单元板块之间以立柱型材相互插接的密封方式完成组合，且竖向带有大装饰线条，大装饰浅条外挑尺寸在100mm以上，如图2示意。

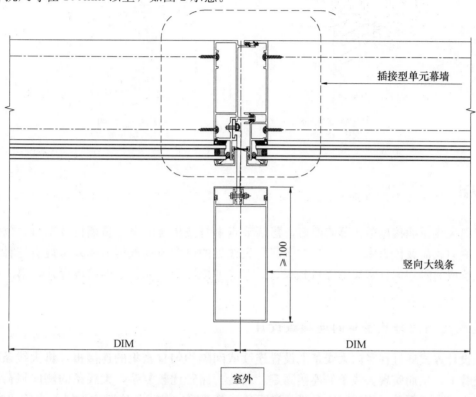

图 2　竖向大线条插接型单元幕墙

3 荷载取值

对于竖向大线条插接型单元幕墙而言，其立面幕墙的荷载取值依据《建筑结构荷载规范》（GB 50009—2012）相关内容即可，设计过程中荷载取值无特殊之处，需要重点关注竖向大线条荷载取值。然而对于竖向大线条本身而言，其风荷载局部体型系数 μ_{sl} 在《建筑结构荷载规范》（GB 50009—2012）中没有十分明确的取值，可参考广东省标准《建筑结构荷载规范》（DBJ 15-101—2014）7.4.1第5条：对于高层建筑表面尺寸 a 小于1m的横向或竖向不镂空百叶条，其局部体型系数 $\mu_{sl}' = K\mu_{sl}$，其中，K 为系数，按表1取值，μ_{sl} 为临近区域墙体体型系数。

表 1　系数 K 取值

工况	K	
	边缘区域	大面区域
A	0.8	0.6
B	1.2	1.1

工况	K	
	边缘区域	大面区域
C	1.3	1.4
D	1.5	0.7
E	1.3	0.7

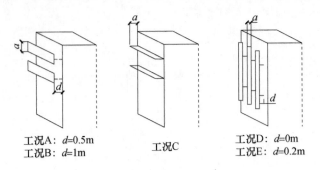

工况A: $d=0.5m$
工况B: $d=1m$

工况C

工况D: $d=0m$
工况E: $d=0.2m$

4　体系设计

对于竖向大线条插接型单元幕墙而言，幕墙节点本身按传统的单元幕墙设计即可，仅需要关注竖向大线条的侧向风荷载传力体系设计。对于竖向大线条的侧向风荷载传力体系常规有三种设计，第一种体系是连续或间隔均匀且密集的连接板设计，第二种顶部和底部各一连接板设计，第三种仅顶部一连接板设计。上述三种体系设计具体实施如下。

4.1　连续或间隔均匀且密集的连接板设计

此体系设计方式通过在竖向大线条上设置连续或间隔均匀且密集的连接板，将大线条固定在单元幕墙竖向龙骨上，从而实现大线条的连接固定。其传力路径比较复杂，大线条的侧向风荷载通过各位置的连接板直接传递至单元幕墙竖向龙骨，进而单元幕墙竖向龙骨各位置均受到大线条的侧向风荷载，其承受的荷载沿单元幕墙竖向龙骨自身向其顶部及底部传递。在单元幕墙竖向龙骨顶部，传统的插接型单元幕墙设置有支座，竖向大线条传递来的侧风荷载直接传递给单元幕墙挂件，由单元幕墙挂件传递给支座，再由支座传递给主体结构。在单元幕墙竖向龙骨底部，传统的插接型单元幕墙连接方式为上下横梁插接，若不采用其他特殊处理，除了摩擦力外没有其他构件能够抵抗竖向大线条传递来的侧风荷载。然而对于外挑较大的竖向线条，摩擦力无法抵抗大线条传递来的侧风荷载，因而需要在横滑块上设计一个凸出构件，此凸出构件作为单元幕墙竖向龙骨底部的插芯，可与单元幕墙竖向龙骨紧密配合并在高度方向搭接一定的深度，且左右不能位移，同时将横滑块一端与下板块的上横梁采用自攻钉连接，而不是简单地插接固定，通过上述构造设计，大线条传递来的侧风荷载在单元幕墙底部由竖向龙骨传递给横滑块，再由横滑块过渡给下板块的上横梁，并直接传递给下板块的竖向龙骨，再由下板块的竖向龙骨传递给单元幕墙挂件，由单元幕墙挂件传递给支座，再由支座传递给主体结构，从而形成稳定的受力体系。其节点构造及传力路径如图3所示，单元幕墙竖向龙骨的底部传力构造方式如图4所示。

采用此体系设计，整个单元幕墙竖向龙骨需全部承担竖向大线条的侧风荷载，其侧风荷载对于单元幕墙竖向龙骨为弱轴方向受力，受力状态不合理，对于竖向龙骨本身影响最大，此外在单元幕墙竖向龙骨的底部传力构造方式非常复杂。

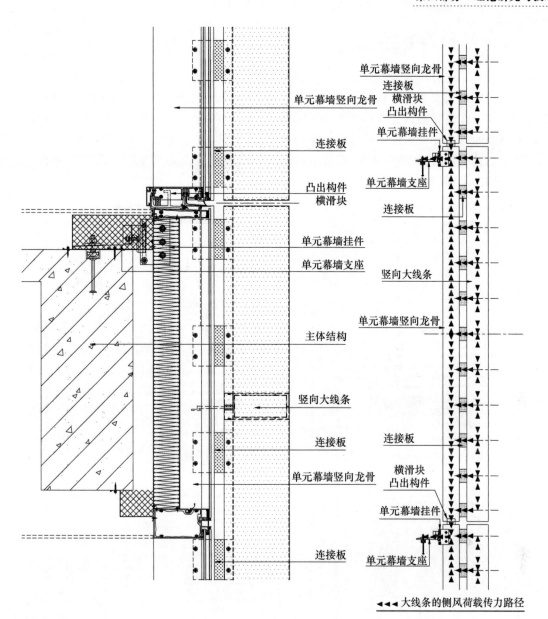

图 3 节点构造及传力路径

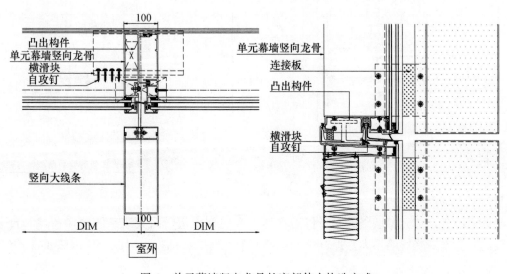

图 4 单元幕墙竖向龙骨的底部传力构造方式

4.2 顶部和底部各一连接板设计

此体系设计方式通过在竖向大线条的顶部和底部各设置一个连接板，将大线条固定在单元幕墙竖向龙骨上，从而实现大线条的连接固定。其传力路径比连续或间隔均匀且密集的连接板设计略简单，大线条的侧向风荷载首先向其自身的顶部和底部传递，然后通过大线条顶部和底部的连接板直接传递给单元幕墙竖向龙骨。在单元幕墙竖向龙骨顶部和底部，其构造方式与连续或间隔均匀且密集的连接板设计一致，后续的传力路径也一致，本文不再赘述。其节点构造及传力路径如图5所示，单元幕墙竖向龙骨的底部传力构造方式如图4所示。

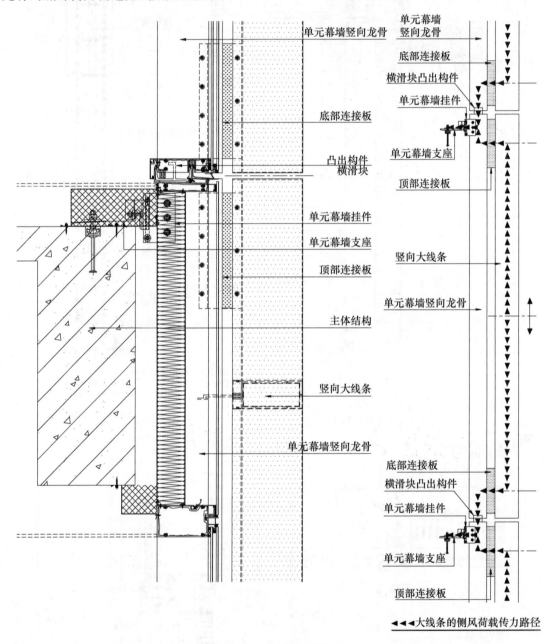

图 5　节点构造及传力路径

采用此体系设计，单元幕墙竖向龙骨仅需在顶部和底部承担竖向大线条的侧风荷载，且主要为传导作用，竖向龙骨本身受影响不大，但其单元幕墙竖向龙骨的底部传力构造方式依然非常复杂。

4.3　仅顶部—连接板设计

此体系设计方式通过在大线条的顶部设置一个连接板，将竖向大线条固定在单元幕墙竖向龙骨上，同时在大线条底部设置一个铝合金插芯，大线条底部通过铝合金插芯与下一层板块的大线条插接固定，从而实现大线条的连接固定。其传力路径比较简单，竖向大线条的侧向风荷载首先向其自身的顶部和底部传递，顶部由大装饰条的连接板传递至单元幕墙竖向龙骨，再传递给单元幕墙挂件，由单元幕墙挂件传递给支座，再由支座传递给主体结构。底部由大装饰条通过铝合金插芯直接传递给下一层板块的大线条，再由下一层板块的大线条通过连接板传递给下一层板块的单元幕墙竖向龙骨，再传递给下一层板块的单元幕墙挂件，由下一层板块的单元幕墙挂件传递给支座，再由支座传递给主体结构。其节点构造及传力路径如图 6 所示。

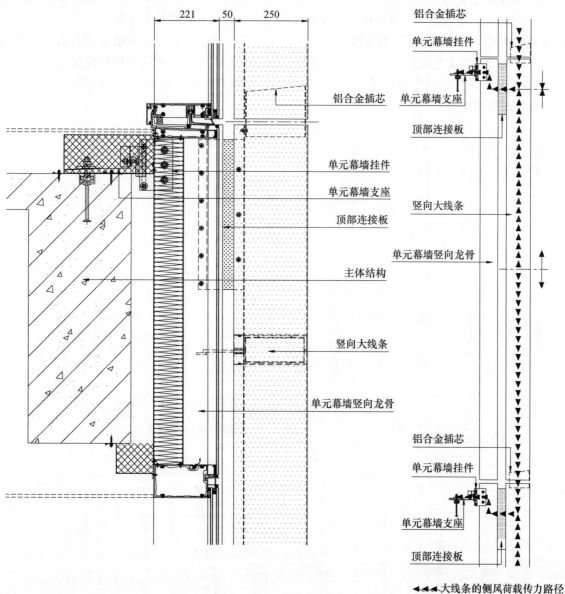

图 6　节点构造及传力路径

采用此体系设计，单元幕墙竖向龙骨仅需在顶部承担大线条的侧风荷载，主要为传导作用，单元幕墙竖向龙骨本身受影响不大，单元板块之间不需要传递竖向大线条的侧风荷载，单元幕墙竖向龙骨的底部不需要特殊处理，按传统单元幕墙的插接方式设计即可。

5　对比分析

现通过计算进行对比分析，取广东珠海市地面粗糙度 C 类地区工程为例，建筑高度 100m 高，幕墙水平分格为 1500mm，层高为 4200mm，根据广东省标准《建筑结构荷载规范》（DBJ 15-101—2014），立面风荷载标准值 W_{k1} 计算后取值 -3.38 kN/m²，装饰条风荷载标准值 W_{k2} 计算后取值 -4.61kN/m²，此处主要考虑装饰条与立柱间不同的连接方式对立柱受力的影响，在保证装饰条连接件强度满足要求的情况下，分以下三种连接情况进行考虑：

① 第一种情况：装饰条与立柱间隔均匀且密集的连接板设计，连接板间距 550mm 均布。

② 第二种情况：装饰条与立柱在顶部和底部各一连接板设计。

③ 第三种情况：装饰条与立柱在仅顶部一连接板设计，装饰条底部插芯连接。

根据实际情况，铝立柱与装饰条整体建模计算，建立三跨模型，取中间跨结果作为幕墙立柱校核的依据。立柱按多跨简支连续梁模型计算，荷载及组合按广东省标准《建筑结构荷载规范》（DBJ 15-101—2014）设计，各种情况受力模型及 SAP2000 模型施加荷载如图 7 所示，各种情况内力示意如图 8 所示，各种情况杆件应力及挠度对比见表 2。

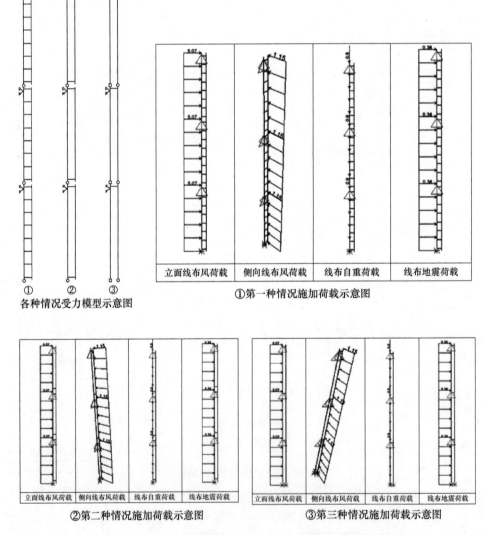

图 7　各种情况受力模型及 SAP2000 模型施加荷载示意

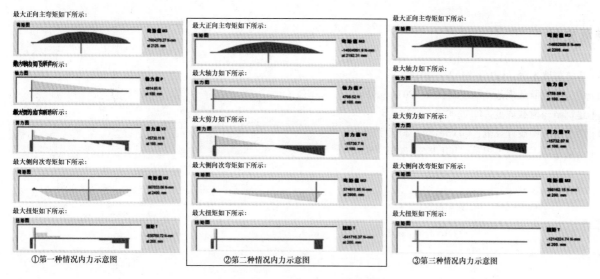

图8　各种情况内力示意

表2　各种情况杆件应力及挠度对比表

应力单位：MPa 挠度单位：mm	情况①		情况②		情况③	
	立柱	装饰条	立柱	装饰条	立柱	装饰条
杆件正应力1/正向	57	59	109	—	109	—
杆件正应力2/侧向	49	25	32	38	23	40
杆件扭转切应力	15	—	15	—	29	—
杆件组合应力值	109	84	143	38	141	40
杆件正向挠度值	8.6	8.5	16.5	—	16.5	—
杆件侧向挠度值	19.5	4.9	7.9	7.9	5.3	8.5
杆件组合挠度值	21.3	9.8	18.3	7.9	17.3	8.5

从表2可以看出，采用第①种情况设计时，装饰条参与幕墙竖向龙骨整体受力，杆件组合应力值较小，但杆件侧向挠度最大，且为控制作用，杆件组合挠度值也最大。采用第②种情况设计时，其杆件侧向挠度最小，说明幕墙竖向龙骨受大线条的侧风影响最小。

6　结语

竖向大线条在建筑中被广泛运用，插接型单元幕墙也越来越普及，对于竖向大线条插接型单元幕墙，其体系设计有多种方式，各种体系均有其自身的特点。根据上述体系设计及计算对比分析，总结以下几点体会：

（1）竖向大线条侧向风荷载非常大，仅仅是受风面积小而已，但设计中绝对不容忽视；

（2）竖向大线条侧向风荷载局部体型系数取值可参考广东省标准《建筑结构荷载规范》（DBJ 15-101—2014）取用；

（3）竖向大线条插接型单元幕墙采用连续或间隔均匀且密集的连接板设计、顶部和底部各一连接板设计，需重点考虑单元板块之间的侧向荷载传力构件设计，不能仅仅是想当然依靠单元板块之间的摩擦力传递大线条的侧向风荷载；

（4）竖向大线条插接型单元幕墙采用仅顶部一连接板设计时，其装饰条和幕墙竖向龙骨受力各自相对独立受力，传力路径简单直接，大线条的侧风荷载对于幕墙竖向龙骨影响最小，整个体系设计也比较合理。

参考文献

[1] 建筑幕墙术语：GB/T 34327—2017 [S].

[2] 建筑结构荷载规范：DBJ 15-101—2014 [S].

[3] 建筑结构荷载规范：GB 50009—2012 [S].

[4] 铝合金结构设计规范：GB 50429—2007 [S].

[5] 玻璃幕墙工程技术规范：JGJ 102—2003 [S].

型材叠合截面和组合截面在建筑幕墙中的应用

◎ 周赛虎

深圳华加日幕墙科技有限公司　广东深圳　518052

摘　要　本文主要论述叠合截面和组合截面计算，以及组合截面连接部位抗剪连接件计算。

关键词　叠合截面；组合截面；抗剪连接件

1　引言

随着时代的发展，人们对住房的舒适度和采光方面也提出了更高的要求。大分格高窗和大分格细线条支撑龙骨幕墙以其通透性和良好的采光性能，正越来越受到建筑师和业主的青睐。当幕墙或门窗受力杆件跨度较大时，计算强度和刚度有可能不满足要求，必须重新分格或对型材加强。当受外观条件限制，不能修改分格时，对原型材加强显得尤为关键。对型材加强有三种办法：一是加大型材截面，增加型材腔体；二是在型材腔内加设加强套芯（铝型材或钢材）；三是在型材外增设加强型材，用抽芯铆钉、螺钉或螺栓连接。本文结合实际工程和有关规范，针对不同的加强方式，在叠合截面理论计算的基础上，引伸出组合截面的计算方法，并介绍组合截面抗剪连接件的计算方法。

2　叠合截面形式及计算

叠合截面是指两型材接触面之间不加连接，仅从构造上能保证两者同时受力的叠合构件，当其在荷载作用下受弯时，杆件将同时发生弯曲变形，并具有相同的变形值。叠合截面比较典型的应用场景就是型材套钢和单元式幕墙公、母料（图1）等的受力分析。

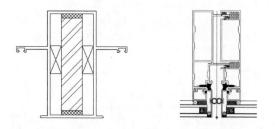

图1　叠合截面示意（一）

叠合截面计算

由于两杆件的接触面间无任何约束（忽略摩擦），当杆件发生弯曲变形时，在接触面间会产生相互错动，此时的受弯杆件已不符合"平截面假定"条件（图2）。因此，两者已不能按一体进行计算了，但并未脱开。基本杆件与加强杆件有着共同的边界约束条件，在弹性变形范围内，各自沿自身截面中性轴产生挠曲，且产生相同的挠度。以单跨简支梁为例，分配给杆件的弯矩或荷载集度值如下：

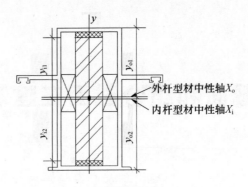

图 2　叠合截面示意（二）

简支梁受均布荷载和集中荷载作用：

$$\frac{5q_{\mathrm{o}}L^{4}}{384E_{\mathrm{o}}I_{\mathrm{ox}}}=\frac{5q_{\mathrm{i}}L^{4}}{384E_{\mathrm{i}}I_{\mathrm{ix}}} \tag{式1}$$

$$\frac{p_{\mathrm{o}}L^{3}}{48E_{\mathrm{o}}I_{\mathrm{ox}}}=\frac{P_{\mathrm{i}}L^{3}}{48E_{\mathrm{i}}I_{\mathrm{ix}}} \tag{式2}$$

由公式 1 和公式 2 知：各杆件分担的荷载与其刚度（EI）成正比，即：

$$\frac{q_{\mathrm{o}}}{q_{\mathrm{i}}}=\frac{E_{\mathrm{o}}I_{\mathrm{ox}}}{E_{\mathrm{i}}I_{\mathrm{ix}}} \tag{式3}$$

$$\frac{p_{\mathrm{o}}}{p_{\mathrm{i}}}=\frac{E_{\mathrm{o}}I_{\mathrm{ox}}}{E_{\mathrm{i}}I_{\mathrm{ix}}} \tag{式4}$$

也可以写成如下公式：

$$q_{\mathrm{o}}=q\,\frac{E_{\mathrm{o}}I_{\mathrm{ox}}}{E_{\mathrm{o}}I_{\mathrm{ox}}+E_{\mathrm{i}}I_{\mathrm{ix}}} \tag{式5}$$

$$p_{\mathrm{o}}=p\,\frac{E_{\mathrm{o}}I_{\mathrm{ox}}}{E_{\mathrm{o}}I_{\mathrm{ox}}+E_{\mathrm{i}}I_{\mathrm{ix}}} \tag{式6}$$

$$q_{\mathrm{i}}=q\,\frac{E_{\mathrm{i}}I_{\mathrm{ix}}}{E_{\mathrm{o}}I_{\mathrm{ox}}+E_{\mathrm{i}}I_{\mathrm{ix}}} \tag{式7}$$

$$p_{\mathrm{i}}=p\,\frac{E_{\mathrm{i}}I_{\mathrm{jx}}}{E_{\mathrm{o}}I_{\mathrm{ox}}+E_{\mathrm{i}}I_{\mathrm{ix}}} \tag{式8}$$

$$M_{\mathrm{o}}=M\,\frac{E_{\mathrm{o}}I_{\mathrm{ox}}}{E_{\mathrm{o}}I_{\mathrm{ox}}+E_{\mathrm{i}}I_{\mathrm{ix}}} \tag{式9}$$

$$M_{\mathrm{i}}=M\,\frac{E_{\mathrm{i}}I_{\mathrm{ix}}}{E_{\mathrm{o}}I_{\mathrm{ox}}+E_{\mathrm{i}}I_{\mathrm{ix}}} \tag{式10}$$

叠合型材截面强度验算[3][4][5]：

$$\sigma_{\mathrm{o}}=\frac{N}{A}+\frac{M_{\mathrm{o}}}{\gamma_{\mathrm{ox}}W_{\mathrm{ox}}}=\frac{N}{A}+\frac{1}{\gamma_{\mathrm{ox}}}M\,\frac{E_{\mathrm{o}}\left(\frac{I_{\mathrm{ox}}}{W_{\mathrm{ox}}}\right)}{E_{\mathrm{o}}I_{\mathrm{ox}}+E_{\mathrm{i}}I_{\mathrm{ix}}}=\frac{N}{A}+\frac{1}{\gamma_{\mathrm{ox}}}\frac{E_{\mathrm{o}}\max\,(y_{\mathrm{o1}},\ y_{\mathrm{o2}})}{E_{\mathrm{o}}I_{\mathrm{ox}}+E_{\mathrm{i}}I_{\mathrm{ix}}} \tag{式11}$$

$$\sigma_{\mathrm{i}}=\frac{N}{A}+\frac{M_{\mathrm{i}}}{\gamma_{\mathrm{ix}}W_{\mathrm{ix}}}=\frac{N}{A}+\frac{1}{\gamma_{\mathrm{ix}}}M\,\frac{E_{\mathrm{i}}\left(\frac{I_{\mathrm{ix}}}{W_{\mathrm{ix}}}\right)}{E_{\mathrm{o}}I_{\mathrm{ox}}+E_{\mathrm{i}}I_{\mathrm{ix}}}=\frac{N}{A}+\frac{1}{\gamma_{\mathrm{ix}}}M\,\frac{E_{\mathrm{i}}\max\,(y_{\mathrm{i1}},\ y_{\mathrm{i2}})}{E_{\mathrm{o}}I_{\mathrm{ox}}+E_{\mathrm{i}}I_{\mathrm{ix}}} \tag{式12}$$

叠合型材截面挠度验算[1]：

$$f_{1}=\alpha\,\frac{qL^{4}}{100\,(E_{\mathrm{o}}I_{\mathrm{ox}}+E_{\mathrm{i}}I_{\mathrm{ix}})}=\alpha\,\frac{(q_{\mathrm{o}}+q_{\mathrm{i}})\,L^{4}}{100\,(E_{\mathrm{o}}I_{\mathrm{ox}}+E_{\mathrm{i}}I_{\mathrm{ix}})} \tag{式13}$$

$$f_{2}=\beta\,\frac{pL^{3}}{100\,(E_{\mathrm{o}}I_{\mathrm{ox}}+E_{\mathrm{i}}I_{\mathrm{ix}})}=\beta\,\frac{(p_{\mathrm{o}}+p_{\mathrm{i}})\,L^{3}}{100\,(E_{\mathrm{o}}I_{\mathrm{ox}}+E_{\mathrm{i}}I_{\mathrm{ix}})} \tag{式14}$$

式中　M、q、p——总弯矩＝M_o＋M_i（N·mm），均布及三角形荷载总荷载集度值＝q_o＋q_i（N/mm），集中荷载总荷载集度值＝p_o＋p_i；

$\qquad$ M_o、q_o、p_o——基本型材分配的弯矩（N·mm），均布及三角形荷载集度值（N/mm），集中荷载集度值（N）；

$\qquad$ M_i、q_i、p_i——加强型材分配的弯矩（N·mm），均布及三角形荷载集度值（N/mm），集中荷载集度值（N）；

$\qquad$ I_{ox}、I_{ix}——分别指基本型材和加强型材对自身截面中性轴的惯性矩（mm^4）；

$\qquad$ E_o、E_i——分别指基本型材和加强型材的弹性模量（N/mm^2）；

$\qquad$ γ_{ox}、γ_{ix}——分别指基本型材和加强型材的截面塑性发展系数（无量纲）；

$\qquad$ W_{ox}、W_{ix}——分别指基本型材和加强型材对自身截面中性轴的抵抗矩（mm^3）；

$\qquad$ y_{o1}、y_{o2}——基本型材到自身截面中性轴的距离（mm）；

$\qquad$ y_{i1}、y_{i2}——加强型材到自身截面中性轴的距离（mm）；

$\qquad$ N——杆件所受轴向荷载（N）；

$\qquad$ A_o、A_i——基本型材和加强型材截面面积（mm^2）；

$\qquad$ A——叠合截面面积（A_o＋A_i）（mm^2）；

$\qquad$ σ_o——基本型材的计算强度（N/mm^2）；

$\qquad$ σ_i——加强型材的计算强度（N/mm^2）；

$\qquad$ L——杆件长度（mm）；

$\qquad$ α、β——均布及三角形荷载作用下挠度系数（无量纲），集中荷载作用下挠度系数（无量纲）；

$\qquad$ f_1、f_2——均布及三角形荷载作用下挠度（mm），集中荷载作用下挠度（mm）。

3　组合截面形式及计算

组合截面是指在接合面位置设置了抗剪连接件（铆钉、螺钉或螺栓等紧固件）的叠合截面（图3）。抗剪连接件的作用是在杆件受弯变形时约束沿接合面的相互错动。合理设置的抗剪连接件使组合截面杆件的各平截面（即杆的横截面）在杆件受拉伸、压缩或纯弯曲而变形后仍然近似为平面，满足"平截面假定"。此时的受弯杆件已不是分别沿自身截面中性轴产生挠曲，两者相当于一体一样。故可按组合截面进行计算，并验算抗剪连接件强度。

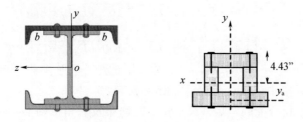

图3　组合截面示意

3.1　组合截面计算

以某工程中的组合型材为例，其组合截面图如图4所示。

组合型材中性轴计算：

$$Y = \frac{(E_iA_iY_i + E_oA_oY_o)}{E_iA_i + E_oA_o} \qquad\qquad (式15)$$

组合型材各杆件惯性矩和抵抗矩计算：

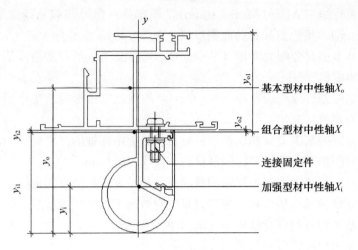

图 4　组合截面

$$I_o = I_{ox} + A_o \ (Y - Y_o)^2 \qquad\qquad\text{(式 16)}$$

$$I_i = I_{ix} + A_i \ (Y - Y_i)^2 \qquad\qquad\text{(式 17)}$$

$$W_o = \frac{I_o}{\max \ (Y_{o1} , \ Y_{o2})} \qquad\qquad\text{(式 18)}$$

$$W_o = \frac{I_o}{\max \ (Y_{o1} , \ Y_{o2})} \qquad\qquad\text{(式 19)}$$

分配给各杆件的弯矩：

$$M_o = M \frac{E_o I_o}{E_o I_o + E_i I_i} \qquad\qquad\text{(式 20)}$$

$$M_i = M \frac{E_i I_i}{E_o I_o + E_i I_i} \qquad\qquad\text{(式 21)}$$

组合型材截面强度验算：

$$\sigma_o = \frac{N}{A} + \frac{M_o}{\gamma_o W_o} = \frac{N}{A} + \frac{1}{\gamma_o} M \frac{E_o \max \ (Y_{o1} , \ Y_{o2})}{E_o I_o + E_i I_i} \qquad\qquad\text{(式 22)}$$

$$\sigma_i = \frac{N}{A} + \frac{M_i}{\gamma_i W_i} = \frac{N}{A} + \frac{1}{\gamma_i} M \frac{E_i \max \ (Y_{i1} , \ Y_{i2})}{E_o I_o + E_i I_i} \qquad\qquad\text{(式 23)}$$

组合型材截面挠度验算：

$$f_1 = \alpha \frac{qL^4}{100 \ (E_o I_o + E_i I_i)} = \alpha \frac{(q_o + q_i) \ L^4}{100 \ (E_o I_o + E_i I_i)} \qquad\qquad\text{(式 24)}$$

$$f_2 = \beta \frac{pL^3}{100 \ (E_o I_o + E_i I_i)} = \beta \frac{(p_o + p_i) \ L^3}{100 \ (E_o I_o + E_i I_i)} \qquad\qquad\text{(式 25)}$$

式中　M、q、p——总弯矩 $= M_o + M_i$（N·mm），均布及三角形荷载总荷载集度值 $= q_o + q_i$（N/mm），集中荷载总荷载集度值 $= p_o + p_i$（N）；

M_o、q_o、p_o——基本型材分配的弯矩（N·mm），均布及三角形荷载集度值（N/mm），集中荷载集度值（N）；

M_i、q_i、p_i——加强型材分配的弯矩（N·mm），均布及三角形荷载集度值（N/mm），集中荷载集度值（N）；

Y——组合型材中性轴距组合截面下端的距离（mm）；

Y_o、Y_i——基本型材中性轴和加强型材中性轴到组合截面下端的距离（mm）；

E_o、E_i——分别指基本型材和加强型材的弹性模量（N/mm²）；

I_o、I_i——分别指基本型材和加强型材对组合截面中性轴 X 的惯性矩（mm⁴）；

I_{ox}、I_{ix}——分别指基本型材和加强型材对自身截面中性轴 X 的惯性矩（mm⁴）；

γ_o、γ_i ——分别指基本型材和加强型材的截面塑性发展系数（无量纲）；

W_o、W_i ——分别指基本型材和加强型材组合截面中性轴 X 的抵抗矩（mm^3）；

Y_{o1}、Y_{o2} ——基本型材到组合截面中性轴 X 的距离（mm）；

Y_{i1}、Y_{i2} ——加强型材到组合截面中性轴 X 的距离（mm）；

M ——总弯矩（N·mm）；

M_o、M_i ——分别指基本型材和加强型材分别承担的弯矩（N·mm）；

N ——杆件轴向荷载（N）；

L ——杆件长度（mm）；

A_o、A_i ——基本型材和加强型材截面面积（mm^2）；

A ——组合截面面积（A_o+A_i）（mm^2）；

σ_o ——基本型材的计算强度（N/mm^2）；

σ_i ——加强型材的计算强度（N/mm^2）；

α、β ——均布及三角形荷载作用下挠度系数（无量纲），集中荷载作用下挠度系数（无量纲）；

f_1、f_2 ——均布及三角形荷载作用下挠度（mm），集中荷载作用下挠度（mm）。

3.2 抗剪连接件强度计算

在建筑门窗幕墙实际工程中，几乎所有的杆件都会受弯。杆件就像一块分层的面包，发生弯曲时，在接触面上会发生相对滑动（图 5），这种导致相对滑动的力被称之为"水平剪力"或"纵向剪力"。从实际工程中，抽象出来的满足"平截面假定"的力学模型，必须采取约束组合截面两型材接触面相对滑动的措施。通常情况下设置铆钉、螺钉或螺栓等抗剪连接件来达到这一目的，并增加抗剪连接件计算。式 26 提供了抗剪连接件的计算方法：

图 5 理论原理分析模型

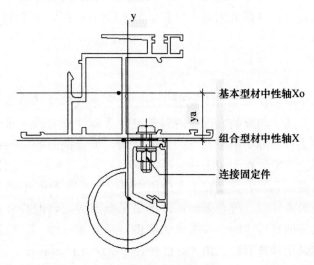

图 6 抗剪连接件示意

单个抗剪连接件由于两个截面协调变形所受纵向剪力为：

$$V_{longitudinal} = \frac{V(x)\ Q_{connoctod.\ area}}{I} S_d = \frac{V(x)\ (A_o y_a.)}{I_o + I_i} S_d \qquad (式 26)$$

抗剪连接件校核：

$$nF_{connector} \geqslant V_{longitudinal} \qquad (式 27)$$

抗剪连接件间距：

$$S_d \leqslant \frac{nF_{connector} I}{V(x)\ Q_{connected.\ area}} = \frac{nF_{connector} (I_o + I_i)}{V(x)\ Q_{connected.\ area}} \qquad (式 28)$$

式中　$V(x)$——杆件横向剪力函数；

　　　A_o——基本型材截面面积（mm^2）；

　　　y_a——基本型材截面中性轴到组合截面中性轴距离（mm）；

　　　I——组合截面惯性矩（$I_o + I_i$）（mm^4）；

　　　S_d——抗剪连接件间距（mm）；

　$F_{connector}$——单个抗剪连接件抗剪承载力（N）；

　　　n——同一受剪部位连接件个数（个）。

为了便于说明问题，以单跨简支梁为例（图 7）：

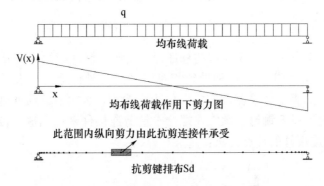

图 7　均布线荷载作用下抗剪键排布

（阴影部分表示型材接合面上此范围内约束截面错动的纵向剪力由此抗剪连接件承受）

结合式 26 和图 7 不难发现，剪力 V 与抗剪连接件间距 S_d 成反比，即沿杆件方向，剪力大的部位抗剪连接件间距小，剪力小的部位抗剪连接件间距大。图 7 也给出均布线荷载的剪力图和抗剪连接件排布图。若不考虑经济因素，可取最大的剪力计算抗剪连接件间距 S_d，然后按等间距布置。

4　结语

叠合截面在实际工程中应用比较多，主要形式为型材套钢或单元式幕墙公、母料等，并且也有规范[6]提及叠合截面的计算方法。相反的，行业内对于组合截面计算的理论研究比较少，也并未有规范明确给出计算方法，但在工程实际中由于各方因素的制约，组合截面的应用存在极大的需求空间。本文结合实际工程和相关理论研究，探索出了一种可以应用于实际工程的理论计算方法。

结合以上分析，叠合截面和组合截面在工程应用中还应注意以下几点：

（1）叠合截面之间应紧密接触。叠合截面虽不满足平截面假定，但叠合截面使用的理论依据是两者变形协调一致，因此内外两杆件之间不应有太大间隙，应紧密接触。否则将不符合理论基础，工程实际中造成的结果势必与理论计算有较大出入，已经过多次性能检测验证。

（2）组合截面抗剪连接件的设置应经济、合理。上述分析中，组合截面之所以能按一体计算，且满足"平截面假定"关键就是抗剪连接件的设置。综合分析杆件剪力图（如简支梁）不难发现，剪力图呈现出"支座两端大、跨中小"，从经济、合理的角度出发来设置抗剪连接件，则抗剪连接件也应当是两端密，中间稀疏。

参考文献

[1] 建筑结构静力计算手册（第二版）[S].北京：中国建筑工业出版社，1998.

[2] 孙训方，方孝淑，关来泰.材料力学 I 第五版 [M].北京：高等教育出版社，2009.

[3] 玻璃幕墙工程技术规范：JGJ 102—2003 [S].北京：中国建筑工业出版社，2003.

[4] 铝合金门窗工程技术规范：JGJ 214—2010 [S].北京：中国建筑工业出版社，2010.

[5] 钢结构设计标准：GB 50017—2017 [S].北京：中国建筑工业出版社，2017.

[6] 建筑幕墙工程技术规范：DGJ 08-56—2012 [S].上海：上海市建筑建材业市场管理总站，2012.

[7] JAMES M.GERE，BARRY J.GOODNO，MECHANICS OF MATERIAL 5.11 Built up beams and Shear Flow.Canada，Global Engineering：Christopher M.shortt，2012.

深圳某项目层间开启扇做法浅析

◎ 陈　君

艾勒泰设计咨询（深圳）有限公司　广东深圳　518000

摘　要　开启扇作为建筑幕墙外立面的重要组成部分，对建筑的节能通风、排烟起到举足轻重的作用。随着建筑美学与建筑幕墙的不断发展，在保证建筑使用功能的前提下，如何更好地展现建筑效果已经成为设计师越来越关注的话题。常规做法中，开启扇常设置于可视区。考虑建筑整体性及室内视野的开阔性，本项目将开启扇设置于层间位置，并对层间设置开启扇引起的节能通风及防火设计进行系统性的分析。

关键词　层间开启扇；超高层；建筑美观；节能通风；防火设计

1　引言

本项目位于深圳市华侨城片区内，深南大道北侧，华侨城集团总部及汉唐大厦西侧，华侨城中旅广场（沃尔玛）南侧（图1、图2）。项目高度300m，塔楼为带斜撑巨柱框架核心筒结构抗侧力体系，地面粗糙度为B类，抗震设防烈度为7度。

与传统幕墙外立面设计不同，本项目项目开启扇设置于层间位置，采用电动开启上悬窗。

目前，本项目大面区施工已基本完成，预计2019年5月进行项目竣工验收。

图1　本项目效果图　　　　图2　本项目现场图

工程特点

综合考虑建筑功能性要求及建筑美观性，本项目在前期设计时，在开启扇的做法上做了两点突破：

（1）开启扇设置位置：　　　　开启扇设置于层间位置，可视区范围保持建筑整体性。

（2）开启扇数量：　　　　　　100m以下部分：

　　　　　　　　　　　　　　　设置透明幕墙面积10%的上悬窗可开启扇；

　　　　　　　　　　　　　　　100m以上部分：

　　　　　　　　　　　　　　　设置幕墙透明面积4%的上悬窗可开启扇；

本项目层间开启节点及效果如图3和图4所示。

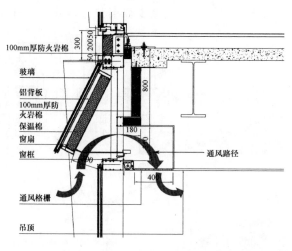

图3 本项目层间开启扇节点做法

图4 本项目层间开启扇节点效果图

2 层间开启扇做法分析

对于本项目层间设置开启扇的做法，本文主要从建筑美观、节能通风、防火设计三个方面进行分析。

2.1 建筑美观

常规建筑幕墙开启扇设置于可视区，窗扇的铝框在建筑室内会造成视线遮挡，影响视野的开阔性，而本项目将开启扇设置于层间，可视区视线将更加开阔，视野一览无余（图5、图6）。

图5 常规建筑幕墙将开启扇设置于可视区

图6 本项目可视区无开启扇

2.2 节能通风

2.2.1 开启扇分布

《公共建筑节能设计标准-深圳市实施细则》（SZJG29—2009）6.1.6条：除卫生间、楼梯间、设备房以外，每个房间的外窗可开启面积不应小于该房间外窗面积的30%，透明幕墙应具有不小于房间透明面积10%的可开启部分，对建筑高度超过100m的超高层建筑，100m以上部分的透明幕墙可开启面积应进行专项论证。

考虑本项目为300m的高层建筑，随着建筑高度增加，室外风速将会增大，对幕墙系统有一定损害，对人员安全造成威胁，为此，本项目项目的幕墙开启方案为：

（1）100m以下部分，保证按照规范要求设置不小于透明面积10%的可开启部分（图7）。

（2）100m以上部分，综合考虑安全性、风速、风压、发生台风暴雨天气时便于管理等因素，在保证各房间都有自然通风外窗，且满足通风能力 5 次/h 的前提下，适当减少窗扇开启，开启部分面积占透明面积 4‰（图 8）。

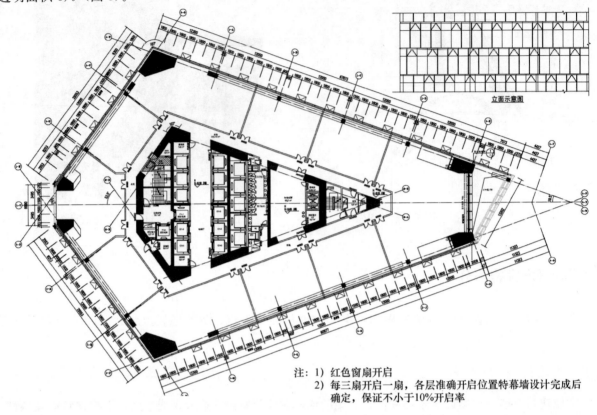

注: 1）红色窗扇开启
  2）每三扇开启一扇，各层准确开启位置特幕墙设计完成后确定，保证不小于10%开启率

图 7　100m 以下开启扇平面示意

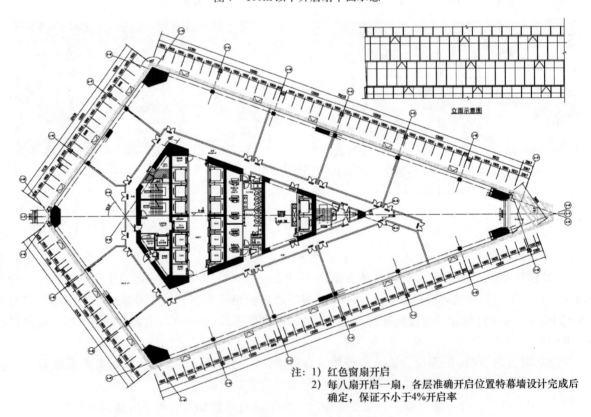

注: 1）红色窗扇开启
  2）每八扇开启一扇，各层准确开启位置特幕墙设计完成后确定，保证不小于4%开启率

图 8　100m 以上开启扇平面示意

2.2.2　通风量

本项目采用了 FLUENT 软件对项目建成后的室内、外风环境进行预测、分析及评价，并针对不同高度、不同开启率的通风量进行对比分析（表1）。

表 1　通风量对比

建筑位置高度	幕墙开启率	单层通风量（m³/s）	换气次数
50m	10%	25.2	15.1
150m	4%	12.0	7.2
250m	4%	13.7	8.2

从 FLUENT 软件的模拟结果可知，对于100m以下建筑采用10%的幕墙开启率的方案，其换气次数为15.1次/h；对于100m以上建筑采用4%的幕墙开启率的方案，其换气次数均小于10次/h。建筑所处高度越高，室外风速越大，越有利于利用自然风通风换气。

2.2.3　室内风速对比

采用软件模拟华侨城不同高度的风速，分析层间设置开启扇节点对不同高度节能通风的影响。

（1）建筑高度为50m处。

开启扇开启率为10%，开启处受通风路径及顶棚格栅阻挡。幕墙通风效果较好，障碍物有遮挡作用，但室内新鲜空气仍可较为顺畅的流入室内。在室内高度为1.5m处，人活动区的平均风速＜2m/s，室内封堵分布较为均匀，靠近开启扇进风口位置风速稍大（图9、图10）。

 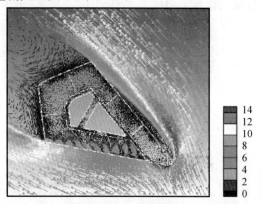

图 9　1.5m横截面风速云图（一）　　　　图 10　幕墙开启高度处入风横截面风速分布图（一）

（2）建筑高度为150m处。

开启扇开启率为4%，开启处受通风路径及顶棚格栅阻挡。建筑高度增加，建筑外围的风速增加，幕墙风速效果较好，开启扇数量较少，但是新鲜空气仍可较为顺畅地流入室内，仍可保证室内的换气要求。室内风速变化不大，风速分布较为均匀，靠近开启扇附近的位置风速稍大（图11、图12）。

 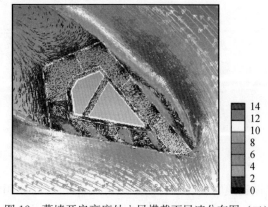

图 11　1.5m横截面风速云图（二）　　　　图 12　幕墙开启高度处入风横截面风速分布图（二）

（3）建筑高度为 250m 处。

建筑高度 250m 风速相对 150m 风速有所增加，通风效果良好，室内风速相对 150m 高度稍大（图 13、图 14）。

图 13 1.5m 横截面风速云图（三）

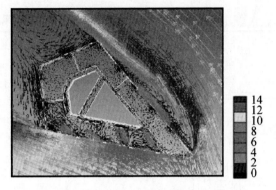

图 14 幕墙开启高度处入风横截面风速分布图（三）

2.3 防火设计

《建筑设计防火规范》（GB 50016—2014）6.26 条：幕墙与每层楼板、隔墙处的缝隙应采用防火封堵材料封堵，如防火封堵示意图 15 所示。

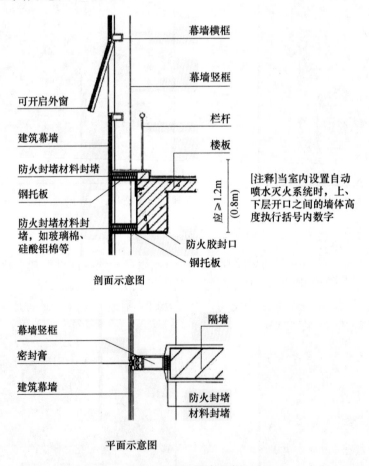

图 15 防火封堵示意

遵循建筑防火要求，当本项目层间开启扇关闭时，在层间位置竖向方向设有 800mm 高度防火群墙，横向设有 100mm 厚防火岩棉封堵，与窗扇处的竖向保温岩棉形成一道完整的防火墙。

当层间开启扇在电动开启扇作用下打开时，竖向上保持 800mm 层间封堵，楼板处的 100mm 厚防火岩棉与保温棉可满足非承重外墙一级耐火等级 1h 的不燃性要求（图 16、图 17）。

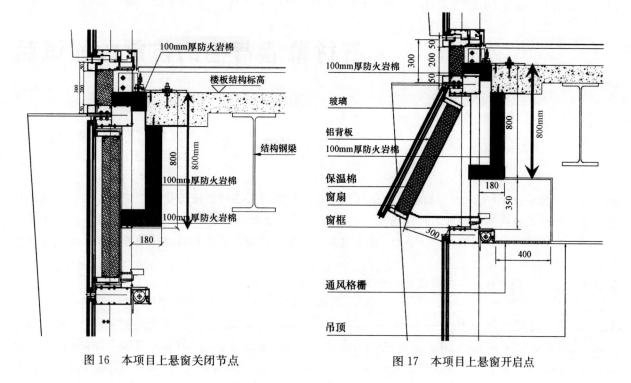

<table>
<tr><td>图 16　本项目上悬窗关闭节点</td><td>图 17　本项目上悬窗开启点</td></tr>
</table>

3　结语

在前期设计阶段，本项目团队就目前层间设置开启扇方案的节能通风及防火设计先后与深圳市节能办及消防局进行沟通确认，并已通过专家论证，为以后项目的建筑设计提供参考。

参考文献

[1] 公共建筑节能设计标准：SZJF 29—2009. 深圳市实施细则 .
[2] 建筑设计防火规范：GB 50016—2014 [S] .
[3] 建筑设计防火规范：13J811-1 [S] .

石材幕墙背栓的抗震性能试验

◎ 陈家晖

喜利得（中国）商贸有限公司　上海　200032

摘　要　通过采用1∶1比例的钢框架主体结构外挂天然石材幕墙的振动台试验，研究了石材幕墙的抗震性能。外挂幕墙采用的天然石材包括花岗岩、大理石、砂岩和石灰石，安装连接为敲击式带波浪形套筒的背栓。试验时分别输入El Centro地震波和人工波。试验结果表明所测试的幕墙体系抗震性能良好。

关键词　石材幕墙背栓；振动台试验；抗震性能

Abstract　In order to test the earthquake-resistance of stone curtain wall, a full-scale steel frame model with natural stone curtain wall was made and evaluated by shake table platform. The stone curtain wall was classified by Granite 5, marble, sand stone and limestone. Hilti drop-in undercut anchor was used for connection between stone and steel beam. El Centro wave and artificial wave were input respectively for seismic performance test. The results showed that natural stone curtain wall had a good performance under seismic actions.

Keywords　Stone undercut anchor; Shaking table test; Seismic performance

1　引言

近年来高层建筑幕墙高速发展，其中石材面板由于其美观性、耐久性和易安装性，已被大量应用于博物馆、酒店、办公楼等建筑。石材幕墙通过背栓在天然石材面板背面扩孔，将背栓敲击入孔内，安装钢连接件，用钢连接件与幕墙结构体系连接，形成幕墙的外围结构。

通常来说，建筑幕墙作为建筑物的外维护结构，主要承受自重、风荷载及地震作用。我国是地震多发国家，绝大多数的城市需要进行抗震设防。由于地震作用具有的动力特性，对幕墙的支承结构、挂装结构和饰面材料有较大影响，可能引起石材幕墙的损坏，甚至脱落。因此有必要对锚固连接的背栓进行抗震性能的测试。

2　试验方案

选用了变形能力较大的钢框架作为干挂石材幕墙的主体结构（图1和图2）。试验时将幕墙挂件按工程实际工况1∶1的比例安装到钢框架上，钢框架的平面尺寸为3m×3m，层高为5m；再将钢框架安置于振动台台面上，通过给台面施加地震波，观察石材幕墙的反应。

本次抗震试验采用喜利得公司推出的新一代波浪形背栓进行安装，此产品利用波浪形外套筒及导向肋的配置，可确保安装时底部均衡扩张和受力。背栓与石材及石材与钢框架的连接方式见图3。试验采用的天然石材面板及背栓参数见表1。

表1 石材面板及背栓参数

序号	面板品种	石材规格（mm）	背栓直径（mm）	背栓埋置深度（mm）
1	石灰石	800×600×35	8	21
2	花岗岩	800×800×25	6	15
3	砂岩	800×800×35	8	21
4	大理石	800×800×35	8	21

地震模拟振动台试验在国家建筑工程质量监督检验中心进行（图4），振动台的主要参数见表2。同时在钢框架主体结构和石材面板挂件的 X、Y 方向分别布置有8个加速度计，合计16个，测点布置见图5和图6。

表2 振动台工作参数

台面尺寸：6m×6m	承载能力：60t	倾覆力矩：180t·m
工作频率：0.1~50 Hz	最大加速度：±1.5g	最大速度：±125cm/s
最大位移：±25cm	—	—

图1 钢框架

图2 石材面板

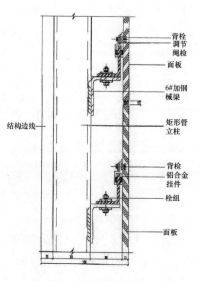

图3 幕墙连接节点

图4 振动台试件

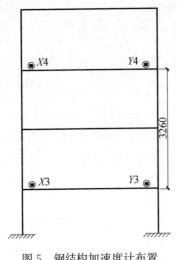

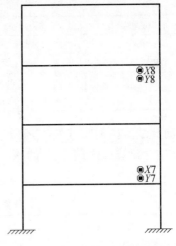

图 5　钢结构加速度计布置　　　　　　图 6　石材面板加速度计布置

3　试验内容

3.1　用白噪声随机波激振测定模型沿 X、Y 两个方向的动力特性。从试件上各测点所测到的加速度反应时程信号经频域变换得到传递函数，采用模拟参数识别方法求出试件的动力特性，即试件结构的前若干阶自振频率和阻尼比。

3.2　按 X、Y 两个方向分别输入 El Centro 地震波及人工波。峰值加速度分别为 100gal（7 度设防）、200gal（8 度设防）、300gal（8.5 度设防）、400gal（8 度罕遇）、510gal（8.5 度罕遇）、620gal（9 度罕遇）。检测试验模型的动力反应，获得相对振动台台面运动的相对位移响应时程和相对下层测点的层间位移响应时程。

3.3　根据位移响应时程，计算分析试验模型的层间位移，从而得知被试验的石材幕墙板结构抵抗动荷载的变形能力。

3.4　试验过程中检验构件是否破损或脱落；石材幕墙饰面材料与背栓连接的可靠性；观察立柱横梁的变形情况；石材面板间缝隙变化情况以及石材面板相互错动情况等。

3.5　试验后对所安装的石材面板进行背栓拉拔测试，检验经振动台试验后背栓抗拉承载力的强度变化。

4　试验数据

4.1　本次试件的自振频率及阻尼比见表 3。

表 3　试件一阶自振频率及阻尼比

工况	X 向		Y 向	
	一阶自振频率（Hz）	阻尼比（%）	一阶自振频率（Hz）	阻尼比（%）
试验前	2.5	3.4	3.6	3.2
试验中	2.4	3.4	3.3	3.4
试验后	2.2	3.6	3.3	3.4

4.2　试验时在模型钢框架和石材面板外表面均布置了加速度传感器。通过对加速度测点的相应时程处理并进行积分交换，对应加速度测点，获得了相对振动台台面运动的相对位移响应时程。在 X 向输入人工波 0.620g（9 度罕遇）时，钢框架主体和石材面板的加速度反应都达到最大值（表 4）。在如此强

烈的振动反应下，中间石材由于碰撞有小碎块掉下，即使在如此强烈的振动反应下，通过观察，未发现幕墙连接节点有松动和破坏现象。

表 4 加速度测量值

方向	波型	钢框架测点		面板测点	
		X3	X4	X7	X8
X 向	Elc-X-620	0.81	1.74	1.27	2.24
	Man-X-620	1.09	2.28	1.58	2.48
		Y3	Y4	Y7	Y8
Y 向	Elc-X-620	0.93	1.29	1.12	1.46
	Man-X-620	1.26	1.83	1.63	2.10

4.3 本文给出的层间位移值是通过检测到的加速度瞬时曲线积分所得，各测点的加速度峰值和位移峰值均有报告可查[1]。在 Y 向输入台面加速度为 0.620g（9 度罕遇）的 El Centro 时，框架模型的位移达到最大，位移峰值为 82.00mm（钢框架）和 82.06mm（面板）。在 Y 向输入台面加速度为 0.620g（9 度罕遇）的人工波时，平面内层间位移角达到最大，位移值为 62.58mm，层间位移角为 1/52（表 5），说明石材幕墙受到较大冲击，产生了较大的位移。

表 5 Y 向平面内层间位移

加速度（gal）	Y 向	
	Y4-Y3（mm）	层间位移角（θ）
Elc-100	2.62	1/1244
Man-100	4.31	1/756
Elc-200	6.56	1/497
Man-200	11.33	1/288
Elc-300	12.73	1/256
Man-300	19,84	1/164
Elc-400	19.68	1/166
Man-400	28.57	1/114
Elc-510	24.78	1/132
Man-510	43.11	1/76
Elc-620	30.43	1/107
Man-620	62.58	1/52

注：Elc 代表 EL-Centro 波；Man 代表人工波。

5 结语

此次试验不是以某个工程实例为背景的验证性测试，而是定性研究敲击式背栓连接石材幕墙的抗震性能。建筑幕墙的抗震性能归结为其层间变形性能与主体结构的变形能力关系。

5.1 不同种类的石材幕墙结构经过振动台上模拟地震作用多次振动后，当试件主体钢结构的层间位移角达到 1/52 时，石材幕墙结构仍无破坏，表明敲击式背栓与花岗岩、石灰石、砂岩和大理石的锚固连接满足试验变形要求。

5.2 为适应主体结构层间变形的要求，石材板块的尺寸不宜过大，建议控制在 1m² 的面积内，高层建筑幕墙的石材板块厚度不小于 30mm。每块石材不宜安装少于 4 个背栓连接点。背栓的间距不宜大于 800mm，间距不宜小于 200mm。

5.3 从振动试验后的石材背栓拉拔测试对比数据可知（略），不同石材面板的极限抗拉承载力几乎没有变化，证明敲击式背栓满足抗震性能要求。

通过上述试验表明，石材幕墙抗震性能良好。

参考文献

[1] 喜利得背栓系统测试报告 BETC-QC1—2017-02247.

[2] 金属与石材幕墙工程技术规范：JGJ 133 —2001 ［S］.

[3] 建筑幕墙抗震性能振动台试验方法：GB/T 18575—2001 ［S］.

[4] 高层建筑混凝土技术规程：JGJ3—2010 ［S］.

硅酮结构密封胶应用于幕墙和中空玻璃的对比分析

◎ 汪　洋　蒋金博　曾　容

广州市白云化工实业有限公司　广东广州　510540

摘　要　本文从标准和应用两个方面详细介绍中空玻璃用硅酮结构密封胶与幕墙用硅酮结构密封胶性能及应用特点，发现两者既存在多数相同点，也存在不同点。在幕墙单元件加工和中空玻璃制作中，未选用相应的硅酮结构密封胶，会导致操作不便，甚至可能会带来安全隐患。本文从标准和应用两个方面的对比分析，可为用户选用相应的硅酮结构密封胶提供参考；同时文中指出，不仅要重视幕墙用硅酮结构密封胶，对中空玻璃用硅酮结构密封胶也应予以重视。

关键词　硅酮结构密封胶；中空玻璃；幕墙；应用；对比分析

1　引言

中空玻璃用硅酮结构密封胶与幕墙用硅酮结构密封胶都属于硅酮结构密封胶。在实际应用时，常有用户认为两种结构密封胶的大部分技术指标相似，均为硅酮密封结构胶，可以相互代替使用。而我们针对中空玻璃用硅酮结构密封胶和幕墙用硅酮结构密封胶的相关标准和实际应用，深入分析后发现两者既存在相同点，也存在不同点。如果在幕墙单元件加工和中空玻璃制作中，未能正确选用，不利于操作，甚至可能带来安全隐患。因此，本文将从标准和应用两个方面，详细介绍中空玻璃用硅酮结构密封胶与幕墙用硅酮结构密封胶的异同点，作为选用硅酮结构密封胶的参考。

2　标准对比分析

2.1　国家标准 GB 16776 和 GB 24266 差异

2.1.1　适用范围

《建筑用硅酮结构密封胶》（GB 16776—2005）适用于建筑幕墙及其他结构粘接装配用硅酮结构密封胶[1]。《中空玻璃用硅酮结构密封胶》（GB 24266—2009）适用于结构装配中空玻璃单元第二道密封用硅酮密封胶，不适用于建筑幕墙结构粘接装配用硅酮结构密封胶[2]。上述标准的适用范围明确表示中空玻璃用硅酮结构密封胶不能作为幕墙用硅酮结构密封胶使用。

2.1.2　性能指标差异

表1　GB16776 与 GB24266 的技术指标对比

检测项目		指标	
		GB16776	GB24266
下垂度	垂直放置 mm	≤3	≤3
	水平放置	不变形	不变形

检测项目		指标	
		GB16776	GB24266
挤出性，s		≤10	≤10
适用期，min		≥20	/
表干时间，h		≤3	≤3
硬度，HsA		20～60	30～60
23℃时最大拉伸强度时伸长率，%		≥100	/
定伸粘接性		/	定伸25%，无破坏
伸长10%时的拉伸模量/MPa，		/	≥0.15
拉伸粘结性　MPa	标准条件	≥0.60	≥0.60
	90℃	≥0.45	≥0.45
	−30℃	≥0.45	≥0.45
	浸水后	≥0.45	≥0.45
	水—紫外线光照后	≥0.45	≥0.45
	粘结破坏面积，%	≤5	≤5
热老化	热失重，%	≤6.0	≤6.0
	龟裂	无	无
	粉化	无	无

从以上技术指标对比可见，两个标准的主要的性能指标，拉伸粘结性和热老化性能要求是一致的。但是中空玻璃用硅酮结构密封胶根据其应用特点，部分指标要求与《建筑用硅酮结构密封胶》（GB 16776）有区别[6]，对比如下：

① 适用期

适用期是指双组分密封胶两组分从混合均匀开始到保持能施工使用的时间。GB 24266 未对该项目进行规定，可由供需双方商定，给予用户更多选择。

② 定伸粘结性能和最大拉伸强度时伸长率

GB 24266 规定了定伸25%时，定伸粘结性无破坏；GB 16776 规定23℃时最大拉伸强度时伸长率大于等于100%。两个指标虽有区别，但是目的均是要求结构密封胶产品需具有一定的弹性，具备一定的位移承受能力。

③ 硬度和10%伸长率的拉伸模量

中空玻璃用结构密封胶作为中空玻璃二道密封粘结，需要保证中空玻璃的尺寸稳定性。中空玻璃用结构密封胶如硬度值太小、拉伸模量过低。在受到一定的外力后，中空玻璃内外片玻璃如产生较大的位移时，一道密封的丁基密封胶在中空玻璃单元拉伸10%时容易产生破坏，若二道密封的硅酮结构密封胶在较小外力作用下伸长率很大，就会造成一道密封的破坏，影响中空玻璃的气密性。对于二道密封为硅酮结构密封胶的中空玻璃单元，其气密性主要由丁基密封胶发挥作用，因此对中空玻璃用硅酮结构密封胶的伸长率要求有别于建筑用硅酮结构密封胶。

根据国家标准 GB 24266，中空玻璃硅酮结构密封胶的硬度最低指标值要求是 30，硬度指标比 GB 16776 有所提高。同时，中空玻璃硅酮结构密封胶对拉伸模量也有要求，即伸长率 10%时的拉伸模量须≥0.15MPa，以保证二道密封的结构胶具有较高的强度来抵抗应力变形，保证在第一道密封的丁基胶不会轻易被破坏。

2.2　新行标 JG/T 475 和 JG/T 471 差异

2.2.1　适用范围

《建筑幕墙用硅酮结构密封胶》（JG/T 475）适用于设计使用年限不低于 25 年的建筑幕墙工程用硅酮结构密封胶[3]。《建筑门窗幕墙用中空玻璃弹性密封胶》（JG/T 471）适用于建筑门窗幕墙中空玻璃粘接密封用双组分弹性密封胶，其按密封胶在中空玻璃安装典型应用中的承载方式，规定了中空玻璃用密封胶的分类和标记，分为 WH 类、WPH 类、W 类（W 类承受阵风和/或气压水平荷载、H 类承受玻璃永久荷载用密封胶、P 类承受永久荷载的密封胶）。中空玻璃硅酮结构密封胶是承受 WH 类或 WPH 类的荷载，而中空玻璃非结构密封胶只承受 W 类的荷载[4]。

2.2.2　性能指标差异

表 2　JG/T 475 和 JG/T 471（WP、WHP 类）的部分技术指标对比

检测项目			指标	
			JG/T 475	JG/T 471
下垂度		垂直放置 mm	≤3	≤3
		水平放置	不变形	不变形
	适用期，min		≥20	≥30
	表干时间，h		≤3	≤3
	硬度，HsA		20～60	4h/24H/7d 规定值±10%
拉伸粘结性	23℃拉伸粘接强度标准值 $R_{U,5}$/MPa		≥0.50	≥0.50
	拉伸粘接强度保持率/100%	80℃	≥75	≥75
		−20℃	≥75	≥75
		水—紫外线光照	≥75	≥75
		Nacl 盐雾	≥75	≥75
		SO_2 酸雾	≥75	≥75
		清洗剂	≥75	\
		100℃7d 高温	≥75	\
	粘接破坏面积（所有拉伸粘接项目）/100%		≤10	≤10
剪切强度	23℃剪切强度标准值 $R_{U,5}$/MPa		≥0.50	≥0.50
	剪切强度保持率/100%	80℃	≥75	≥75
		−20℃	≥75	≥75
	粘接破坏面积（所有剪切性能项目）/100%		≤10	≤10
撕裂性能	拉伸粘接保持率/100%		≥75	≥75
疲劳性能	拉伸粘接保持率/100%		≥75	≥75
	粘接破坏面积/100%		≤10	≤10
质量变化-热失重	热失重/100%		≤6.0	/
烷烃增塑剂	红外光谱		无烷烃增塑剂	图谱无明显差异
	弹性恢复率/%		≥95	≥95
	耐紫外线拉伸强度保持率/%		≥75	\

续表

检测项目		指标	
		JG/T 475	JG/T 471
蠕变性能	91d 受力后位移/mm	≤1	\
	力御载 24h 后最大位移/mm	≤0.1	≤0.1
热重分析		\	图谱无明显差异
水蒸气透过率/[g/（m²·d）]		\	≤规定值
气体透过率	初始气体含量	\	报告值
	气体密封耐久性试验后气体含量	\	报告值

从以上技术指标对比可见，两个标准的主要的性能指标，例如拉伸粘结性、剪切、疲劳、弹性恢复率等指标是基本一致的。但是中空玻璃用硅酮结构密封胶根据其应用特点，部分指标要求与《建筑幕墙用硅酮结构密封胶》（JG/T 475）有区别，对比如下：

① 适用期

JG/T 475 规定适用期是≥20min，而 JG/T 471 规定适用期是≥30min。实际应用中，有一定规模的中空玻璃厂采用的是自动生产线，如果密封胶适用时间稍长一些，比较便于使用，如果密封胶适用时间过短，固化快，容易堵塞管道，影响生产效率。

② 硬度

JG/T 475 规定固化 14 天后的硬度范围是 20～60，而 JG/T 471 规定固化 4h \ 24H \ 7d 后的规定值。制作的中空玻璃需要快速搬运，因此中空玻璃厂家会对固化 24H 后的硬度值有要求。

③ 质量变化-热失重

JG/T 475 规定热失重≤6.0%，相对于以前的硅酮结构密封胶热失重≤10.0%来讲，要求更加严格。而 JG/T 471 未明确规定热失重值，要求热失重分析的图谱无明显差异。

④ 红外光谱、耐紫外线拉伸强度保持率、水蒸气透过率、气体透过率

JG/T 475 规定红外光谱测试无烷烃增塑剂，要求耐紫外线拉伸强度保持率≥75%，对水蒸气透过率和气体透过率无要求。JG/T 471 规定红外光谱的图谱无明显差异，未要求耐紫外线拉伸强度保持率，对水蒸气透过率和气体透过率有要求。

3 实际应用的差异

3.1 用途的差异

中空玻璃用硅酮结构密封胶主要用于结构装配系统的中空玻璃二道密封；幕墙用硅酮结构密封胶主要用于结构装配系统的中空玻璃与铝副框的结构粘接，两者的应用部位是完全不同的。同一结构装配系统中，幕墙用硅酮结构密封胶承受的荷载大于中空玻璃用硅酮结构密封胶。

3.2 粘结基材的差异

中空玻璃用硅酮结构密封胶作为中空玻璃二道密封粘结，需保证与各种中空玻璃间隔条（铝间隔条、不锈钢间隔条、复合间隔条）、玻璃的良好粘结性，与丁基胶、分子筛等各种辅材的相容性。在加工过程中，中空玻璃的粘结基材（玻璃和间隔条）是采用清洗机进行清洗，清洗机一般采用水或加入少量表面活性剂的水；清洗、干燥合片后，开始施打硅酮结构密封胶。

幕墙用硅酮结构密封胶作为中空玻璃与铝副框的结构粘接，需要保证与各种铝型材（表面宜采用阳极氧化、电泳涂漆、粉末喷涂或氟碳喷涂处理）[5]、玻璃的良好粘接性，与双面胶贴、橡胶条等各种

辅材的相容性。在幕墙单元件加工过程中，幕墙用的铝型材需要采用溶剂清洗，再打底涂液（是否需要），再施打硅酮结构密封胶。由于幕墙用铝型材的表面处理工艺多样化，一些铝型材在不使用底涂液的情况下有可能出现粘接不良，需要使用底涂液才能粘接良好。

图 1　幕墙竖剖节点图

中空玻璃用硅酮结构密封胶和幕墙用硅酮结构密封胶在实际应用中接触的材料、粘接工艺流程是有区别的。两者对材料的粘接性是不一样的，如两者相互替代使用，可能会出现粘接不良的问题。

3.3　水蒸气透过率和气体透过率的指标要求

水蒸气透过率和气体透过率是中空玻璃单元的重要性能之一。中空玻璃对二道密封胶的水蒸气透过率和气体透过率有一定的要求，中空玻璃用硅酮结构密封胶的标准中对水蒸气透过率和气体透过率提出了明确要求，而幕墙用硅酮结构密封胶没有这方面要求。所以，中空玻璃用硅酮结构密封胶在配方设计的时候，会考虑水蒸气透过率和气体透过率的指标要求。

3.4　加工性能的要求

中空玻璃厂都是大批量生产中空玻璃，一般都有自动生产线。根据中空玻璃接缝的尺寸，工人把自动注胶机设定好注胶速度，把硅酮结构密封胶注入接缝中，此时会有相对应的注胶压力。如果结构密封胶太稠，相同注胶速度，越稠的结构密封胶，其注胶压力越大，达到机器上限压力值的时间就更短，清洗管道的频次会高；如果密封胶适用期太短，打胶机管道容易产生胶皮引起堵塞，保证恒定注胶速度的同时，使用一段时间后注胶压力会变大，压力上升到上限值后就需要清洗机器，清洗管道的频次会高；所以，需要把中空玻璃用硅酮结构密封胶的稀稠控制在既不流淌也不稠的程度，适用期需要与客户协商，控制使用时间应大于 30min。

另外，为了保证大批量生产的玻璃有场地安放，对中空玻璃用硅酮结构密封胶的初始硬度、粘接基材的速度有要求，需要能够保证固化 24H 后的硬度超过 30，同时与玻璃、间隔条能够粘接良好，保证中空玻璃结构稳定，便于搬动和运输。

而幕墙用硅酮结构密封胶在加工过程中，对稀稠度、硬度和适用时间的要求较宽松。代替中空玻璃用硅酮结构密封胶使用，会出现客户使用不方便，投诉较多的情况。

4　当前存在的问题

4.1　应用不当，问题频出

中空玻璃用硅酮结构密封胶对中空玻璃的质量和使用寿命有着很大的影响，甚至直接关系到幕墙安全问题。其应用不当造成的问题归纳后可分为以下两类：一类是造成中空玻璃使用功能的丧失，即丧失了中空玻璃原本具有的功能，比如我们遇见的中空玻璃"虹彩"现象、"流油"现象、"积水结露"现象和"间隔条滑移"现象等；另一类涉及到中空玻璃应用的安全问题，即中空玻璃外片坠落。比如我们遇见的开启扇的中空玻璃外片滑落等[7]。当中空玻璃用硅酮结构密封胶应用不当时，上述问题就有可能发生。

应用不当包括选择错误和使用不当。中空玻璃用硅酮结构密封胶不能选择错误，比如用中空玻璃用弹性密封胶或者幕墙用硅酮结构密封胶来代替使用；中空玻璃用硅酮结构密封胶不能使用不当，如果使用不当，即使再好的硅酮结构密封胶也有可能生产出质量不合格的中空玻璃，危害幕墙安全，一定要按照中空玻璃用硅酮结构密封胶的施工工艺正确使用。

4.2　对中空胶缺乏重视

当前，业主对幕墙用硅酮结构密封胶的关注度高，非常重视，都会指定高品质、有品牌保证的幕墙用硅酮结构密封胶，结合幕墙设计图纸和招标技术说明书，最终确认幕墙用硅酮结构密封胶的厂家及对应的牌号。但是业主对中空玻璃用硅酮结构密封胶的关注不够，在招标技术说明书中没有提出要求，或仅在招标技术说明书中要求中空玻璃用硅酮结构密封胶与幕墙胶是同一个厂家的产品，没有严格的技术指标要求。

相当部分项目用的中空玻璃并没有指定硅酮结构密封胶的品牌，中空玻璃厂自行决定使用中空玻璃用硅酮结构密封胶。而许多中空玻璃厂迫于成本的压力，尽可能使用价格较低的中空玻璃用硅酮结构密封胶，更有规模小的厂家用非结构用途的中空胶代替结构用途的中空胶，会导致幕墙存在严重安全隐患。

5　结语

对于同一幕墙系统中的中空玻璃用硅酮结构密封胶与幕墙用硅酮结构密封胶性能和应用特点存在部分差异，建议区分选用。

用户应根据幕墙设计要求，选用符合相关标准的幕墙用硅酮结构密封胶和中空玻璃用硅酮结构密封胶。幕墙用硅酮结构密封胶还要考虑安全系数足够、与铝型材粘接良好等；中空玻璃用硅酮结构密封胶还要综合考虑到硅酮结构密封胶需满足中空玻璃的功能要求、与一道密封丁基胶的相容性问题等。同时，两种硅酮结构密封胶产品质量稳定性、生产厂家的知名度、厂家技术服务能力与水平等也是用户需考虑的重要因素。

总而言之，用户在重视幕墙用硅酮结构密封胶的同时，也要对中空玻璃用硅酮结构密封胶予以足够重视；选择高品质、有品牌保证的产品，并予以正确设计和应用，最终保证幕墙及中空玻璃的安全。

参考文献

[1] 建筑用硅酮结构密封胶：GB 16776—2005 [S].

[2] 中空玻璃用硅酮结构密封胶：GB 24266—2009 [S].

［3］建筑幕墙用硅酮结构密封胶：JG/T 475—2015［S］.

［4］建筑门窗幕墙用中空玻璃弹性密封胶：JG/T 471—2015［S］.

［5］玻璃幕墙工程技术规范：JGJ 102—2003［S］.

［6］曾容，张冠琦，李分明. 建筑用硅酮结构密封胶性能及选用［J］.《中国建筑金属结构》2017 年 09 期.

［7］马启元. 隐框幕墙中空玻璃脱胶坠落事故分析［C］.《建筑玻璃与工业玻璃》2011 年第 9 期.

浅谈学校建筑外装饰中的设计要点

◎ 陈少林　徐绍军　陈立东

深圳天盛外墙技术咨询有限公司　广东深圳　518055

摘　要　本文探讨了学校建筑外装饰中的一些设计要点，罗列了项目常见情况，分析了其门窗、幕墙、护栏、外装饰材料等设计要点，并结合实际案例总结了相关经验，供业内人士在设计过程中参考。

关键词　门窗；幕墙；护栏；脆性材料；疏散宽度；偶然组合；中小学；幼儿园；托儿所；光污染；救援窗；排烟；储烟仓；锚固试验；竖向地震作用；检修荷载

1　引言

近年来国内建筑行业的发展迅速，特别是国内一二线城市的建设，随着城市的发展、建设，学校的配套也是必不可少，学校的建设是城市规划中的刚需；然而学校建筑设计往往是集安全、文化、创新、人性化为一体的综合性建筑；功能要求越来越多，各方对学校建筑的安全性重视程度也不断提高。本文对学校建筑中外装饰设计要点展开了讨论，罗列了常见情况，并结合实际案例总结了经验，供各方参考。

2　关于疏散门

2.1　标准条文规定

《中小学校设计规范》GB 50099—2011

> 8.2.4　房间疏散门开启后，每樘门净通行宽度不应小于 0.90m。
>
> 8.5.3　教学用建筑物出入口净通行宽度不得小于 1.40m，门内与门外各 1.50m 范围内不宜设置台阶。
>
> 8.1.8　教学用房的门窗设置应符合下列规定：
>
> 　1　疏散通道上的门不得使用弹簧门、旋转门、推拉门、大玻璃门等不利于疏散通畅、安全的门；

《建筑设计防火规范》GB 50016—2014（2018 版）

> 首层外门的总净宽度应按该层及以上疏散人数最多一层的疏散人数计算，且该门的最小净宽度不应小于 1.20m。
>
> 　2　位于走道尽端的房间，建筑面积小于 50m² 且疏散门的净宽度不小于 0.90m，或由房间内任一点至疏散门的直线距离不大于 15m、建筑面积不大于 200m² 且疏散门的净宽度不小于 1.40m；

表 5.5.18　高层公共建筑内楼梯间的首层疏散门、首层疏散外门、疏散走道和疏散楼梯的最小净宽度（m）

建筑类别	楼梯间的首层疏散门、首层疏散外门	走道		疏散楼梯
		单面布房	双面布房	
高层医疗建筑	1.30	1.40	1.50	1.30
其他高层公共建筑	1.20	1.30	1.40	1.20

2.2 解析

门是建筑出入的通道，其净宽尺寸也有明确要求，在设计过程中虽然建筑设计院有关注到疏散宽度的要求，但一般在未经专业深化的建筑图中难以计算门安装后的实际净宽应扣除的尺寸，且容易忽略应扣除的各种构件。而在深化设计中往往又偏重于构造上的设计，认为建筑功能是建筑设计应该考虑的问题，施工方更只是按图施工，从而在实施过程中有可能门安装完成后的实际尺寸，无法达到净宽要求，举例1：某学校项目门净宽要求为900mm，建筑设计时给出分格1200mm；实际深化时若扣除拉手后净通行宽度不足900mm，若验收不太严格按门框尺寸则勉强满足900mm的要求；然而在施工过程中，由于门配件的安装位置的偏差，安装完成后其净宽尺寸更无法满足要求。另外须特别注意双扇、四扇等情况中间设置中梃是否影响宽度。

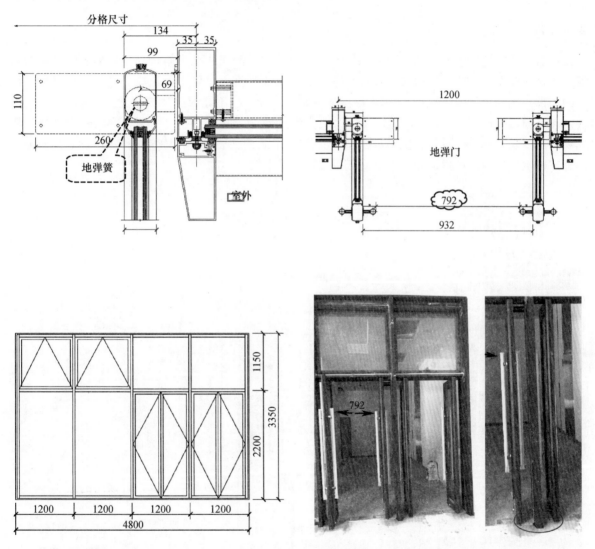

2.3 小结

门在建筑中除了满足整体效果外，有疏散要求的净通行宽度也应得到重视，在建筑方案扩初阶段就应减掉门扇构件及五金件安装空间等尺寸，核算净宽尺寸，如建筑对门开启后实际净宽有疑问，及时与专业公司核实，避免在深化阶段或施工阶段的反复工作，外装饰深化单位应在深化设计时关注并提醒从而避免验收风险。

3 关于消防救援窗

3.1 标准条文规定

《建筑设计防火规范》GB 50016—2014（2018 版）

7.2.5 供消防救援人员进入的窗口的净高度和净宽度均不应小于 1.0m，下沿距室内地面不宜大于 1.2m，间距不宜大于 20m 且每个防火分区不应少于 2 个，设置位置应与消防车登高操作场地相对应。窗口的玻璃应易于破碎，并应设置可在室外易于识别的明显标志。

3.2 解析

在消防救援窗设计中，虽然有明确的规定要求净尺寸，但往往在实施过程中容易忽略其他材料的干涉，如材料厚度、护栏、开启执手等，不应只看大尺寸是否满足要求，还应充分考虑各种妨碍净宽尺寸的构件，例如：室内护栏、室内隔墙、外装饰构造等；且不建议采用开启之后进行救援的方案。举例：在某项目中窗宽 1100mm，建筑设计时认为满足要求，但经专业公司深化扣除开启扇框后则净尺寸不满足要求（特别注意开启执手对净尺寸也有影响），假如设在底部固定部位虽可满足净宽要求但内侧有护栏阻碍，即使护栏可开启也不便于救援，详见下图。

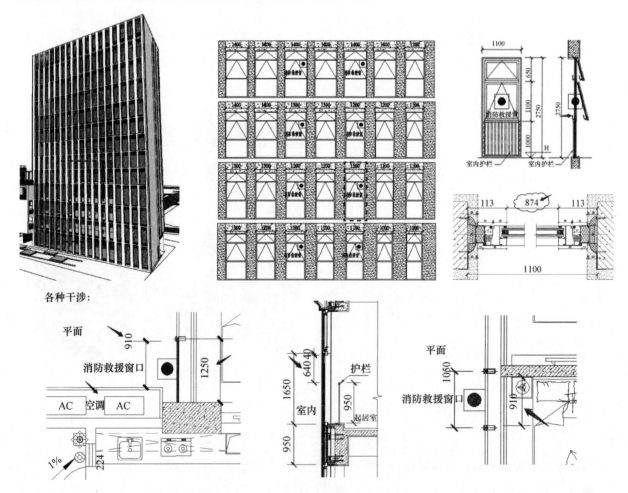

各种干涉：

3.3　小结

在发生紧急情况时，消防救援窗的净宽尺寸极为重要，因此在设计过程中要充分考虑各种干涉、各种妨碍净宽尺寸的构件。建议：在净宽尺寸上适当加大，防止因材料和安装误差，导致不满足。应进行专项设计，在有条件的情况下尽量把净宽尺寸做到更大，便于救援时的进出。需要特别注意的是：

（1）在外立面采用夹层玻璃时，消防救援窗应采用易破碎玻璃特殊处理，分格尺寸也不宜过大，不应导致在击碎后有大量玻璃掉落造成隐患；

（2）在石材或金属板外墙设置消防救援窗时，应注意救援通道防火防烟的构造设计，保证火灾中人员的安全通过；

（3）利用阳台门作为救援窗时应注意门宽要求、护栏攀越时的安全性、防盗网、封阳台等注意事项；

（4）救援窗的设置应方便、安全，有些情况虽满足规范要求，但不便于救援或通道不安全也不可取，如救援窗设置过低，需下蹲或爬行通过不便于救援。

4　关于门窗的选择

4.1　标准条文规定

《中小学校设计规范》（GB 50099—2011）及条文说明

8.1.8　教学用房的门窗设置应符合下列规定：

1　疏散通道上的门不得使用弹簧门、旋转门、推拉门、大玻璃门等不利于疏散通畅、安全的门；

2　各教学用房的门均应向疏散方向开启，开启的门扇不得挤占走道的疏散通道；

3　靠外廊及单内廊一侧教室内隔墙的窗开启后，不得挤占走道的疏散通道，不得影响安全疏散；

4　二层及二层以上的临空外窗的开启扇不得外开。

2.3　总结近年来发生的多起安全事故的教训，针对中小学生在突发事件中难以自控的现象，规定各教学用房的疏散门均应向疏散方向开启，以避免出现数十人同时涌上，使疏散门难以开启的灾难性事件。

外开门窗可采用开启扇局部凹入教室的平面布置；也可利用长脚合页等五金，使开启扇开启180°。

4　学校应训练学生自己擦窗，这是生存的基本技能之一。为保障学生擦窗时的安全，规定为开启扇不应外开。为防止撞头，平开窗开启扇的下缘低于2m时，开启后应平贴在固定扇上或平贴在墙上。装有擦窗安全设施的学校可不受此限制。

《托儿所、幼儿园建筑设计规范》（JGJ 39—2016）

4.1.5　托儿所、幼儿园建筑窗的设计应符合下列规定：

1　活动室、多功能活动室的窗台面距地面高度不宜大于0.60m；

2　当窗台面距楼地面高度低于0.90m时，应采取防护措施，防护高度应由楼地面起计算，不应低于0.90m；

3　窗距离楼地面的高度小于或等于1.80m的部分，不应设内悬窗和内平开窗扇；

4　外窗开启扇均应设纱窗。

4.1.8　幼儿出入的门应符合下列规定：

1　距离地面1.20m以下部分，当使用玻璃材料时，应采用安全玻璃；

2　距离地面0.60m处宜加设幼儿专用拉手；

3　门的双面均应平滑、无棱角；

4　门下不应设门槛；

5　不应设置旋转门、弹簧门、推拉门、不宜设金属门；

6 活动室、寝室、多功能活动室的门均应向人员疏散方向开启，开启的门扇不应妨碍走道疏散通行；

7 门上应设观察窗，观察窗应安装安全玻璃。

4.2 解析

门窗的样式选择及设置要求，除了要考虑净宽尺寸要求外，还应考虑实际使用过程中的便捷性、安全性，建筑设计时应专项设计，满足以上相关标准对门窗开启形式、方向、高度等要求；外装饰深化时应及时提出讨论，协助业主、建筑师明确具体选型。

另外：特别注意有排烟要求时，自然排烟窗的开启形式应有利于火灾烟气的排出；并设在排烟区域的顶部或外墙的储烟仓的高度内，高度及有效排烟面积可根据项目情况与建筑设计院或消防部门沟通明确；满足《建筑防烟排烟系统技术标准》（GB 51251—2017）要求。

4.3.3 自然排烟窗（口）应设置在排烟区域的顶部或外墙，并应符合下列规定：

1 当设置在外墙上时，自然排烟窗（口）应在储烟仓以内，但走道、室内空间净高不大于 3m 的区域的自然排烟窗（口）可设置在室内净高度的 1/2 以上：

2 自然排烟窗（口）的开启形式应有利于火灾烟气的排出：

3 当房间面积不大于 200m² 时，自然排烟窗（口）的开启方向可不限：

4 自然排烟窗（口）宜分散均匀布置，且每组的长度不宜大于 3.0m；

5 设置在防火墙两侧的自然排烟窗（口）之间最近边缘的水平距离不应小于 2.0m。

4.3.3 火灾时烟气上升至建筑物顶部，并积聚在挡烟垂壁、梁等形成的储烟仓内。因此，用于排烟的可开启外窗或百叶窗必须开在排烟区域的顶部或外墙的储烟仓的高度内。

1 当设置在外墙上时，对设置位置的高度及开启方向本条都提出了明确的要求，目的是为了确保自然排烟效果。对于层高较低的区域，排烟窗全部要求安装在储烟仓内会有困难，允许可以安装在室内净高 1/2 以上，以保证有一定的清晰高度。

2 设置在外墙上的单开式自动排烟窗宜采用下悬外开式，设置在屋面上的自动排烟窗宜采用对开式或百叶式。

4.3 小结

相关条文的规定大多是为了学校建筑满足学生在日常使用过程中的安全或在紧急状态下的安全性。关于门窗的样式选择尤为重要，而这部分在有些项目设置中会被忽略，各方包括方案设计、建筑深化、外装饰深化、审图、施工等环节应得到重视。

5 幕墙面板的选用

5.1 标准条文规定

《住房城乡建设部、安监总局关于进一步加强幕墙安全防护工作的通知》建标（2015）38 号

二、进一步强化新建玻璃幕墙安全防护措施

（一）新建玻璃幕墙要综合考虑城市景观、周边环境以及建筑性质和使用功能等因素，按照建筑安全、环保和节能等要求，合理控制玻璃幕墙的类型、形状和面积。鼓励使用轻质节能的外墙装饰材料，从源头上减少玻璃幕墙安全隐患。

（二）新建住宅、党政机关办公楼、医院门诊急诊楼和病房楼、中小学校、托儿所、幼儿园、老年人建筑不得在二层及以上采用玻璃幕墙。

（四）玻璃幕墙宜采用夹层玻璃、均质钢化玻璃或超白玻璃。采用钢化玻璃应符合国家现行标准《建筑门窗幕墙用钢化玻璃》（JG/T 455）的规定。

地方条文规定：

《深圳市住房和建设局关于加强建筑幕墙安全管理的通知》深建物业〔2016〕43号

三、住宅、党政机关办公楼、医院门诊急诊楼和病房楼、中小学校、托儿所、幼儿园、养老院的新建、改建、扩建工程以及立面改造工程，不得在二层以上采用玻璃或石材幕墙。

《深圳市建筑设计规划》深规土【2015】757号

5.3.1　以下部位不得采用玻璃幕墙

（1）住宅、医院（门诊、急诊楼和病房楼）、中小学校教学楼、托儿所、幼儿园、养老院的新建、改建、扩建工程以及立面改造工程等二层以上部位。

（2）建筑物与中小学校的教学楼、托儿所、幼儿园、养老院等毗邻一侧的二层以上部位。

5.2　解析

（1）近年来建筑发展迅速，特别是在材料的运用上，如何选用合适的面材，除考虑效果外，安全、环保也不得轻视；在学校建筑中对面板的材料运用更为重要，首先要考虑其安全性，慎用易碎、较重材料（如石材），推荐使用轻质节能材料，在面板连接构造上也应安全可靠，有必要时进行相关性能试验。

（2）陶板、瓷板等与石材一样属于脆性材料，破损后易坠落存在隐患。在学校建筑中应慎重选用。举例：某项目在安全论证、审图时均提出"陶板为脆性材料，有一定安全隐患，建议更换其他材质，如铝板幕墙等"，详见下图。

深圳某项目设计方案安全论证结论：

6. 陶板为脆性材料，有一定安全隐患，建议更换其他材质，如铝板幕墙等；

（3）玻璃面板宜采用均质钢化玻璃或超白浮法玻璃优等品生产的钢化玻璃，钢化玻璃允许面积应满足《建筑门窗幕墙用钢化玻璃》（JG/T455—2014）、《建筑玻璃应用技术规程》（JGJ133—2015）的要求。

（4）玻璃边部及开孔部位应进行倒角并精磨边处理

5.3　小结

现行业内面材较多，如：玻璃、石材、金属板、陶板、千思板、瓷板、埃特板等，在运用上首选安全、环保、耐用、不易碎、轻质高强的材料，如特别位置需选用脆性材料时，应有可靠的安全措施，并进行撞击等性能试验。

另外须注意装饰材料的污染性，如下：

《中小学校设计规范》（GB 50099—2011）条文说明

8.1　建筑环境安全

8.1.3　建筑材料、装修和装饰材料可能使空气遭受物理性、化学性、生物性和放射性污染。

某些天然石材和矿物性水泥等材料都可能释放一定的放射性元素，特别是碱性花岗岩的放射性比活度是土壤的数倍；在设计中对于建筑材料、产品、部品、混凝土冬期施工添加的缓凝剂、保温隔热板材、人造板材、涂料、壁纸、胶粘剂等的采用及机械通风设施的择定若有疏漏则可能导致污染物（如甲醛、苯、氨、氡、细菌、病毒、可吸入颗粒物等）超标，对学生的皮肤、眼睛、上呼吸道、肺、脑、神经系统的伤害难以估计。故中小学校设计应严格执行有关可能影响环境质量的建材、产品部品的采用规定。

6　光污染

6.1　标准条文规定

《深圳市建筑设计规划》深规土【2015】757号

5.3.1 以下部位不得采用玻璃幕墙

（1）住宅、医院（门诊、急诊楼和病房楼）、中小学校教学楼、托儿所、幼儿园、养老院的新建、改建、扩建工程以及立面改造工程等二层以上部位。

（2）建筑物与中小学校的教学楼、托儿所、幼儿园、养老院等毗邻一侧的二层以上部位。

《玻璃幕墙光热性能》GB/T 18091—2015

4.3 玻璃幕墙应采用可见光反射比不大于 0.30 的玻璃。

4.4 在城市快速路、主干道、立交桥、高架桥两侧的建筑物 20m 以下及一般路段 10m 以下的玻璃幕墙，应采用可见光反射比不大于 0.16 的玻璃。

4.5 在 T 形路口正对直线路段处设置玻璃幕墙时，应采用可见光反射比不大于 0.16 的玻璃。

4.6 构成玻璃幕墙的金属外表面，不宜使用可见光反射比大于 0.30 的镜面和高光泽材料。

4.7 道路两侧玻璃幕墙设计成凹形弧面时应避免反射光进入行人与驾驶员的视场中，凹形弧面玻璃幕墙设计与设置应控制反射光聚焦点的位置。

《建筑幕墙》GB/T 21086—2007

d）幕墙玻璃的反射比不应大于 0.3。

《玻璃幕墙工程技术规范》（JGJ 102—2003）

4.2.9 玻璃幕墙应采用反射比不大于 0.30 的幕墙玻璃，对有采光功能要求的玻璃幕墙，其采光折减系数不宜低于 0.20。

《建筑幕墙工程技术规范》DGJ 08-56—2012

5.1.3 设计方案的确定应作光反射环境影响分析和评价。

5.1.4 幕墙玻璃的可见光反射率宜不大于 15%，反射光影响范围内无敏感目标时可选择不大于 20%。非玻璃材料宜采用低反射亚光表面。

5.1.5 反射光对敏感目标有明显影响时，应采取措施减少或消除其影响。

6.2 解析

玻璃幕墙的运用极为广泛，其光污染也不可忽略，光污染主要是建筑对周围的影响，而学校周边的建筑也应特别注意，应采取措施减少或消除其影响，在建筑规划时应考察周边建筑类型，避免受光污染影响，有些项目临近学校建筑虽严格按照国家标准设计，但在特定条件下仍客观存在光污染。

举例：某学校受旁边建筑的光污染影响，引起各界热议，如下图新闻报道：

6.3 小结

光污染在建筑中容易被忽略，一旦建成后造成光污染，难以整改，协调困难。因此应充分考虑周边环境和建筑类型，学校设计时也可根据周边建筑环境影响提出建议，避免受其影响。

7 护栏

7.1 标准条文规定

《宿舍建筑设计规范》（JGJ 36—2016）

> 4.6.10　多层及以下的宿舍开敞阳台栏杆净高不应低于1.05m；高层宿舍阳台栏板栏杆净高不应低于1.10m；学校宿舍阳台栏板栏杆净高不应低于1.20m

《中小学校设计规范》（GB 50099—2011）

> 8.1.6　上人屋面、外廊、楼梯、平台、阳台等临空部位必须设防护栏杆，防护栏杆必须牢固、安全，高度不应低于1.10m。防护栏杆最薄弱处承受的最小水平推力应不小于1.5kN/m。

《托儿所、幼儿园建筑设计规范》（JGJ 39—2016）

> 4.1.9　托儿所、幼儿园的外廊、室内回廊、内天井、阳台、上人屋面、平台、看台及室外楼梯等临空处应设置防护栏杆，栏杆应以坚固、耐久的材料制作，防护栏杆水平承载能力应符合《建筑结构荷载规范》（GB 50009）的规定。防护栏杆的高度应从地面计算，且净高不应小于1.10m。防护栏杆必须采用防止幼儿攀登和穿过的构造，当采用垂直杆件做栏杆时，其杆件净距离不应大于0.11m。

7.2 解析

7.2.1　从上述条文要求防护高度从可踏面算起不应低于1100mm，学校宿舍不应低于1200mm（详见下图），建议：为防止施工误差，在此基础上可适当加高50mm，且宜设置防水结构反坎。

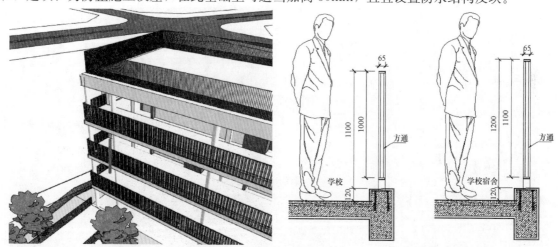

举例1：在某项目中护栏高度满足规范要求，但验收时出现了不同意见（如下图），由于学校为特殊建筑，小孩特性喜欢攀爬，当护栏底部有横梁的栏杆时应从防护底部横梁算起可踏面。

举例2：在护栏有扶手的情况下，防护高度应从可踏面到扶手位置（如下图）算起，推力也应从扶手位置算。包括玻璃护栏，当玻璃超出扶手时也应按扶手计算防护高度。

7.2.2　人性化设计：金属护栏设计中，尽量避免采用钢通、扁钢、有尖锐角的杆件，减少在使用过程中受伤（详见下图），推荐优先考虑"圆管"杆件。

7.2.3　关于间隙的规定，护栏本身各个构件之间的间隙，规范要求为110mm；另外根据《建筑用玻璃与金属护栏》（JG/T 342—2012）　A.3要求，侧装式护栏，栏板边缘与地面间距不应大于30mm。

7.2.4　中小学校建筑防护栏杆最薄弱处承受的最小水平推力应不小于1.5kN/m，尚应满足《建筑结构荷载规范》中要求的竖向荷载 1.2kN/m，水平荷载与竖向荷载可分别考虑。

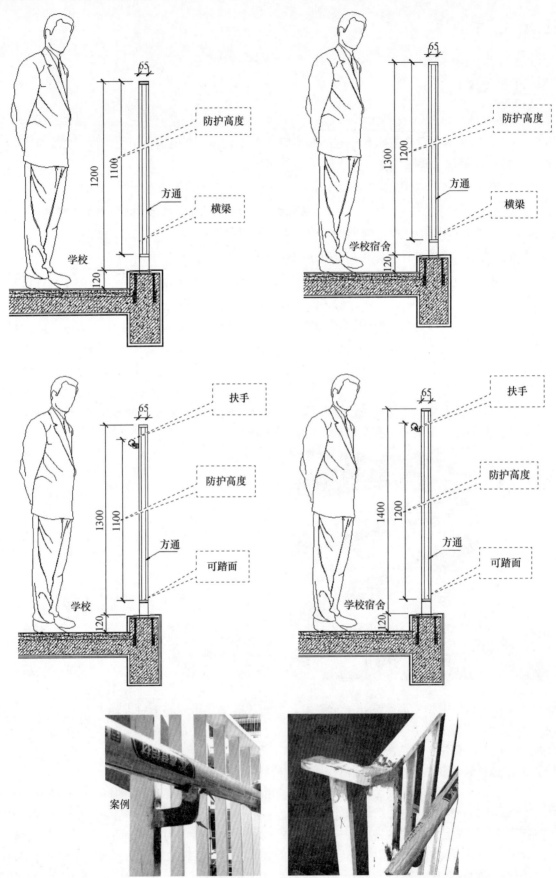

7.2.5 点式支承固定的玻璃栏板在建筑中应用广泛，但普遍存在采用普通点爪（固定头、固定座尺寸较小），无法适应误差、转动的功能，安装过程中通过施加外力安装，安装完成后可能存在长期应力，而在计算中一般采用铰接计算，与实际固定无法转动也不对应。举例：某项目点式安装的玻璃存在破损、脱落情况，包括新闻报道某学校玻璃掉落砸人事故等如下图：

普通点爪

7.2.6 ①结构计算中人体撞击荷载与风荷载的组合取值一直是业内讨论焦点，现业内一般考虑在最大风荷载作用时无最大人体冲击荷载。有些工程计算不考虑两者组合，而若考虑组合又不知如何取组合值系数。按照最保守考虑对受力要求过高造成成本浪费。②人体撞击荷载属于偶然荷载，其发生频率较小，属于偶然发生。建议可参考偶然荷载组合，根据相关参考资料可取风荷载的频遇系数与人体撞击荷载进行组合计算。

7.2.7 相关试验：学校建筑采用的护栏应进行锚固试验及相关力学性能试验。应满足《护栏锚固试验方法》（JG/T 473—2016）、《建筑用玻璃与金属护栏》（JG/T 342—2012），也可参考《建筑防护栏杆技术规程》征求意见稿。

7.2.8 护栏预埋件或后锚固件应进行专项设计、验算，且应避免单排锚筋的埋件应用。

7.3 小结

护栏是建筑中一种重要的防护措施，其安全性能尤为重要，在工程应用中应重视其样式选择、面板、杆件的种类及固定方式、埋件的设计及相关性能试验的执行。

8 雨棚

8.1 标准条文规定

《中小学校设计规范》（GB 50099—2011）

8.5.5 教学用建筑物的出入口应设置无障碍设施，并应采取防止上部物体坠落和地面防滑的措施。

《托儿所、幼儿园建筑设计规范》（JGJ 39—2016）

4.1.15 建筑室外出入口应设雨棚，雨棚挑出长度宜超过首级踏步0.50m以上。

4.1.16 出入口台阶高度超过0.30m，并侧面临空时，应设置防护设施，防护设施净高不应低于1.05m。

《住房城乡建设部、安监总局关于进一步加强幕墙安全防护工作的通知》建标（2015）38号

（三）人员密集、流动性大的商业中心，交通枢纽，公共文化体育设施等场所，临近道路、广场及下部为出入口、人员通道的建筑，严禁采用全隐框玻璃幕墙。以上建筑在二层及以上安装玻璃幕墙的，应在幕墙下方周边区域合理设置绿化带或裙房等缓冲区域，也可采用挑檐、防冲击雨棚等防护设施。

地方条文规定：

《深圳市住房和建设局关于加强建筑幕墙安全管理的通知》深建物业〔2016〕43号

对人员密集、流动性大的商业中心，交通枢纽，公共文化体育设施等场所，临近道路、广场及下部为出入口、人员通道的建筑，禁止采用全隐框玻璃幕墙；以上建筑在二层及以上安装玻璃或石材幕墙的，应在幕墙下方周边区域合理设置绿化带或裙房等缓冲区域，也可采用挑檐、顶棚、防冲击雨棚等防护设施，防止发生幕墙玻璃或石材坠落伤害事故。

8.2 解析

（1）除在出入口应设置防坠落措施外，还应在二层及以上安装玻璃幕墙或石材幕墙下方设置防护措施，可采用雨棚当作防护措施。

（2）现很多建筑中雨棚尺寸越做越大，但工程实际存在未经过专业的钢结构单位深化和施工的情况，难以保证其安全性得到各方重视，建议：悬挑跨度大于4m的雨棚交由有资质的专业钢结构单位完成。

（3）雨棚结构计算中应考虑竖向及水平地震作用，此时"风荷载组合值系数，一般结构取0.0，风荷载起控制作用的建筑应采用0.2"：

《建筑抗震设计规范》（GB 50011—2010）

5.4 截面抗震验算

5.4.1 结构构件的地震作用效应和其他荷载效应的基本组合，应按下式计算：

$$S = \gamma_G S_{GE} + \gamma_{Eh} S_{Ehk} + \gamma_E S_{Erk} + \Psi_w \gamma_w S_{wk} \tag{5.4.1}$$

式中：S——结构构件内力组合的设计值，包括组合的弯矩、轴向力和剪力设计值等；

γ_G——重力荷载分项系数，一般情况应采用1.2，当重力荷载效应对构件承载能力有利时，不应大于1.0；

γ_{Eh}、γ_{Er}——分别为水平、竖向地震作用分项系数，应按表5.4.1采用；

γ_w——风荷载分项系数，应采用1.4；

S_{GE}——重力荷载代表值的效应，可按本规范第5.1.3条采用，但有吊车时，尚应包括悬吊物重力标准值的效应；

S_{Ehk}——水平地震作用标准值的效应，尚应乘以相应的增大系数或调整系数；

S_{Evk}——竖向地震作用标准值的效应，尚应乘以相应的增大系数或调整系数；

S_{wk}——风荷载标准值的效应；

Ψ_w——风荷载组合值系数，一般结构取0.0，风荷载起控制作用的建筑应采用0.2。

表5.4.1 地震作用分项系数

地震作用	γ_{Eh}	γ_{Er}
仅计算水平地震作用	1.3	0.0
仅计算竖向地震作用	0.0	1.3
同时计算水平与竖向地震作用（水平地震为主）	1.3	0.5
同时计算水平与竖向地震作用（竖向地震为主）	0.5	1.3

（4）雨棚除了考虑均布活荷载外，还应另外验算在施工、检修时可能出现在最不利位置上，由人和工具自重形成的集中荷载，如下：

《建筑结构荷载规范》（GB 50009—2012）

5.5.1 施工和检修荷载应按下列规定采用：

1 设计屋面板、檩条、钢筋混凝土挑檐、悬挑雨棚和预制小梁时，施工或检修集中荷载标准值不应小于1.0kN，并应在最不利位置处进行验算；

2 对于轻型构件或较宽的构件，应按实际情况验算，或应加垫板、支撑等临时设施；

3 计算挑檐、悬挑雨棚的承载力时，应沿板宽每隔1.0m取一个集中荷载；在验算挑檐、悬挑雨棚的倾覆时，应沿板宽每隔2.5m～3.0m取一个集中荷载。5.5.1 设计屋面板、檩条、钢筋混凝土挑檐、雨棚和预制小梁时，除了按第5.3.1条单独考虑屋面均布活荷载外，还应另外验算在施工、检修时可能出现在最不利位置上，由人和工具自重形成的集中荷载。对于宽度较大的挑檐和雨棚，在验算其承载力时，为偏于安全，可沿其宽度每隔1.0m考虑有一个集中荷载；在验算其倾覆时，可根据实际可能的情况，增大集中荷载的间距，一般可取（2.5～3.0）m。

参考案例

8.3　小结

雨棚作为建筑的重要防坠措施，在学校建筑上也不可或缺，其除满足外立面效果外安全性也应得到重视，并有专项设计、审查。一般各项目雨棚形式不一，不像门窗、护栏等有相对成熟产品，应在选材、构造、计算、实施、试验、验收等环节严格控制，满足结构安全的同时根据建筑功能灵活应用。

9　结语

在学校建筑中有较多细节及规定，各部门管控相对严格，在设计中应多与设计院、相关部门沟通，并在方案、深化、审图、实施过程中严格管控。在学校的外装饰设计中应充分了解设计方案、建筑设计要求、建筑功能要求，满足国家、地方及行业相关标准。

参考文献

［1］托儿所、幼儿园建筑设计规范：JGJ 39—2016［S］.
［2］中小学校设计规范：GB 50099—2011［S］.
［3］宿舍建筑设计规范：JGJ36—2016［S］.
［4］建筑设计防火规范：GB 50016—2014（2018 版）［S］.
［5］铝合金门窗工程技术规范：JGJ 214—2010［S］.
［6］铝合金门窗：GB/T8478—2008［S］.
［7］玻璃幕墙工程技术规范：JGJ 102—2003［S］.
［8］建筑结构荷载规范：GB50009—2012［S］.
［9］建筑抗震设计规范：GB50011—2010［S］.
［10］《关于进一步加强玻璃幕墙安全防护工作的通知》建标（2015）38 号.
［11］《深圳市住房和建设局关于加强建筑幕墙安全管理的通知》深建物业〔2016〕43 号.
［12］《深圳市建筑设计规划》深规土【2015】757 号.
［13］玻璃幕墙光热性能：GB/T 18091—2015［S］.
［14］建筑幕墙：GB/T21086—2007［S］.
［15］建筑幕墙工程技术规范：DGJ08-56—2012［S］.
［16］护栏锚固试验方法：JG/T473—2016［S］.
［17］建筑用玻璃与金属护栏：JG/T342—201［S］.
［18］建筑防护栏杆技术规程：JGJXXXXX—201X（征求意见稿）.
［19］建筑门窗幕墙用钢化玻璃：JG/T455—2014［S］.
［20］建筑玻璃应用技术规程：JGJ113—2015［S］.

浅谈建筑护栏应用技术要点

◎ 徐绍军　陈立东

深圳天盛外墙技术咨询有限公司　广东深圳　518055

摘　要　本文探讨了建筑护栏应用中的技术要点，罗列了项目常见问题，分析了图集的应用、荷载组合及护栏面板、杆件、埋件等细部设计要点，并结合实际案例总结了项目管控要点。

关键词　玻璃护栏；玻璃边缘强度；图集应用；护栏埋件；有效受荷宽度；空调维护；人体撞击；护栏试验；点式支承

1　引言

护栏在建筑中的应用已经非常广泛、其技术及相关规范也相对成熟，但早期行业内更多关注护栏的防护高度、可踏面、荷载取值等要点，对此本文不再过多阐述，本文主要对护栏本身包括面板、立柱、扶手、埋件等在应用中的要点展开论述，希望对业内护栏的应用有一定的帮助。

本文主要对玻璃护栏展开论述，非玻璃护栏相同内容也可做参考。

2　关于国家标准图集的应用

国家标准图集在建筑设计中应用广泛，许多成熟的构造做法在建筑设计中直接引用非常普遍，即高效又便捷，标准图集做法可以参考但应结合实际项目情况进行设计，许多工程在建筑设计时建筑护栏无专项设计，直接引用图集做法，而且建筑按此出施工图后实施单位也无二次深化，从而导致一系列问题，且在设计、审图、施工等环节中难以被重视，最后有可能会导致安全事故的发生。其主要原因如下：

2.1　标准图集中未考虑各地风压因素。如在不同地区选用同一标准图集做法明显考虑不周，特别是玻璃护栏。举例：图集 06J403-1《楼梯栏杆栏板（一）》中第 4.1 条中荷载仅考虑了"栏杆顶部水平荷载"并未考虑到风荷载。

《楼梯栏杆栏板（一）》06J403-1

4　设计条件及选用说明

> 4.1　荷载，本图集按照《建筑结构荷载规范》中对栏杆顶部水平荷载的要求，将栏杆分为一类和二类。
> 　　一类栏杆：水平荷载取 0.5kN/m。用于住宅、宿舍、办公楼、旅馆、医院、托儿所、幼儿园等。
> 　　二类栏杆：水平荷载取 1.0kN/m。用于学校、食堂、商场、剧场、电影院、车站、礼堂、展览馆、体育场等。

2.2　标准图集中未考虑到其他特殊功能建筑荷载的规定，如上图中一类栏杆水平荷载 0.5kN/m、二类栏杆水平荷载 1.0kN/m，而在某些具有特殊功能的建筑中无法满足，如下：

《中小学校设计规范》（GB 50099—2011）

> 8.1.6 上人屋面、外廊、楼梯、平台、阳台等临空部位必须设防护栏杆，防护栏杆必须牢固、安全，高度不应低于 1.10m。防护栏杆最薄弱处承受的最小水平推力应不小于 1.5kN/m。

《建筑结构荷载规范》（GB 50009—2012）

> 5.5.2 楼梯、看台、阳台和上人屋面等的栏杆活荷载标准值，不应小于下列规定：
> 1 住宅、宿舍、办公楼、旅馆、医院、托儿所、幼儿园，栏杆顶部的水平荷载应取 1.0kN/m；
> 2 学校、食堂、剧场、电影院、车站、礼堂、展览馆或体育场，栏杆顶部的水平荷载应取 1.0kN/m，竖向荷载应取 1.2kN/m，水平荷载与竖向荷载应分别考虑。

《建筑防护栏杆技术规程》征求意见稿：

> 4.3.1 护栏应按附属结构进行设计；
> 4.3.2 楼梯、看台、阳台和上人屋面等的栏杆活荷载标准值，应符合下列规定：
> 1 中、小学校栏杆顶部的水平荷载应取 1.5kN/m；
> 2 其他场所栏杆顶部的水平荷载、竖向荷载应按现行国家标准《建筑结构荷载规范》（GB 50009）的规定取值；
> 3 荷载作用点位于栏杆顶端，水平荷载应分别考虑向外和向内两种情况；

2.3 标准图集中未考虑到其他特殊功能建筑的防护高度，如下：

《宿舍建筑设计规范》（JGJ 36—2016）

> 4.6.10 多层及以下的宿舍开敞阳台栏杆净高不应低于 1.05m；高层宿舍阳台栏板栏杆净高不应低于 1.10m；学校宿舍阳台栏板栏杆净高不应低于 1.20m。

《旅馆建筑设计规范》（JGJ 62—2014）

> 4.1.13 中庭栏杆或栏板高度不应低于 1.20m，并应以坚固、耐久的材料制作，应能承受现行国家标准《建筑结构荷载规范》（GB 50009）规定的水平荷载。

《养老设施建筑设计规范》（GB 50867—2013）

> 5 老年人使用的开敞阳台或屋顶上人平台在临空处不应设可攀登的扶手；供老年人活动的屋顶平台女儿墙的护栏高度不应低于 1.20m；

2.4 标准图集中有分格尺寸、高度要求，若超出尺寸范围则更应进行结构计算复核，直接引用存在隐患。

2.5 标准图集中埋件等受力构件未考虑到风压等因素进行结构计算，且未根据实际工程结构条件进行设计，不应直接引用。

2.6 标准图集中立柱、玻璃厚度等未考虑到风压、玻璃固定方式等因素进行结构计算，不应直接引用。

参考资料：《楼梯栏杆栏板（一）》06J403-1

2.7 小结

在实际工程应用中，建筑护栏应根据建筑功能属性、建筑所在位置等进行专项设计；在参考标准图集做法时应再根据实际情况进行复核。建筑施工图中可不做详细要求进而交由专业深化单位进行专项设计，包括企业制定的标准化做法，在应用时应注意上述问题。

3 护栏面板的设计

现行标准对护栏的细节构造及荷载组合并无太明确规定。例如：玻璃固定方式、入槽尺寸、点爪构造、埋件、连接等要求，从而导致一些隐性问题的存在：

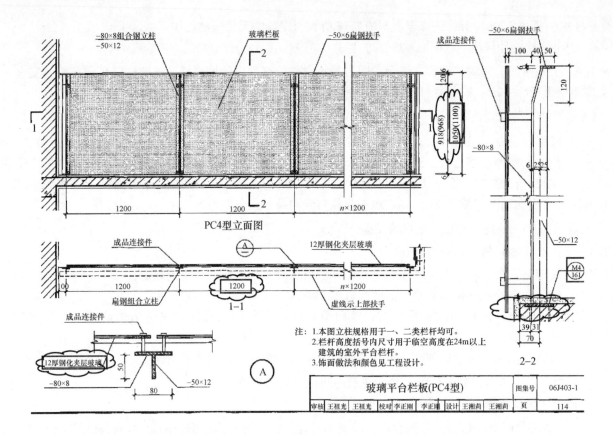

玻璃平台栏板(PC4型)		图集号	06J403-1
审核 王祖光 王祖光 校对 李正刚 李正刚 设计 王湘莉 王湘莉		页	114

3.1 点式支承固定的玻璃栏板在建筑中应用广泛，但普遍存采用普通点爪（固定头、固定座尺寸小），无法适应误差、转动功能，安装过程中通过施加外力安装，安装完成后存在长期应力，而在结构计算中一般采用铰接计算，与实际固定无法转动也不对应。某项目点式安装的玻璃存在破损、脱落情况，包括新闻报道某学校玻璃掉落砸人事故等如下图。

建议玻璃护栏尽量不采用4点固定方式，当采用点爪固定时尽量选用带铰接头或可适应误差调整的配件，适应偏差来减少安装后的长期应力。当仅用点式支承固定时，应采取防坠落措施。

《建筑防护栏杆技术规程》征求意见稿：

4.3.8 不应采用玻璃作为护栏结构中承受荷载的扶手、立柱、当临空的玻璃栏板仅采用点式支承固定时，应采取防坠落措施。

护栏用点支承装置应满足现行行业标准《建筑玻璃点支承装置》（JG/T 138—2010）的要求。

3.2 关于面板的强度取值，一般设计计算取玻璃中部强度，这适用于四边固定、四点固定按中部强度取值，对于对边固定或者单边、三边固定等情况，一般不太注意其玻璃强度的取值问题。根据《建筑玻璃应用技术规程》（JGJ 113—2015）如下：

2.0.2 玻璃中部强度 strength on center area of glass 荷载垂直玻璃板面，玻璃中部的断裂强度。

2.0.3 玻璃边缘强度 strength on border area of glass 荷载垂直玻璃板面，玻璃边缘的断裂强度。

2.0.4 玻璃端面强度 strength on edge of glass 荷载垂直玻璃断面，玻璃端面的抗拉强度。

玻璃面板如采用对边固定等边部受力不利的情况，应采用边缘强度即玻璃边缘的断裂强度进行设计。其强度约为中部强度的 0.8 倍。例如 6mm 钢化玻璃中部强度为 84N/mm²，而边缘强度为 67N/mm²；

《建筑玻璃应用技术规程》(JGJ 113—2015)

4.1.6　玻璃强度位置系数应按表 4.1.6 取值。

表 4.1.6　玻璃强度位置系数 c_2

强度位置	中部强度	边缘强度	端面强度
c_2	1.0	0.8	0.7

表 4.1.9　短期荷载作用下玻璃强度设计值 f_s (N/mm²)

种类	厚度（mm）	中部强度	边缘强度	端面强度
平板玻璃 超白浮法玻璃	4～12	28	22	20
	15～19	24	19	17
	≥20	20	16	14
半钢化玻璃	4～12	56	44	40
	15～19	48	38	34
	≥20	40	32	28
钢化玻璃	4～12	84	67	59
	15～19	72	58	51
	≥20	59	47	42

举例：某项目对边支撑玻璃根据计算，最不利位置为玻璃边缘，其最大应力为 70N/mm²，若按钢化中部强度设计值判别则满足要求，实际按钢化玻璃边缘强度设计值则结果大于 67N/mm²，不满足要求。

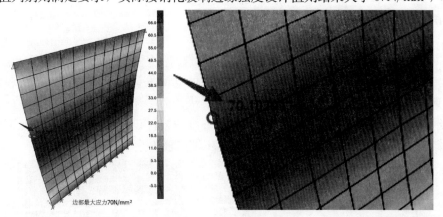

边部最大应力70N/mm²

3.3　关于栏板边缘与地面间距的规定，正常设计大家较多关注护栏本身各个构件之间的间隙，按照规范要求为 110mm；而较容易忽略栏板与地面之间的间距要求。根据《建筑用玻璃与金属护栏》(JG/T 342—2012) A.3 要求，侧装式护栏，栏板边缘与地面间距不应大于 30mm。

《建筑用玻璃与金属护栏》(JG/T 342—2012)：

A.3 护栏结构间隙

护栏结构间隙应符合下列要求：

a）栏板与立柱，栏板与扶手、栏板与地面等间隙处不应大于 110mm；

b）钢索栏板索径公称尺寸宜为 4mm～6mm，钢索间隔不应使直径为 110mm 的钢球体通过；

c）钢网栏板网格不应使直径为 110mm 的钢球体通过；

d) 侧装式护栏，栏板边缘与地面间距 t 不应大于 30mm，见图 A.5。

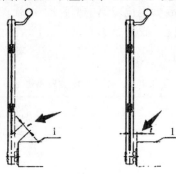

(a) 示意图1   (b) 示意图2

《养老设施建筑设计规范》（GB 50867—2013）规定距地面 0.30m 高度范围内不宜留空。

5.2.5 老年养护院和养老院的老年人居住用房宜设置阳台，并应符合下列规定：

1 老年养护院相邻居住用房的阳台宜相连通；

2 开敞式阳台栏杆高度不低于 1.10m，且距地面 0.30m 高度范围内不宜留空；

《民用建筑设计通则》（GB 50352—2005）：

3 栏杆离楼面或屋面 0.10m 高度内不宜留空；

《关于加强东莞市建筑工程栏杆设计构造措施要求的通知》东勘协技标（2017）001 号：

2.1 实体栏板下部不留空隙或下部留空不大于 20mm。

以上规定均出于安全考虑而对护栏与地面的间隙做出的限定，应在工程应用中严格执行。

4 护栏杆件的设计

4.1 护栏杆件的受力除了考虑面板传递的风荷载、人体撞击等因素外，有些特殊情况还需要考虑，例如：空调维护、检修荷载，特别是高层住宅，高层住宅的空调维护、检修一直未引起各方重视，在建筑设计时也较少进行专项的设计，往往交由用户自行解决；而安装、维护空调时通过外窗、护栏等外维护构件跨越并作为安全绳固定点也比较常见；但在外维护构件设计时一般未考虑此荷载，万一出现空调或人员掉落甚至一同掉落，有可能因固定点强度不够造成安全事故。

虽然国家现行标准中无明确要求，但为保证建筑护栏在实际使用中有足够的安全性，应根据工程实际情况关注并考虑在使用中的附加荷载。

当然在建筑方案设计时最好有解决空调维护的方案，这样更加合理。例如：在内侧设置可开启或可拆卸构造以便于检修、维护，如下图：

4.2 护栏扶手的两端应与墙体连接，不应留缝，提高护栏本身结构安全的同时也提高了使用安全。

4.3 护栏底部入槽时，槽体本身的计算在工程应用中经常被忽略，特别是槽口局部壁厚的验算，下图中截面1、2均为主要受力部位，且为悬臂构造，应进行结构计算复核。

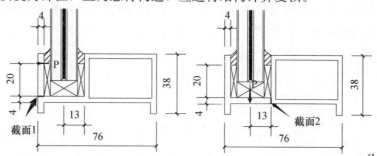

有些设计者认为此截面为通长截面，其应力较小。但实际不应按照通长截面计算受力，玻璃的荷载靠垫块传递，垫块与型材接触面宽度取决于垫块的长度，但仅计算玻璃垫块接触面受力又偏于保守。关于受力截面的有效受荷宽度取值建议参考如下：

《建筑结构荷载规范》（GB 50009—2012）附录 C

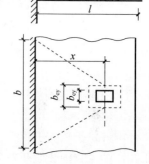

C.0.5-4 悬臂板上局部荷载
的有效分布宽度

> 5 悬臂板上局部荷载的有效分布宽度（图 C.0.5-7）按下式计算：
> $$b = b_{cy} + 2x \qquad (C.0.5\text{-}7)$$
> 式中 x——局部荷载作用面中心至支座的距离。

或采用有限元分析其扩散角并得出有效宽度。一般估算可按扩散角为45°计算，举例如下：

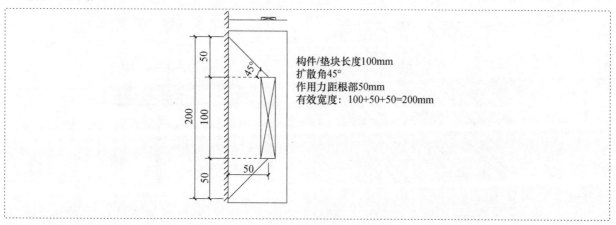

构件/垫块长度100mm
扩散角45°
作用力距根部50mm
有效宽度：100+50+50=200mm

上述护栏底部槽体的局部壁厚验算中有效受荷宽度可参考此方法计算或进行有限元分析确定。此计算方式在其他类似受力构件的应用中也可参考，如单元式幕墙横梁插接臂或水槽插芯臂的受力计算、玻璃托块的受力计算等。

4.4 铝合金立柱采用钢芯套与埋件连接时应注意：钢芯套与铝型材应紧密配合或有机械连接，避免存在间隙而晃动，而钢芯套长度不应太短，太短可能导致底部有一点间隙在栏杆顶部即可产生较大的位移，底部近似于单个铰接点，属于不稳定体系，导致晃动明显。

如下图：不同芯套长度假设底部有 2mm 间隙，则顶部位移完全不同。

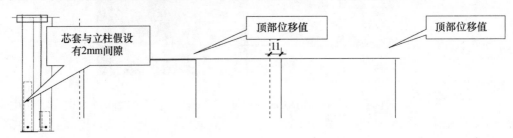

4.5 护栏应与主体结构的防雷装置可靠连接，符合《建筑物防雷设计规范》（GB 50057）的有关规定。

参考资料：《建筑防护栏杆技术规程》征求意见稿：

4.1.1 护栏的防雷设计，应符合现行国家标准《建筑物防雷设计规范》（GB 50057）的有关规定。护栏应与主体结构的防雷装置可靠连接。

4.4.2 护栏的防雷构造设计宜符合以下要求：

1 护栏与建筑主体结构防雷装置连接导体宜采用直径不小于 8mm 的圆钢或截面积不小于 50mm²、厚度不小于 2.5mm 的扁钢；

2 护栏与防雷连接件连接处，宜去除栏杆表面的非导电保护层，并与防雷连接件连接；

3 防雷连接导体宜分别与护栏防雷连接件和建筑主体结构防雷装置焊接连接，焊接长度不小于 100mm，焊接处涂防腐漆。

5 护栏埋件的设计

埋件是护栏与主体结构连接的主要构件，其安全性直接影响着护栏整体的安全性能，应引起重视，而在实际工程中往往在各个环节均未受到重视，其存在问题如下：

5.1 采用 2 根锚筋水平布置，如下图：

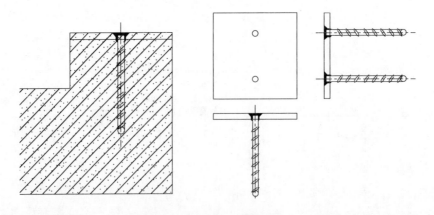

此类埋件在水平荷载方向仅为单排受力，理论上未能形成稳定结构，需要靠混凝土支撑，当混凝土存在缺陷时此类结构极其不稳定，甚至根本无法承受任何弯矩，如下图：

应尽量避免此类埋件的应用。后锚固件采用 2 颗单排锚栓时也类似。

5.2 关于锚筋强度的取值

预埋件计算时一般其锚筋抗拉强度设计值不大于 $300N/mm^2$，即改变钢筋材质对计算结果帮助不大，

但采用后锚固时无此限制，改变锚栓材质可提高强度设计值。《玻璃幕墙工程技术规范》（JGJ 102—2003）附录 C

f_y——钢筋抗拉强度设计值（N/mm^2），应按现行国
家标准《混凝土结构设计规范》（GB 50010）的规定采用，但不应大于 $300N/mm^2$；

《混凝土结构设计规范》（GB 50010—2010）

9.7.2 由锚板和对称配置的直锚筋所组成的受力预埋件（图 9.7.2），其锚筋的总截面面积 A_s 应符合下列规定：

式中：f_y——锚筋的抗拉强度设计值，按本规范第 4.2 节采用，但不应大于 $300N/mm^2$；

5.3 关于锚筋间距、边距要求

现行标准中护栏埋件的设计无单独规定，目前可参照幕墙的埋件要求进行设计：《玻璃幕墙工程技术规范》（JGJ102—2003）附录 C

对受剪预埋件，其锚筋的间距 b、b_1 均不应大于 300mm，且 b_1 不应小于锚筋直径的 6 倍及 70mm 的较大值；锚筋至构件边缘的距离 c_1 不应小于锚筋直径的 6 倍及 70mm 的较大值，锚筋的间距 b、锚筋至构件边缘的距离 c 均不应小于锚筋直径的 3 倍和 45mm 的较大值（图 C）。

但一般工程预留反坎结构宽度小于等于 200mm，对于双排锚筋来说最小构造要求难以满足，且根据计算两排锚筋间距直接影响着抵抗弯矩的能力，对此应根据工程实际情况处理，锚筋间距应保证满足结构计算要求。若条件允许可将结构反坎加宽；若无法加宽至少应保证锚筋位于主体结构钢筋内侧，保证受力安全。

5.4 铝膜预留口注意事项

预留口时应注意边部混凝土的预留宽度，避免破损导致脱落。另外此做法埋件的大小更受到局限，应根据实际情况复核受力是否满足。

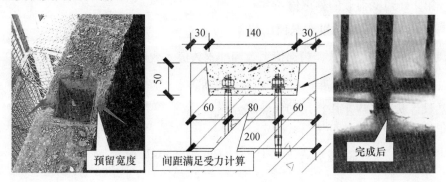

5.5 预留杯口直接固定立柱做法

立柱采用预留杯口直接固定方式，可减少预埋件、后锚固件等带来的一系列问题，可参考选用如下图：

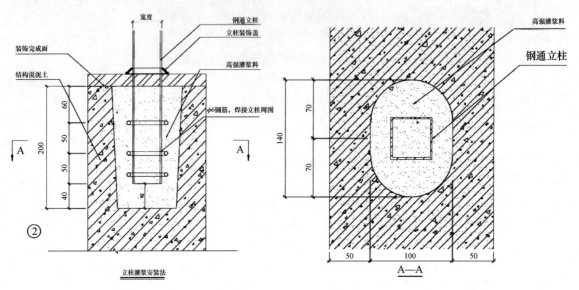

又或者考虑采用先预埋钢通，在后期将护栏立柱插入预埋钢通内再进行焊接固定，有效保证受力，减少现场工作及各种不确定因素。

6 关于护栏的荷载组合

6.1 结构计算中人体撞击荷载与风荷载的组合取值一直是业内的论点，业内一般考虑在最大风荷载作用时无最大人体冲击荷载。有些工程计算不考虑两者组合，而若考虑组合又不知如何取组合值系数。按照最保守考虑对受力要求过高造成成本浪费。

6.2 人体撞击荷载属于偶然荷载，其发生频率较小，属于偶然发生。建议可参考偶然荷载组合，根据相关参考资料可取风荷载的频遇系数与人体撞击荷载进行组合计算。

参考资料：

《建筑结构荷载规范》（GB 50009—2012）

> 3.2.6 荷载偶然组合的效应设计值 S_d 可按下列规定采用：
>
> 1 用于承载能力极限状态计算的效应设计值，应按下式进行计算：
>
> $$S_d = \sum_{j=1}^{m} S_{G_j k} + S_{A_d} + \psi_{f_1} S_{Q_1 k} + \sum_{i=2}^{m} \psi_{q_i} S_{Q_i k} \qquad (3.2.6-1)$$
>
> 式中 S_{A_d}——按偶然荷载标准值 A_d 计算的荷载效应值；
>
> ψ_{f_1}——第 1 个可变荷载的频遇值系数；
>
> ψ_{q_i}——第 i 个可变荷载的准永久值系数。
>
> 8.1.4 风荷载的组合值系数、频遇值系数和准永久值系数可分别取 0.6、$\boxed{0.4}$ 和 0.0。

《工程结构可靠性设计统一标准》（GB 50153—2008）

> 8.2.5 对偶然设计状况，应采用作用的偶然组合。
>
> 1 偶然组合的效应设计值可按下式确定：
>
> $$S_d = S\left[\sum_{i \geqslant 1} G_{ik} + P + A_d + (\psi_{f1} \text{ 或 } \psi_{q1}) Q_{ik} + \sum_{j>1} \psi_{q1} Q_{jk} \right] \qquad (8.2.5-1)$$

式中　A_d——偶然作用的设计值；

　　　ψ_{f1}——第1个可变作用的频遇值系数，应按有关规范的规定采用；

　ψ_{q1}、ψ_{qj}——第1个和第j个可变作用的准永久值系数，应按有关规范的规定采用。

7　项目管控

除了护栏技术措施以外，工程上各环节的管控也很重要。

7.1　设计阶段

建筑护栏应进行专项设计，尽量避免未考虑周全的情况下直接引用标准图集或其他标准做法，在设计阶段首先应充分了解建筑功能属性对应落实相关标准中的规定，然后根据项目实际情况考虑各种荷载因素并结合各方要求来确定面板、固定方式、杆件、埋件的相关设计；根据建筑的重要性，有必要时要求进行相关试验，如：护栏力学性能相关试验、护栏锚固试验等。在《建筑防护栏杆技术规程》征求意见稿中也有相关要求：

《建筑防护栏杆技术规程》征求意见稿：

4.1　一般规定

4.1.1　护栏设计应安全、可靠、美观，并有足够的整体刚度，设计使用年限宜为二十五年。护栏构件下应满足承载力、刚度、稳定性要求。

4.1.2　护栏应能承受地震作用、温差和沉降的变形影响。

4.1.3　护栏应能承受直接施加于其上的荷载与作用。

4.1.4　护栏各部位的构造应避免对人体产生伤害，且应便于清洁、维护、更换。

4.1.5　装配式护栏宜采用工厂化、成品化的工艺，尽量减少施工现场的焊接接头，从而降低因现场焊接品质和防腐措施处理不当，导致使用过程中的结构安全问题。

4.1.6　专门为工程设计的非标准规格护栏，宜在批量生产之前进行性能检测。

4.1.7　玻璃护栏、长度1000m以上的护栏设计完成后应进行性能检测验证设计方案。

7.2　审图阶段

建筑护栏在施工图审查时应提高重视程度，结合项目实际情况进行审查。

7.3　试验阶段

根据设计要求进行相关试验，满足《护栏锚固试验方法》（JG/T473—2016）、《建筑用玻璃与金属护栏》（JG/T342—2012）要求。

高层住宅、高层办公楼、医院、中小学校、托儿所、幼儿园、老年人建筑、人员密集、流动性大的商业中心、交通枢纽、公共文化体育实施等场所，临近道路、广场及下部为出入口、人员通道的建筑护栏建议按《护栏锚固试验方法》进行护栏锚固试验、按《建筑玻璃与金属护栏》进行护栏力学性能试验；其他类别工程量较大时宜进行相关试验。

7.4　施工阶段

施工时首先应充分理解设计要求，施工过程中严格按设计要求实施，若发现与相关标准不符或现场情况与设计要求不符时应及时提出，不应自作主张、模糊对待。

7.5　验收阶段

建筑护栏在竣工验收时应提高重视程度，结合设计要求进行验收。

8 结语

建筑护栏是建筑中一种重要的安全防护措施，其安全性极其重要，现有应用中或多或少可能存在各类隐患，唯有更进一步引起重视，在设计、审图、试验、施工、验收等各环节得到有效把控，使业内人士在设计、实施、管控中严格执行，建筑护栏的安全性方能得到有效保证及提升。

参考文献

[1] 楼梯栏杆栏板（一）：06J403-1［S］.

[2] 建筑结构荷载规范：GB 50009—2012［S］.

[3] 中小学校设计规范：GB 50099—2011［S］.

[4] 宿舍建筑设计规范：JGJ 36—2016［S］.

[5] 旅馆建筑设计规范：JGJ 62—2014［S］.

[6] 养老设施建筑设计规范：GB 50867—2013［S］.

[7] 建筑玻璃应用技术规程：JGJ 113—2015［S］.

[8] 民用建筑设计通则：GB 50352—2005［S］.

[9] 玻璃幕墙工程技术规范：JGJ 102—2003［S］.

[10] 混凝土结构设计规范：GB 50010—2010［S］.

[11] 护栏锚固试验方法：JG/T 473—2016［S］.

[12] 建筑用玻璃与金属护栏：JG/T 342—2012［S］.

[13] 建筑防护栏杆技术规程：JGJ××××—201×（征求意见稿）.

[14] 建筑玻璃点支承装置：JG/T 138—2010［S］.

[15] 重庆市建筑护栏技术规程：DBJ 50-123—2010［S］.

[16]《关于加强东莞市建筑工程栏杆设计构造措施要求的通知》东勘协技标（2017）001 号.

[17]《关于进一步加强玻璃幕墙安全防护工作的通知》建标（2015）38 号.

幕墙工程应用中的有关标准条文解读与分析

◎ 王海军[1]　　陈立东[2]　　徐绍军[2]

1　深圳市华辉装饰工程有限公司　广东深圳　518020

2　深圳天盛外墙技术咨询有限公司　广东深圳　518055

摘　要　本文探讨了建筑幕墙各标准在实际应用中存在的问题以及不同标准描述同一事物的相关条文，罗列了项目常见情况，并进行分析总结，提出了客观看法供业内参考。

关键词　标准更新；不同标准描述同一事物；条文解读；开启角度；荷载组合；防火封堵；护栏

1　引言

建筑幕墙在国内迅速发展，而相关的国家标准、行业标准、产品标准等也不断颁布并不断更新换代。新材料、新技术也不断推动着行业的发展，标准修编与新技术不同步也确实存在，使得在实际工程中标准存在一些新的情况或新的理解和见解；同时不同标准之间的修编也并不能同时同步，也出现不同标准描述同一事物时有不同规定。本文罗列出一部分情况并提出客观看法，供业内参考。

2　关于开启窗

2.1　标准条文规定

《玻璃幕墙工程技术规范》（JGJ 102—2003）第 4.1.5 条要求：

> 4.1.5　幕墙开启窗的设置，应满足使用功能和立面效果要求，并应启闭方便，避免设置在梁、柱、隔墙等位置。开启扇的开启角度不宜大于 30°，开启距离不宜大于 300mm。
>
> 条文说明：
>
> 开启窗的开启角度和开启距离过大，不仅开启扇本身不安全，而且增加了建筑使用中的不安全因素（如人员安全）。

2.2　解析

出于安全考虑，条文对窗的开启角度及开启距离做出了限定。但并未明确开启形式，如：上悬窗、平开窗、平推窗、中悬窗、下悬窗等；由于早期幕墙开启扇多数为上悬窗，在设计时一般不注意不同开启扇的开启角度、开启距离的要求，例如平开窗大家潜意识里认为平开窗开启角度是可以 90°全开；而近年来由于节能、防火、排烟等标准的更新，对开启面积的控制不断严格，在位置较高不影响人员安全的情况下需要增大开启角度，甚至采用平开窗等方式来满足开启面积的要求也出现在各个项目上。那么幕墙上设置平开窗或其他开启形式是否需要按照条文规定来限制开启角度及开启距离，应该引起业内考虑。

2.3　观点

幕墙开启扇的设置不仅要考虑其通风功能、密封性能，更应该关注其安全性能，包括开启扇本身的结构安全及建筑使用中的安全。不管是在幕墙上设置上悬窗还是平开窗或者其他开启窗，只要是设置在幕墙上的开启窗均应考虑上述因素，实际工程应用中应该提出此观点作为设计参考依据。

3　关于荷载及作用效应组合

3.1　标准条文规定

《玻璃幕墙工程技术规范》（JGJ 102—2003）

5.4　作用效应组合

5.4.1　幕墙构件承载力极限状态设计时，其作用效应的组合应符合下列规定：

　　1　无地震作用效应组合时，应按下式进行：

$$S = \gamma_G S_{Gk} + \Psi_w \gamma_w S_{wk} \tag{5.4.1-1}$$

　　2　有地震作用效应组合时，应按下式进行：

$$S = \gamma_G S_{Gk} + \Psi_w \gamma_w S_{wk} + \Psi_E \gamma_E S_{Ek} \tag{5.4.1-2}$$

式中　S——作用效应组合的设计值；

　　S_{Gk}——永久荷载效应标准值；

　　S_{wk}——风荷载效应标准值；

　　S_{Ek}——地震作用效应标准值；

　　γ_G——永久荷载分项系数；

　　γ_w——风荷载分项系数；

　　γ_E——地震作用分项系数；

　　Ψ_w——风荷载的组合值系数；

　　Ψ_E——地震作用的组合值系数。

5.4.3　可变作用的组合值系数应按下列规定采用：

　　1　一般情况下，风荷载的组合值系数 Ψ_w 应取 1.0，地震作用的组合值系数 Ψ_E 应取 0.5；

　　2　对水平倒挂玻璃及其框架，可不考虑地震作用效应的组合，风荷载的组合值系数 Ψ_w 应取 1.0（永久荷载的效应不起控制作用时）或 0.6（永久荷载的效应起控制作用时）。

《人造板材幕墙工程技术规范》（JGJ 336—2016）

5.4　荷载及作用效应组合

5.4.1　幕墙构件承载力设计时，其荷载与作用效应的组合应符合下列规定：

　　1　持久设计状况、短暂设计状况的效应组合应按下式计算：

$$S = \gamma_G S_{Gk} + \gamma_w S_{wk} + \Psi_T \gamma_T S_{TK} \tag{5.4.1-1}$$

　　2　地震设计状况的效应组合应按下式计算：

$$S = \gamma_G S_{Gk} + \Psi_E \gamma_E S_{Ek} + \Psi_w \gamma_w S_{wk} \tag{5.4.1-2}$$

式中：S——荷载及作用效应组合的设计值；

　　S_{Gk}——重力荷载（永久荷载）效应标准值；

　　S_{wk}——风荷载效应标准值；

　　S_{Ek}——地震作用效应标准值；

S_{TK}——温度作用效应标准值，对变形不受约束的支承结构及构件，可取 0；

γ_G——重力荷载分项系数；

γ_w——风荷载分项系数；

γ_E——地震作用分项系数；

γ_T——温度作用分项系数；

Ψ_w——风荷载的组合值系数；

Ψ_E——地震作用的组合值系数；

Ψ_T——温度作用的组合值系数。

5.4.3　可变荷载及作用的组合值系数应按下列规定采用：

1　持久设计状况、短暂设计状况且风荷载效应起控制作用时，风荷载组合值系数 Ψ_w 应取 1.0，温度作用组合值系数 Ψ_T 应取 0.6；

2　持久设计状况、短暂设计状况且温度作用效应起控制作用时，风荷载组合值系数 Ψ_w 应取 0.6，温度作用组合值系数 Ψ_T 应取 1.0；

3　持久设计状况、短暂设计状况且永久荷载效应起控制作用时，风荷载组合值系数 Ψ_w 和温度作用组合值系数 Ψ_T 均应取 0.6；

4　地震设计状况时，地震作用的组合值系数 Ψ_E 取 1.0，风荷载组合值系数 Ψ_w 应取 0.2；

5　对水平倒挂幕墙面板及其框架，当抗震设防烈度不大于 7 度时，可不考虑地震作用效应的组合；当抗震设防烈度为 8 度时，应考虑地震作用效应的组合，重力荷载（永久荷载）代表值应按 1.1 倍～1.15 倍考虑。

《建筑抗震设计规范》（GB 50011—2010）

5.4　截面抗震验算

5.4.1　结构构件的地震作用效应和其他荷载效应的基本组合，应按下式计算：

$$S = \gamma_G S_{GE} + \gamma_{Eh} S_{Ehk} + \gamma_{Ev} S_{Evk} + \Psi_w \gamma_w S_{wk} \tag{5.4.1}$$

式中　S——结构构件内力组合的设计值，包括组合的弯矩、轴向力和剪力设计值等；

γ_G——重力荷载分项系数，一般情况应采用 1.2，当重力荷载效应对构件承载能力有利时，不应大于 1.0；

γ_{Eh}、γ_{Ev}——分别为水平、竖向地震作用分项系数，应按表 5.4.1 采用；

γ_w——风荷载分项系数，应采用 1.4；

S_{GE}——重力荷载代表值的效应，可按本规范第 5.1.3 条采用，但有吊车时，尚应包括悬吊物重力标准值的效应；

S_{Ehk}——水平地震作用标准值的效应，尚应乘以相应的增大系数或调整系数；

S_{Evk}——竖向地震作用标准值的效应，尚应乘以相应的增大系数或调整系数；

S_{wk}——风荷载标准值的效应；

ψ_w——风荷载组合值系数，一般结构取 0.0，风荷载起控制作用的建筑应采用 0.2。

注：本规范一般略去表示水平方向的下标。

3.2　解析

现行《玻璃幕墙工程技术规范》及《人造板材幕墙工程技术规范》中对荷载及作用效应组合均做出了要求，但存在一些不同之处，特别是对应风荷载与地震作用的组合。

A.《玻璃幕墙工程技术规范》中规定一般情况下风荷载的组合值系数应取 1.0，地震作用的组合值系数应取 0.5；

B. 而在《人造板材幕墙工程技术规范》中持久、短暂设计状况且风荷载起控制作用时，风荷载组合系数应取 1.0，未要求与地震作用组合；在地震设计状况时，地震作用的组合值系数取 1.0，风荷载组合系数应取 0.2；即在风荷载起控制作用时无需考虑地震作用，在考虑地震作用时风荷载组合系数取 0.2。

C.《建筑抗震设计规范》（GB 50011—2010）中地震作用效应和风荷载效应的组合：风荷载组合值系数，一般结构取 0.0，风荷载起控制作用的建筑应采用 0.2。

3.3 观点

按照不同标准描述同一事物时从新原则，应按《人造板材幕墙工程技术规范》JG J336—2016、《建筑抗震设计规范》（GB 50011—2010）中的要求。当然幕墙设计一般为风荷载起控制作用，地震作用影响较小，按照《玻璃幕墙工程技术规范》（JGJ 102—2003）也相对保守。如何合理设计、计算并应用于工程实际中，可灵活应用。待《玻璃幕墙工程技术规范》修编版正式颁布后实施此条规定应该会更加清晰合理。

4 关于防火封堵

4.1 标准条文规定

《玻璃幕墙工程技术规范》（JGJ 102—2003）

4.4.6 玻璃幕墙的防火设计应符合现行国家标准《建筑设计防火规范》（GB 50016）的有关规定；高层建筑玻璃幕墙的防火设计尚应符合现行国家标准《高层民用建筑设计防火规范》GB 50045 的有关规定。

4.4.7 玻璃幕墙与其周边防火分隔构件间的缝隙、与楼板或隔墙外沿间的缝隙、与实体墙面洞口边缘间的缝隙等，应进行防火封堵设计。

4.4.8 玻璃幕墙的防火封堵构造系统，在正常使用条件下，应具有伸缩变形能力、密封性和耐久性；在遇火状态下，应在规定的耐火时限内，不发生开裂或脱落，保持相对稳定性。

4.4.9 玻璃幕墙防火封堵构造系统的填充料及其保护性面层材料，应采用耐火极限符合设计要求的不燃烧材料或难燃烧材料。

《建筑设计防火规范》（GB 50016—2014）（2018 版）

6.2.5 除本规范另有规定外，建筑外墙上、下层开口之间应设置高度不小于 1.2m 的实体墙或挑出宽度不小于 1.0m、长度不小于开口宽度的防火挑檐；当室内设置自动喷水灭火系统时，上、下层开口之间的实体墙高度不应小于 0.8m。当上、下层开口之间设置实体墙确有困难时，可设置防火玻璃墙，但高层建筑的防火玻璃墙的耐火完整性不应低于 1.00h，多层建筑的防火玻璃墙的耐火完整性不应低于 0.50h。外窗的耐火完整性不应低于防火玻璃墙的耐火完整性要求。

住宅建筑外墙上相邻户开口之间的墙体宽度不应小于 1.0m；小于 1.0m 时，应在开口之间设置突出外墙不小于 0.6m 的隔板。

实体墙、防火挑檐和隔板的耐火极限和燃烧性能，均不应低于相应耐火等级建筑外墙的要求。

6.2.6 建筑幕墙应在每层楼板外沿处采取符合本规范第 6.2.5 条规定的防火措施，幕墙与每层楼板、隔墙处的缝隙应采用防火封堵材料封堵。

《人造板材幕墙工程技术规范》（JGJ 336—2016）

4.5.3 人造板材幕墙与楼板、隔墙处的建筑缝隙应采用防火封堵材料封堵，其耐火性能不应低于现行国家标准《建筑设计防火规范》（GB 50016）对相邻的楼板、隔墙的耐火极限要求。

4.5.4 幕墙的防火封堵构造系统，应具有伸缩能力、密封性和耐久性；遇火时，在规定的耐火极限内应保持完整性、隔热性和稳定性。防火封堵系统所使用的材料应满足现行国家标准《防火封堵材料》（GB 23864）有关缝隙封堵材料的要求。

《建筑防火封堵应用技术规程》（CECS 154—2003）

4.1　一般规定

4.1.1　建筑物内的建筑缝隙必须采用防火封堵材料封堵。

4.1.2　建筑缝隙防火封堵应根据防火分隔构件类型、缝隙位置、缝隙伸缩率、缝隙宽度和深度以及环境温度、湿度条件、防水等具体情况，选用相适应的防火封堵材料。

4.1.3　建筑缝隙防火封堵组件的耐火性能不应低于相邻防火分隔构件的耐火性能，并应按照国家现行有关标准或其他经国家有关机构认可的测试标准测试合格。

4.1.4　建筑缝隙防火封堵组件在正常使用或发生火灾时，应保持本身结构的稳定性，不出现脱落、移位和开裂等现象。

4.2　解析

A.《玻璃幕墙工程技术规范》（JGJ 102—2003）中对防火封堵做出要求但是未明确规定封堵构造的耐火性能。

B. 按《建筑设计防火规范》（GB 50016—2014）（2018 版）规定，实体墙、防火挑檐和隔板的耐火极限和燃烧性能，均不低于相应耐火等级建筑外墙的要求，幕墙与每层楼板、隔墙处的缝隙应采用防火封堵材料封堵，未明确规定封堵构造的耐火性能。

C.《人造板材幕墙工程技术规范》（JGJ 336—2016）明确规定封堵构造的耐火性能不低于相邻楼板、隔墙的耐火极限要求。

D.《建筑防火封堵应用技术规程》（CECS 154—2003）规定建筑缝隙防火封堵组件的耐火性能不应低于相邻防火分隔构件的耐火性能，并按国家现行有关标准或其他经国家有关机构认可的测试标准测试合格。

E. 根据《建筑设计防火规范》（GB 50016—2014）（2018 版）规定，非承重外墙与楼板、隔墙的耐火性能均不相同，幕墙与建筑缝隙之间防火封堵的耐火性能要求如何执行应引起业内重视。

5.1.2　民用建筑的耐火等级可分为一、二、三、四级。除本规范另有规定外，不同耐火等级建筑相应构件的燃烧性能和耐火极限不应低于表 5.1.2 的规定。

表 5.1.2　不同耐火等级建筑相应构件的燃烧性能和耐火极限（h）

构件名称		耐火等级			
		一级	二级	三级	四级
墙	防火墙	不燃性 3.00	不燃性 3.00	不燃性 3.00	不燃性 3.00
	承重墙	不燃性 3.00	不燃性 2.50	不燃性 2.00	难燃性 0.50
	非承重外墙	不燃性 1.00	不燃性 1.00	不燃性 0.50	可燃性
楼板		不燃性 1.50	不燃性 1.00	不燃性 0.50	可燃性

4.3　观点

幕墙与建筑缝隙的封堵尤为重要，应按照从严原则进行设计。

5 关于挠度限值

5.1 标准条文规定

《金属与石材幕墙工程技术规范》(JGJ 133—2001)

5.7.10 立柱由风荷载标准值和地震作用标准值产生的挠度 u 应按本规范第 5.7.4 条的规定计算，并应符合下列要求：

    1 当跨度不大于 7.5m 的立柱：

      1) 铝合金型材：$u \leqslant 1/180$ (5.7.10-1)

                    $u \leqslant 20\text{mm}$

      2) 钢型材：$u \leqslant 1/300$ (5.7.10-2)

                    $u \leqslant 15\text{mm}$

    2 当跨度大于 7.5m 的钢立柱：

                        $u \leqslant I/150$ (5.7.10-3)

式中 u——挠度；

      I——支承点间的距离（mm）。

《玻璃幕墙工程技术规范》(JGJ 102—2003)

6.3.10 在风荷载标准值作用下，立柱的挠度限值 $d_{f,\text{lim}}$ 宜按下列规定采用：

    铝合金型材： $d_{f,\text{lim}} = l/180$ (6.3.10-1)

    钢型材： $d_{f,\text{lim}} = l/250$ (6.3.10-2)

式中 l——支点间的距离（mm）。悬臂构件可取挑出长度的 2 倍。

《建筑幕墙》(GB/T 21086—2007)

表 11 幕墙支承结构、面板相对挠度和绝对挠度要求

支承结构类型		相对挠度（L 跨度）	绝对挠度/mm
构件式玻璃幕墙 单元式幕墙	铝合金型材	L/180	20（30）*
	钢型材	L/250	20（30）*
	玻璃面板	短边距/60	—
石材幕墙金属板幕墙人造板材幕墙	铝合金型材	L/180	
	钢型材	L/250	
点支承玻璃幕墙	钢结构	L/250	
	索杆结构	L/200	
	玻璃面板	长边孔距/60	
全玻幕墙	玻璃肋	L/200	
	玻璃面板	跨距/60	

   * 括号内数据适用于跨距超过 4500mm 的建筑幕墙产品。

《人造板材幕墙工程技术规范》(JGJ 336—2016)

7.1.5 在风荷载标准值作用下，幕墙横梁、立柱的挠度应符合下列式公规定：

    当计算跨度不大于 4500mm 时，$d_f \leqslant l/180$ (7.1.5-1)

    当计算跨度大于 4500mm、但不大于 7000mm 时，

                    $d_f \leqslant l/250 + 7$ (7.1.5-2)

    当计算跨度大于 7000mm 时，$d_f \leqslant l/200$ (7.1.5-3)

式中 d_f——幕墙横梁、立柱在风荷载标准值作用下的最大挠度值（mm）；

      l——横梁或立柱的计算跨度（mm），悬臂构件可取挑出长度的 2 倍。

7.1.6 横梁跨度大于 7000mm 时宜采用钢型材构件。

7.1.7 在自重荷载标准值作用下,幕墙横梁的挠度应符合下式规定:

$$d_f \leqslant l/250 \tag{7.1.7}$$

式中 l——横梁的计算跨度(mm)。

《玻璃幕墙工程技术规范》(JGJ 102—201X)(报批稿)

6.3.5 横梁挠度 d_f 应按本规范第 5.4.4 条的规定进行计算,并应符合下列规定:

1 不同跨度的横梁应符合下列公式的规定:

当横梁跨度不大于 4500mm 时 $\qquad d_f \leqslant l/180 \tag{6.3.5-1}$

当横梁跨度大于 4500mm 且不大于 7000mm 时 $\quad d_f \leqslant l/250+7 \tag{6.3.5-2}$

当横梁跨度大于 7000mm 时 $\qquad d_f \leqslant l/200 \tag{6.3.5-3}$

式中 d_f——横梁挠度(mm);

l——横梁计算跨度(mm),悬臂构件可取挑出长度的 2 倍。

2 横梁跨度大于 7000mm 时宜采用钢型材;

3 在重力荷载作用下横梁挠度不应大于计算跨度的 1/250。

6.4.9 立柱挠度 d_f 应按本规范第 5.4.4 条的规定进行计算,并应符合下列规定

1 不同跨度的立柱应符合下列公式的规定:

当立柱计算跨度不大于 4500mm 时 $\qquad d_f \leqslant l/180$

当立柱计算跨度大于 4500mm 且不大于 7000mm 时 $\quad d_f \leqslant l/250+7$

当立柱计算跨度大于 7000mm 时 $\qquad d_f \leqslant l/250$

式中 d_f——立柱挠度(mm);

l——支点间的距离(mm),悬臂构件应取挑出长度的 2 倍。

5.2 解析

A.《金属与石材幕墙工程技术规范》(JGJ 133—2001)中钢型材挠度限值与《玻璃幕墙工程技术规范》(JGJ 102—2003)、《建筑幕墙》(GB/T 21086—2007)中钢型材挠度限值要求不同,而根据从新原则业内普通认可按照《玻璃幕墙工程技术规范》(JGJ 102—2003)、《建筑幕墙》(GB/T 21086—2007)进行控制。

B.《人造板材幕墙工程技术规范》(JGJ 336—2016)在现行相关规范中较新,其对横梁、立柱的挠度做出了新的规定,同时《玻璃幕墙工程技术规范》(JGJ 102—201X)(报批稿)中对此项的规定也有所更新。

5.3 观点

根据从新原则,各类幕墙支承结构的挠度限值可按现行规范《人造板材幕墙工程技术规范》(JGJ 336—2016)进行控制。

6 关于护栏

6.1 标准条文

现行标准对护栏的细节构造及荷载组合并无太明确规定。例如:玻璃固定方式、入槽尺寸、点爪构造、埋件、连接等要求。在荷载组合方面也未明确人体冲击荷载与风荷载的组合取值。

6.2 解析

A. 点爪式固定玻璃的方式在建筑护栏中应用广泛,但普遍存采用普通点爪,无法适应误差、转动

的功能，安装过程中通过加设外力安装，安装完成后存在长期应力，而在计算中一般采用铰接计算，与实际固定无法转动也不对应。

B. 结构计算中人体荷载与风荷载的组合取值一直是业内焦点，一般考虑在最大风荷载作用时无最大人体冲击荷载。有些工程计算不考虑两者组合，而若考虑组合又不知如何取组合值系数。按照最保守考虑对受力要求过高造成成本浪费。

6.3 观点

人体撞击荷载应属于偶然荷载，其发生频率较小，属于偶然发生；建议可参考偶然荷载组合，根据相关参考资料可取风荷载的频遇值系数与人体撞击荷载进行组合计算。

参考资料：

《建筑结构荷载规范》（GB 50009—2012）

8.1.4　风荷载的组合值系数、频遇值系数和准永久值系数可分别取 0.6、0.4 和 0.0。

《工程结构可靠性设计统一标准》

8.2.5　对偶然设计状况，应采用作用的偶然组合。

1　偶然组合的效应设计值可按下式确定：

$$S_d = S\Big[\sum_{i\geqslant 1} G_{ik} + P + A_d + (\psi_{f1}\text{ 或 }\psi_{q1})Q_{ik} + \sum_{j>1}\psi_{qj}Q_{jk}\Big] \qquad (8.2.5\text{-}1)$$

式中　A_d——偶然作用的设计值；

ψ_{f1}——第 1 个可变作用的频遇值系数，应按有关规范的规定采用；

ψ_{q1}、ψ_{qj}——第 1 个和第 j 个可变作用的准永久值系数，应按有关规范的规定采用。

《建筑结构可靠度设计统一标准》（GB 50068—2018）

8.2.5　对偶然设计状况，应采用作用的偶然组合。

1　偶然组合的效应设计值可按下式确定：

$$S_d = S\Big[\sum_{i\geqslant 1} G_{ik} + P + A_d + (\psi_{f1}\text{ 或 }\psi_{q1})Q_{ik} + \sum_{j>1}\psi_{qj}Q_{jk}\Big] \qquad (8.2.5\text{-}1)$$

式中　A_d——偶然作用的设计值；

ψ_{f1}——第 1 个可变作用的频遇值系数，应按有关规范的规定采用；

ψ_{q1}、ψ_{qj}——第 1 个和第 j 个可变作用的准永久值系数，应按有关规范的规定采用。

7　结语

在幕墙工程应用中应时刻关注国家标准、行业标准、产品标准的更新迭代。随着新材料、新技术的发展推动标准的完善，当发现有存疑之处应进行多方位论证。本文罗列了业内一小部分现状，希望以此引起业内人士重视，共同推动行业进步与发展。

参考文献

[1] 人造板材幕墙工程技术规范：JGJ 336—2016 [S].

[2] 玻璃幕墙工程技术规范：JGJ 102—2003 [S].

[3] 建筑抗震设计规范：GB 50011—2010 [S].

[4] 建筑设计防火规范：BG 50016—2014（2018 版）.

[5] 金属与石材幕墙工程技术规范：JGJ 133—2001.

[6] 玻璃幕墙工程技术规范：JGJ 102—201X（报批稿）.

[7] 建筑防火封堵应用技术规程：CECS 154—2003.

第五部分
工程实践与技术创新

美兰国际机场二期航站楼幕墙工程技术介绍

◎ 陈国新　花定兴

深圳市三鑫科技发展有限公司　广东深圳　518057

摘　要　本文介绍了美兰国际机场二期航站楼幕墙工程的大跨度装饰型铝合金立柱的特点，对新型多向可转动连接机构及幕墙结构进行了受力分析。

关键词　大跨度；连接机构

1　引言

美兰国际机场二期扩建工程新建旅客航站楼，建设规模为地上4层（局部5层），地下1层，总建筑面积约30万 m²，建筑高度33.74m。该工程由航站楼中心区主楼、西南指廊、西北指廊、东南指廊、东北指廊五部分组成。航站楼东西向总宽度750m，南北向总进深约为405m，主楼进深196.75m，幕墙面积大约11万 m²（图1）。

图1　项目整体效果图

本项目幕墙工程主要包括以下几个系统：

（1）主立面大装饰条玻璃幕墙系统，A1子系统：陆侧入口玻璃幕墙；A2子系统：空侧玻璃幕墙。

（2）内庭拉索玻璃幕墙系统。

（3）中央商业街、指廊高侧幕墙系统，C1子系统：中央商业街高侧玻璃幕墙。

（4）采光带玻璃幕墙系统，D1子系统：中央商业街玻璃采光带。

（5）首层外幕墙系统，E1子系统：VIP出入口及外幕墙（中心区陆侧）；E2子系统：中心区远机位出发及到达玻璃幕墙（不含VIP出发及到达部分）。

（6）出入口门套及雨棚幕墙系统，F1子系统：陆侧三层连桥门斗及玻璃雨棚、首层地下服务车道出入口雨蓬；F2子系统：陆侧中心区首层铝板门斗；F3子系统：首层陆侧和空侧VIP雨棚；F4子系统：中心区登机口门套；F5子系统：陆侧中心区二层入口玻璃厅幕墙。

（7）幕墙和采光顶内遮阳系统，G3子系统：中央商业街采光顶固定水平内遮阳；

基本风压：　　　　　　　　　0.75kN/m^2（50年一遇）；

地面粗糙度类别：　　　　　　B类；

抗震设防烈度：　　　　　　　7度（0.15g，基于本工程设有减震措施降低一度设计）；

风荷载以风洞试验报告及规范计算最不利情况取值；幕墙设计使用年限为25年，幕墙结构设计使用年限为50年。

2　A系统主立面大装饰条玻璃幕墙系统介绍

机场航站楼幕墙具有如下特点：通透性强；无楼层，竖向跨度大；有遮阳、通风、排烟等功能要求。毫无疑问，海口美兰机场更加注重幕墙的简洁、通透性，着重强调竖向效果，与其他大型机场航站楼不同的是，本工程未设置大横梁装饰条，而采用了外突出大铝合金立柱玻璃幕墙系统，由大铝合金立柱承担主要的玻璃幕墙风荷载，立柱与大间距（9～11m）的钢横梁连接，保证了航站楼整个玻璃幕墙外立面的新颖、简洁、通透，同时实现了玻璃幕墙系统结构、装饰、遮阳的一体化（图2）。

图2　主立面竖向大装饰条玻璃幕墙系统效果

大装饰条铝合金立柱宽度150mm，高度500mm，其中位于室外玻璃面之外的为415mm，室内只有65mm的铝合金扣盖，最大程度地节省了室内空间，也较好地提升了室内的视觉效果。从室外看，间距约1800mm、突出玻璃面415mm的大装饰条形成了一个直纹曲面的立面，实现了建筑的几何逻辑。由于大装饰条兼作主要的结构构件，而且由于采用了无横梁设计，面板固定在左右两侧立柱之上，面板的受力方式为对边简支板，本项目无横梁大装饰条铝合金立柱的设计也较大地降低了工程成本（图3）。

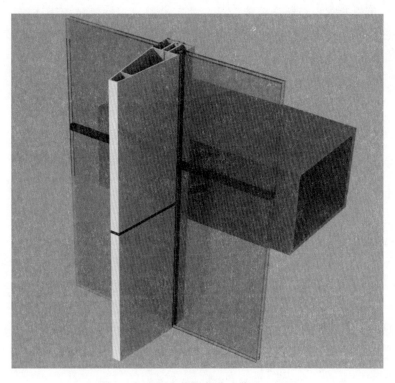

图3　主立面大装饰条玻璃幕墙三维图

本项目玻璃幕墙采用竖明横隐构造形式，竖向大装饰条铝合金立柱作为幕墙竖向受力构件承担幕墙玻璃的水平及竖向荷载，本系统玻璃水平宽度约1800mm，高度3000mm，主要玻璃配置为12（双银Low-E）＋18A＋12钢化中空超白Low-E玻璃，为保证安全性，旅客可接触到的玻璃为12（双银Low-E）＋12A＋8＋1.52SGP＋8钢化中空夹胶超白Low-E玻璃；铝合金装饰条最大长度为11m，固定在水平钢梁上，上下两根铝合金装饰条采用长1000mm的铝合金芯套连接。玻璃幕墙水平采用无横梁设计，玻璃与玻璃水平连接位置只需要在室内外打密封胶即可，胶缝宽度为20mm，玻璃与立柱之间打硅酮结构密封胶，这种构造体系由于玻璃的嵌固作用使玻璃与立柱之间形成良好的抗侧能力（图4），便于严格控制侧向变形，通过动态风压试验证明，模拟15级台风（46.2～50.9m/s），相当于侧向施加的风压为1.57kPa，侧向位移几乎为0（图4）。

图4　动态风压测试侧向位移效果

根据结构荷载规范计算及风洞试验报告，本工程建筑幕墙抗风压变形性能取大值为4级，但实际做试验按风压值 3.822kPa 检测的幕墙系统的抗风压性能,完全满足试验要求。

(1)系统大立面铝合金装饰条立柱作为主受力构件,与幕墙水平钢横梁采用 26mm 厚钢板连接,预先将两块竖向钢板现场放线定位焊接在水平幕墙横钢梁上,将单片竖向钢板与预先焊于水平钢横梁的双钢板定位焊接,再将此钢板与铝合金装饰条立柱上端通过不锈钢螺栓组连接,上下立柱之间采用 1000mm 铝合金插芯紧密连接,上端立柱的底部与钢板连接并圆孔,下端立柱顶部与钢板连接开长圆孔,实现幕墙伸缩变形的同时满足坐立式立柱的受力形式(图5)。

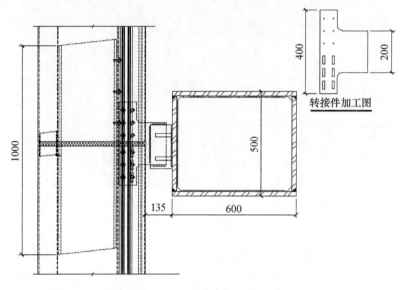

图 5 立柱与钢结构横梁连接

3 A 系统传力路径及钢柱连接机构设计介绍

幕墙玻璃面板为双边固定简支板,所受到的水平荷载传递到大装饰条铝合金立柱,所产生的竖向重力荷载通过角码也传递给大装饰条铝合金立柱,立柱将荷载通过连接钢板传递给水平幕墙钢横梁,再传递给大钢柱,大钢柱间距 18m,玻璃幕墙传力途径为:水平荷载—玻璃面板—竖向装饰立柱—连接钢板—水平幕墙钢横梁—大钢立柱—顶、底部主体结构。

竖向荷载—玻璃面板—竖向装饰立柱—连接钢板—水平幕墙钢横梁—大钢立柱—底部主体结构。

大装饰条铝合金立柱大部分位于室外,突出玻璃面约 415mm,大装饰条铝合金立柱也会传递侧向风荷载给横向及竖向钢结构柱,再加上侧向地震作用,钢结构柱受到的各种荷载需要传递到主体结构,底部为主体混凝土结构,钢柱底部用销轴及耳板连接(图6)。

航站楼上部屋顶为网架结构,由于网架结构在周边存在竖向位移,玻璃幕墙也有沿侧向的水平位移,因此玻璃幕墙为了有效地将风荷载传递给屋顶主体结构,幕墙钢柱顶部就需要设计一种能适应以上两种位移能力又可以传递水平风荷载的连接机构(图7)。

整体幕墙结构系统上下处于混凝土结构与屋顶钢网架之间,刚性较大的混凝土结构与屋顶钢网架平面外体系之间会存在上下变形不一致的问题,幕墙钢结构与屋顶钢网架结构

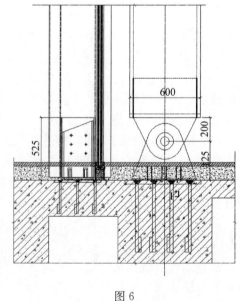

图 6

不在同一高度，受到的水平风荷载会对网架产生较大的弯矩，屋顶钢网架能抵抗的弯矩能力有限，对水平轴向方向受力较好，设计时将水平连杆位于网架节点中心连线。这种连接结构能适应上下变形且只传递水平轴向力给屋顶网架结构。在侧向风荷载和侧向地震力作用时，幕墙结构与屋顶网架结构又有相对上下位移且左右方向变形不一致的问题，而这种连接结构有一定的左右方向转动且传力的能力，这就是其作为多向可转动型连接机构的由来（图8）。

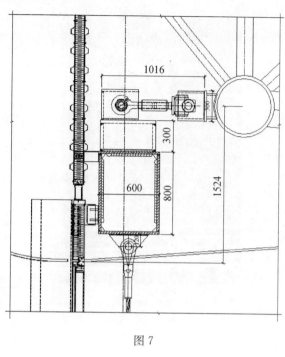

图 7

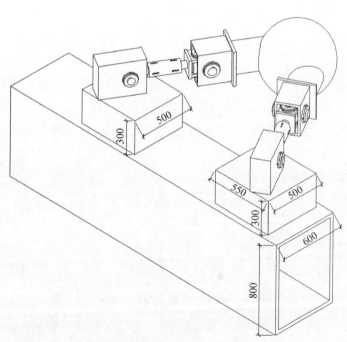

图 8　多向可转动型鼓型机构连接节点图

此种多向可转动型鼓型机构能上下转动一定的距离，左右转动一定的距离，传递给屋顶钢网架的只有水平轴向力，不承受幕墙竖向荷载，重力释放最后传给混凝土楼板。为了减少网架连接支座局部应力，设计了两个对应的斜向连接支座，用以分散支座反力。

多向可转动型鼓型机构的设计经过实验的检测，完全满足受力要求，通过 100T 液压试验机检测，当模拟荷载作用时，试件几乎完好无损（图 9）。

图 9　多向可转动型鼓型机构试验图

4　BIM 技术在项目中的运用

本项目设计采用了大量的 BIM 技术：①建立三维模型，将整个机场的设计思路及效果展示在所有人的面前；②碰撞问题的协调检查，幕墙的构件与钢结构单元的布置、与给排水的管线等的交叉问题的解决；③采光顶幕墙整体排水的设计，排水路径的表达；④A 系统等幕墙玻璃及构件的下单统计。为整个工程的设计及实施提供了巨大的支持（图 10、图 11、图 12）。

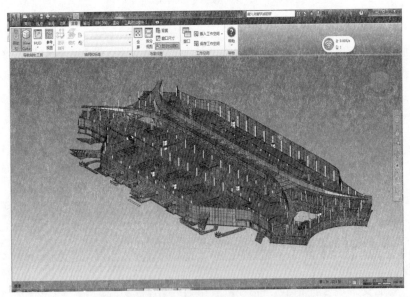

图 10　主立面大装饰条玻璃幕墙系统 BIM 模型效果

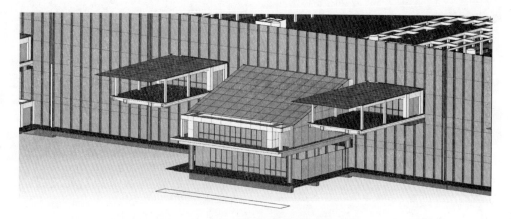

图 11　A 系统立面 BIM 模型局部效果

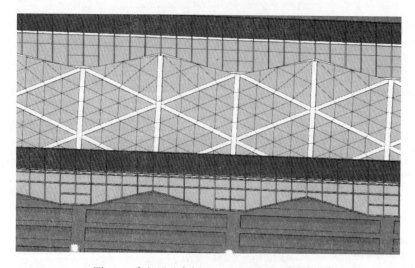

图 12　采光顶及高侧立面 BIM 模型局部效果

5　结语

大型机场航站楼建筑幕墙设计具有结构跨度大、平面空间造型复杂等诸多特点，美兰机场的幕墙设计包括通过设计的创新，幕墙各个主次结构杆件及其连接件的认真分析，幕墙结构与主体结构的传力分析及其连接构造，既要把幕墙结构的荷载安全可靠地传给主体结构，又要适应主体网架结构的各种位移，将大跨度结构与幕墙技术完美结合，为装饰形大立柱无横梁系统再添浓厚一笔，为机场航站楼幕墙工程的复杂结构传力体系提供新的思路。

参考文献

[1] 花定兴. 大型机场航站楼建筑幕墙设计关键要点分析.《钢结构建筑工业化与新技术应用》. 北京：中国建筑出版社，2016.

中建钢构大厦幕墙设计与施工解析

◎ 杜庆林　黄庆祥　吴永泉　杨友富

中建深圳装饰有限公司　广东深圳　518003

摘　要　日常生活中绿色食品、绿色城市的概念出现得越来越频繁，逐渐为大家所接受，并成为大家的首要选择。面对资源生态环境及绿色建筑的优越性，绿色建筑也应运而生，世界上也相继出现许多绿色建筑设计，绿色建筑设计也将是未来的一大趋势。而幕墙作为建筑的"外衣"在绿色建筑设计上起着关键作用，尤其是光伏幕墙更受业主、建筑师、市场的欢迎，在未来的幕墙中会有更广泛的应用。

关键词　单元式幕墙；遮阳百叶；T型钢框架式幕墙；光伏幕墙

1　引言

本工程位于深圳市南山区后海中心区内，建筑高度 148.5m，建筑总高度 166m；地上 26 层为高层办公楼和裙房商业，地下 4 层为停车库和设备用房。幕墙类型主要有单元玻璃幕墙、框架玻璃幕墙，铝板幕墙等（图 1、图 2）。

图 1　建筑幕墙实景图（东南角）　　　　图 2　建筑幕墙效果图（西南角）

2 幕墙系统设计要点分析

2.1 单元式玻璃幕墙系统设计要点

本工程考虑到应用装配式现代先进建筑施工工艺，同时实现工业化生产，降低人工费，提高产品质量，并确保有效地缩短幕墙现场施工周期和工程施工周期，塔楼东西面选用单元式幕墙系统，最终达到为业主带来较大的经济效益和社会效益。

2.2 单元式幕墙排水设计系统分析

考虑到深圳为沿海地区，台风暴雨多发，因此设计上采用内排水式方案。单元式的幕墙立柱型材采用闭腔构造设计，三道胶条密封线使其能够构成三个腔体，密封胶条采用EPDM材质，并在接缝处与密封胶或结构胶接触部位的胶条选用硅橡胶，窗周边的一圈胶条选用氯丁橡胶，从材料上充分对系统水密和气密性加以保障。

本项目单元式幕墙作为一种面板结构，上下左右四个边框分别与邻近板块的对应边框之间采用插接结构，在外加荷载时能同时变形、协同受力，插接面同时设计有三道密封胶条来确保相邻两个板块之间的防水密封（图3、图4）。

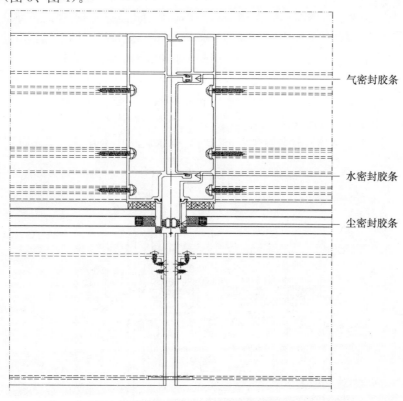

图3 单元板块左右连接横剖节点

单元式幕墙的三道密封线为：

尘密线：单元式幕墙为阻挡灰尘及大部分的雨水进入型腔而设计的一道密封线，通常采用胶条挡水，一般由相邻单元的胶条相互搭接实现。

水密线：通过幕墙表面的少量漏水可以越过这条线进入单元式幕墙的等压腔，通过合理的结构设计，进入等压腔的水将被有序排出，达到阻水的目的。

气密线：由于水密线和气密线之间的等压腔和室外基本上是相通的，因此水密线不能阻止空气的渗透，阻止空气的渗透任务由气密线来完成。气密封胶条可以确保室内与室外隔绝。

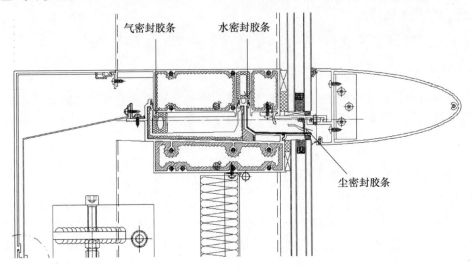

图 4　单元板块上下连接横剖节点

从上下两个单元板块之间插接的纵剖节点图中可以看出，上单元板块的下边框有一个封闭腔的两侧面伸入到下单元板块的上边框凹槽内，两者之间内外均通过弹性胶条紧密接触，没有间隙。外加荷载（如风荷载）时上下边框能同时受力。凹槽前后的两道胶条也就是前文所述的水密线和气密线，在下边框的前端有一道向下搭接到下面板块顶部的胶条，即是尘密封线。四个边框三道密封胶条的形状相同，分别处于同一个平面中，直角交接处可以用密封胶粘结使之连续起来。

内排水系统：采用内排水系统，部分漏水的排水路径为：顶横梁→内排水腔→立柱前排水腔→底横梁顶→室外；而采用外排水系统时，部分漏水的排水路径为：顶横梁→室外。由此可以，内排水系统有效地避免了与室外的直接贯通，防止雨水直接从室外进入室内。

相对直排水系统，可有效避免雨水倒灌（正压时，雨水会从排水孔进入单元后腔），有效提高防水性能。

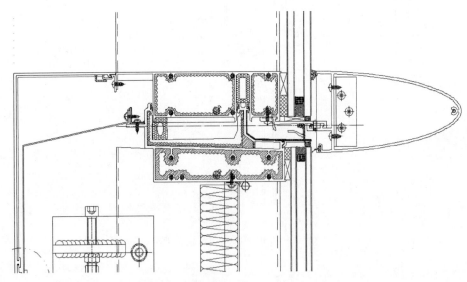

塔楼单元式玻璃幕墙系统风荷载标准值取值为正压＋3.015kPa，负风压－4.02kPa，抗风压性能检测标准值取 W_K＝4.02kPa，抗风压性能等级为 7 级；水密性能检测值为 P＝1000×2.2905×1.2×

0.75＝2061.4Pa，等级为 5 级；于 2018 年 9 月 16 日接受 14 级"山竹"台风的实际考验，幕墙没有任何破坏现象，也没出现漏水情况。

2.3　单元式幕墙系统的重难点与解决措施

难点 1：外露钢结构的幕墙收口。

幕墙作为建筑物的外围护结构，通常而言都是悬挂于主体结构外端，幕墙本身形成一个整体，这样也有利于建筑防水及保温设计。中建钢构大厦却反其道而行，主体钢结构柱和钢梁外露，追求钢结构效果的同时也给我们造成不小的困扰。钢结构外露造成该幕墙收口众多，增加渗水隐患，而防水是幕墙最基本的功能，收口成了我们施工的重中之重。

解决措施：

做好收口工作主要从以下 4 个方面入手：

（1）前期图纸会审，针对收口的处理节点进行严格审查，考虑可行性及有效性。

（2）增加两道防水，在收口铝板里面增加一道防水铁皮或防水胶条，起到二次防水作用。

单元式玻璃幕墙收口实际效果   单元式玻璃幕墙收口节点图

（3）增加密封胶同钢结构弹性保护层之间的粘结涂料，使密封胶与钢结构粘结更为可靠。

（4）收口打胶全方位检查，并接受监理和甲方验收。

难点 2：单元式幕墙系统结构计算。

标准层高为 $H_1=4.5m$，2、3、6、19 层层高为 5.1m，顶层层高 6m。立柱采用单支座。立柱的水平分格为 1680mm。上端通过支座连接到主体结构上，下端与下层单元板块插接，上端可看做固定铰支座，下端为上下滑移支座；由于立柱为上端挂接，玻璃板块的重力使立柱受拉，所以按拉弯杆件计算。立柱材质为 6063-T6。

截面几何参数表

A	1805.5174	Ip	10021528.2291
Ix	9506124.3602	Iy	515403.8690
ix	72.5606	iy	16.8956
Wx（上）	82209.4806	Wy（左）	20407.8677
Wx（下）	88745.1990	Wy（右）	26103.2121
绕 X 轴面积矩	58950.9707	绕 Y 轴面积矩	14018.2940
形心高左边缘距离	25.2552	形心高右边缘距离	19.7448
形心高上边缘距离	115.6329	形心离下边缘距离	107.1171
主矩 11	9506930.335	主矩 1 方向	(1.000—0.009)
主矩 12	514597.874	主矩 2 方向	(0.009，1.000)

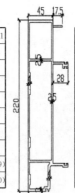

截面几何参数表

A	1934.1252	Ip	11048275.6855
Ix	10158956.1621	Iy	889319.5234
ix	72.4740	iy	21.4431
Wx（上）	88914.1742	Wy（左）	33680.9219
Wx（下）	93635.8995	Wy（右）	19086.7647
绕 X 轴面积矩	63364.4584	绕 Y 轴面积矩	18932.2051
形心高左边缘距离	26.4043	形心离右边缘距离	46.5935
形心高上边缘距离	114.2558	形心离下边缘距离	108.4942
主矩 11	10159710.774	主矩 1 方向	(1.000—0.009)
主矩 12	888564.912	主矩 2 方向	(0.009，1.000)

标准公立柱截面参数

将上述立柱计算模型进行整体建模，并将上述荷载作用到立柱上，采用 STAAD/CH 进行计算，如下图，计算结果见下表：

由计算结果可知，在风荷载设计值作用下，立柱的最大应力为：

$$\sigma=109.53N/mm^2 \leqslant 140N/mm^2$$

在风荷载标准值作用下，立柱最大变形为：

$$d_{max}=15.941mm \leqslant L/180=25mm$$

可见，立柱的强度和刚度均满足设计要求。

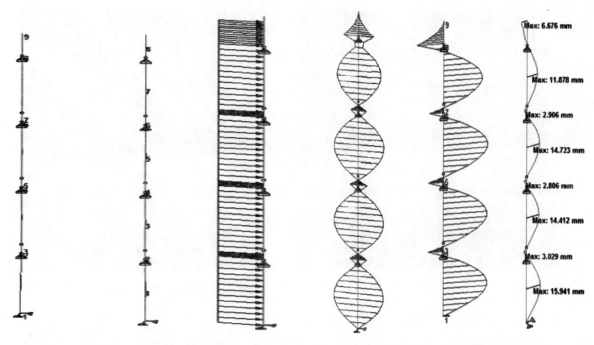

点编号图/梁单元编号图/加载　　　　　　　　　　应力图/弯矩图/变形图节

2.4　铝合金遮阳管系统

深圳为夏季高温炎热地区，为响应绿色、低碳、节能的城市建设规划，同时保证建筑的造型外观漂亮，整体感强，本工程通过在玻璃幕墙上设置铝合金遮阳管系统，最大程度地减少阳光的直接照射，从而避免室内过热，有效地提高了玻璃幕墙系统的遮阳系数并减少了光污染。

系统采用 ϕ80mm 的铝合金圆管，间隙 225mm 布置，两端通过定制的铝合金铸件把遮阳格栅组成板块格栅，再利用标注有"中建钢构"特定 LOGO 的铝合金铸件把遮阳格栅整体挂装在玻璃幕墙外侧，采用了装配式建筑工艺。

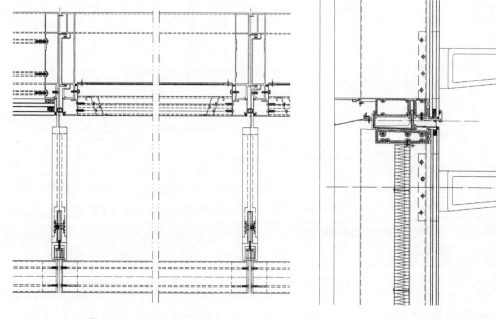

铝合金遮阳管系统横剖节点　　　　　　　　　铝合金遮阳管系统竖剖节点

铝合金遮阳管系统现场照片（一）　　　　铝合金遮阳管系统现场照片（二）

由于铝合金遮阳圆管工程量大，组装后对接要求严格，如采用散件安装方案，则施工难度大，施工周期长，整体的建筑效果与工期也难保证；如采用装配式施工工艺，铝合金遮阳圆管先单独组装成独立板块，然后与单元板块整体吊装，安装高效、质量精度高，所以最后采用装配式方案。

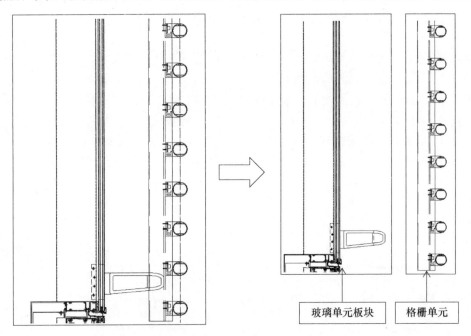

玻璃单元板块　　格栅单元

遮阳单元装配式设计思路

特殊构件的采用，让本工程打造精品钢构、艺术钢构的理念从小处体现。单元体遮阳管铝铸件采用压铸工艺，加刻中国建筑 LOGO，给人一种雕刻艺术品的美感。地弹门的执手厂家定做，配合方正的古铜色 CSCEC 标志，沉稳大气，凸显钢构质感。

2.5　玻璃盒子玻璃幕墙系统

塔楼顶部的东面有个悬挑出结构的玻璃盒子，整个玻璃盒子悬挑约13m，宽约8m，高约37m。此部位的立面幕墙采用单元式玻璃幕墙系统，顶部为内布多晶硅光伏电池的玻璃采光顶，底部为铝板顶棚，整个悬挑玻璃的幕墙施工是本工程的施工难点。

遮阳管铝铸件照片 特制门把手照片

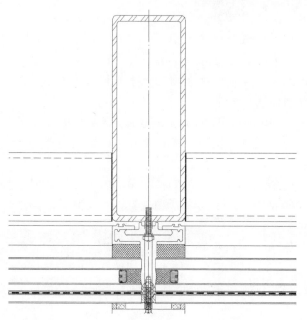

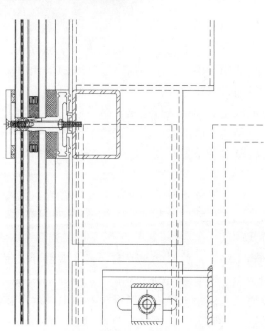

玻璃盒子玻璃幕墙系统横剖节点 玻璃盒子玻璃幕墙系统竖剖节点

玻璃盒子现场照片（外立面）　　　　　　　玻璃盒子现场照片（内立面）

特制钢支撑轨道吊实例示意

安装方案：根据整个玻璃盒子的幕墙特点，考虑首先进行底部的铝板封修施工，然后进行立面的构件式玻璃幕墙施工，最后进行顶部的采光顶的施工安装。考虑在顶部的钢结构位置架设屋顶轨道支架进行超长吊篮的架设，最后进行收口施工。立面的构件式幕墙和屋顶光伏采光顶幕墙考虑在盒子内部搭设满堂脚手架进行施工，最后收口面板施工在屋面从右往左进行。

玻璃盒子底部采用铝板进行封修，施工难度大，对于底部的铝板封修施工安装我司将租赁超长吊篮进行幕墙的施工安装，超长吊篮由专业的厂家进行架设，并报监理审批，具体的超长吊篮的架设如下图所示。

玻璃盒子的顶部采用光伏采光顶设计，采光顶的施工难度大，对于采光顶的施工安装我司计划待大面悬挑框架式玻璃幕墙和底部的铝板封堵施工安装完成后，采用满堂脚手架，边安装采取后退拆架的方式。

施工难点：针对立面玻璃安装，项目部决定利用顶部钢结构架设吊篮进行施工。首先，玻璃运输分两步，小玻璃采用电梯运输，大玻璃采用单元板块的运输方式——卷扬机运输，同时为保证安全性增设揽风绳。第二步，玻璃安装时用电动葫芦搭配吊篮施工，电动葫芦将玻璃运输至指定位置，利用吊篮进行安装。

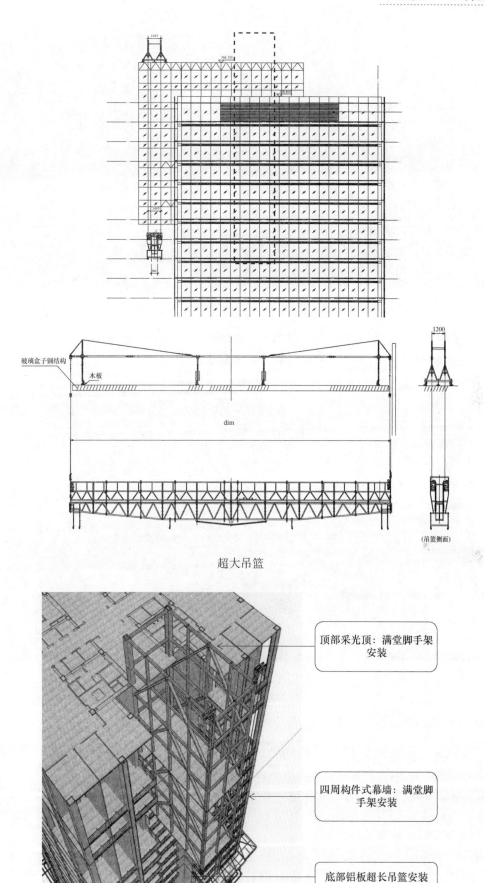

超大吊篮

顶部采光顶：满堂脚手架安装

四周构件式幕墙：满堂脚手架安装

底部铝板超长吊篮安装

悬挑框架式玻璃幕墙安装方法示意

玻璃盒子现场施工照片　　　　　　　　　　　　玻璃盒子玻璃安装照片

针对底部顶棚铝板的安装，项目部采用了轨道吊篮的方式。在玻璃盒子两边底部悬挑搭设轨道，定制与玻璃盒子宽度相等的吊篮，这种方案巧妙解决重复架设吊篮的问题，做到安全可靠且降低成本。

轨道吊篮

2.6　T型钢框架式玻璃幕墙的重难点与解决措施

外露 T 型钢龙骨在隐框玻璃幕墙中的使用。该结构主体为钢结构，为使幕墙更配合主体结构的基调，在大楼的东西两面采用 T 型钢龙骨玻璃幕墙以及室内隔断。T 型钢采用焊接，表面氟碳喷涂且龙骨直接外露，与隐框玻璃采用型材附框链接。这种以型材加工的精度要求来控制大跨度钢龙骨加工及安装的精度，无疑是本工程的一大难点，同时也是一大亮点。

1）T型钢框架式玻璃幕墙系统分析

T 型钢幕墙为本幕墙工程中最能体现"中建钢构"主题特色的元素，把钢结构的元素体现得淋漓尽致。但大跨度（9600mm）的要求使得 T 型钢对平整性有比较高的加工要求与施工要求。焊接型的 T 型钢龙骨变型控制为一设计重点，在设计上通过选用强度更高的 Q345 钢板加工，同时结合吊装前的校正措施及安装施工方案以保证 T 型钢的理想效果。

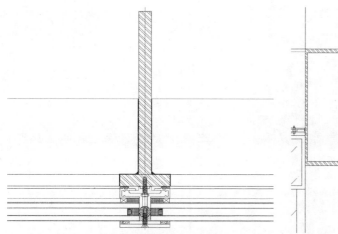
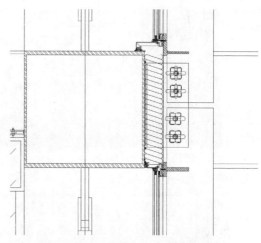

T 型钢框架式玻璃幕墙系统横剖节点　　　　　　T 型钢框架式玻璃幕墙系统竖剖节点

T 型钢框架式玻璃幕墙现场照片（外立面）　　　　T 型钢框架式玻璃幕墙现场照片（内立面）

2）难点 1

T 型钢玻璃幕墙误差控制。作为本工程的一大特色，T 型钢玻璃幕墙面积近 1 万 m²，这种隐框幕墙对 T 型钢龙骨的安装精度要求相当高。由于 T 型钢件制作安装精度和铝附框加工精度不在同一个频道上，两者间的误差因龙骨外露而无限放大，有效控制 T 型钢误差和焊缝是本工程一个质量难点。

解决措施：

（1）增加 T 型钢截面，提升材质从 Q235B 到 Q345B，减小加工变形；

（2）采用二保焊，保证焊缝质量及美观，减小施工误差；

（3）附框与 T 型钢间加设密封胶条，巧妙利用胶条视觉差避开 T 型钢与型材附框直接对比。

除了这些技术措施外，还有最重要的一点——管理措施保证。为使 T 型钢的安装精度控制在 2mm 以内，项目部制订严格的验收制度及样板制度。项目的源头是深化设计，施工的源头是测量放线。从测量放线开始，制定高标准，严格要求施工班组按质量要求进行施工。过程中对于误差超过质量标准的坚决返工，坚持不怕做不到，就怕没标准的管理原则。

3）难点 2

T 型钢的截面尺寸为 300mm×80mm×2mm，属于扁长形构造，而 T 型钢是通过焊接成型，焊接过程中 T 型钢变形会很大，所以 T 型钢加工质量保证是难点。

解决措施：

（1）钢板接料必须在杆件组装前完成，并应符合下述要求：

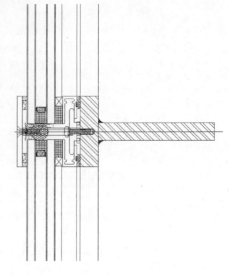

T型钢现场照片　　　　　　　　　　　节点图

① 箱形梁盖、腹板接料长度不宜小于 1000mm，宽度不得小于 200mm。

② 箱型梁的盖、腹板接料焊缝可为 T 字形，T 字形交叉点间距不得小于 200mm；腹板纵向接料焊缝宜布置在受压区；

③ 杆件组装时应将相邻焊缝错开，错开的最小距离应符合《钢结构施工质量验收规范》的规定。

（2）"T"组装焊接工序：板拼接→ 一次放样 → 二次放样切割 → 地样复核 → "工"型组立 → 控制焊接顺序焊接 → 校正→ 去掉翼板 → 半成品待用。

钢板校平机　等离子切割机　数控三维钻

（3）重点工序说明。

① 翼板拼接，一次、二次放样，地样校核。

② 翼缘板弧形下料，画出宽度方向中心线；

③ 腹板拼接，数控或者画线放样下料，要求将起拱弧度及底板拼接处削宽斜度一次下料成型。

④ 翼腹板组装，临时翼缘生产可根据实际变形情况选择是否设置。组装完毕焊接。如采用埋弧焊接，因从一侧往另一侧连续焊接，若采用 CO_2 焊接时，先焊接弯弧内侧，从中心向两边焊接，采用退步、断续焊接，间隔 500mm，焊接 500mm，焊接 2000mm 后，再焊接间隔部分。如此重复。焊接完整个梁主焊缝。

⑤ 实际焊接位置应翻转 90 度。腹板两侧临时隔板固定。焊接完毕后，矫正。自然冷却后，去除不焊接侧的翼板。

⑥ 组装加劲肋，将加劲肋与腹板间焊缝放置成平焊、与翼缘板间为立焊的位置施焊。

（4）焊缝质量等级要求。

① 所有横向对接焊缝均为全熔透Ⅰ级，纵向对接焊缝均为全熔透Ⅱ级。

② 对横向对接焊缝进行100%全长范围的超声波探伤，并用射线抽探其接头数量的10%（并不得小于一个焊接接头），探伤范围为焊缝两端各250～300mm，焊缝长度大于1200mm时，中部加探250～300mm。

③ T型钢翼缘板和腹板之间的焊缝为全熔透二级焊缝，要求UT探伤。

④ 所有需要熔透的焊缝工厂均要求100%UT内控。

T型钢加工成品

4）难点3

T型钢的最长跨度为两个标准层高，长度达9000mm，重约563kg，T型钢的运输、吊装方案等都会影响其变形及成形，所以T型钢的安装运输与施工方案为难点。

解决措施：

经过计算，本项目T型钢重量约0.6t，针对这种大型T型钢吊装常规脚手架安装难度大，我司采用卷扬机加滑轮组的方案。

公路运输：由于T型钢较大、较长而板较薄，构件在运输、吊装过程中容易引起变形，因此必须设置一定的防变形措施，如在T型钢翼缘和腹板之间设置一定的支撑：如 $L \geqslant 20$mm 的设置的支撑不少于3对，$L < 20$mm 的设置的支撑不少于2对等一系列措施。

工地垂直运输：针对T型钢较大型构件，我司计划采用钢索轨道提升装置进行型材、钢龙骨等大构件的垂直运输工作。

钢索轨道提升装置具有运输速度快、安全高效等优点，在我司承建的幕墙工程应用中，取得了良好的效果。此系统主要由电动吊机（卷扬机）、固定轨道索组成。

5）T型钢框架式玻璃幕墙系统结构计算

立柱采用80mm×300mm×20mmT型钢，高度 $H = 9000$mm，分格宽度 $B = 1800$mm。

由计算结果可知：

立柱最大应力为：$\sigma max = N/A + M/1.05/W = 185.58$MPa < 205MPa

立柱最大位移为：$dmaxX = 5qkL4/384/EI = 29.56$mm $< \min$（$H/250$ 或 30）$= 30$mm

可见，立柱的强度满足设计要求，立柱的刚度满足设计要求。

现场吊装照片

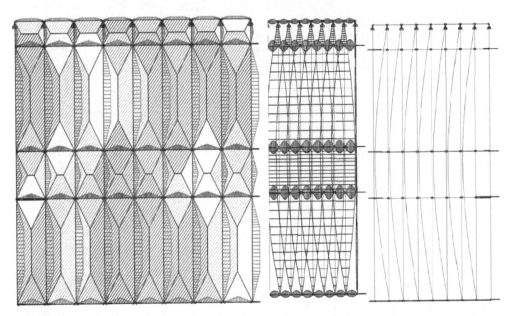

STAAD/CHINA 力学模型及荷载应力图/位移图

2.7 光伏幕墙系统

随着新能源光伏系统的不断推广，建筑光伏一体化系统以其节能减排产生的显著效益受到世界各国的重视。本工程率先响应节能环保号召，把光伏幕墙应用到建筑上，既能达到建筑美观，又能实现节能创效。项目本着"自发自用余电上网"的原则设计光伏发电系统。

系统太阳能电池：南面楼顶采用 1640mm×992mm×40mm 275W 单晶硅太阳能电池组件，中间玻璃盒子采用 1640mm×992mm×8mm 260W 双玻多晶硅太阳能电池组件。

铺设方式：南面楼顶组件采用矩阵式；中间玻璃盒子组件采用平铺式。

系统形式：并网供电形式。

系统主要内容：由太阳能光伏组件、直流汇流箱、逆变器、交流汇流配电柜控制保护单元、通信接口等组成。

日照分析：

深圳市的经度：114.1°E，纬度：22.5°N，光伏组件安装角度受纬度影响。太阳能辐射日照时数如下：

太阳能辐射日照时数表

月份	月平均气温（℃）	单玻组件安装角度			
		水平角度	设计角度	比较角度	
		0.00	10.00	21.00	30.00
		平均日照时数（h）			
1	15.5	3.17	3.45	3.70	3.87
2	15.7	2.99	3.11	3.23	3.26
3	18.8	3.12	3.16	3.20	3.16
4	22.7	3.73	3.70	3.69	3.56
5	26.0	4.30	4.24	4.12	3.89
6	28.1	4.54	4.41	4.27	3.99
7	28.9	4.97	4.80	4.69	4.38
8	28.7	4.56	4.49	4.45	4.25
9	27.7	4.35	4.40	4.45	4.36
10	25.3	4.23	4.45	4.63	4.70
11	21.1	3.79	4.14	4.40	4.60
12	16.8	3.13	3.43	3.73	3.95
年平均	22.9	3.91	3.98	4.05	4.00

本工程光伏幕墙安装功率为68980W，光伏系统每年提供80167kWh的绿色电力。

难点：由于光伏幕墙位于塔板层面，建筑标高为166.150m，风荷载标准取值为正压3.052kPa，负风压−5.086kPa，抗风压性能检测标准值取$W_K=5.086$kPa，抗风压性能等级应为9级；同时还需满足光伏的正常发电运行是一个技术难点。

解决措施：屋顶光伏遮阳系统组件通过螺栓固定于支撑件上，光伏边框上设有$\phi9$mm×20mm安装长圆孔，用于东西向安装调节，南北向安装误差通过弧形支撑件端板上的$\phi9$mm×30mm长圆孔调节，选材上满足结构计算要求，构造上满足光伏结构的伸缩性能。

光伏幕墙现场照片（俯视）

2.8　双曲玻璃采光顶系统

博物馆主体为钢结构球体，前期测量放线发现该部分钢结构偏差较大无法满足幕墙施工的精度，且极大地增加幕墙的施工难度。经过方案优化，采用了一种小单元式的做法，将隐框玻璃的型材龙骨做成一个小单元，在这种小单元与钢结构球体间设置 T 型转接件，通过 T 型转接件实现小单元的三维可调从而保证所有小单元安装完成之后形成标准的球体，小单元完成之后附框玻璃直接安装至对应的小单元内，巧妙避开常规框架幕墙现场球体放线误差、龙骨安装偏差、玻璃面板安装偏差三个环节，最终使球体完美合围。

（1）双曲玻璃采光顶系统分析

在系统选型阶段，初步方案拟采用框架式系统设计，经对比单元式与构件式采光顶系统在此处的适用性，单元体利用等压原理，当单元体腔的气压与室外气压相等时，腔内的水能及时排出单元体，但是考虑到板块的拼接缝有很多是竖直朝上的，无法将水在重力作用下分层排出玻璃表面，有极大的漏水隐患，且不易收集冷凝水。如果用构件式系统，每根铝龙骨规格都不相同，现场找材、施工放线、安装等非常困难；因此最终决定采用"单元式"采光顶系统。本系统的"单元式"有别于常规的单元式幕墙，组框形式为单元式做法，防水为构件式做法，通过工厂加工、组装保证了品质，现场整体安装降低施工难度。

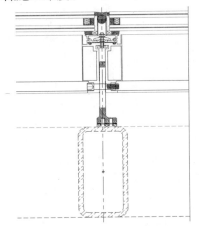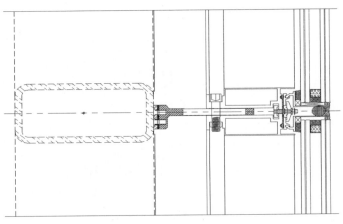

双曲玻璃采光顶系统横剖节点　　　　　　　　双曲玻璃采光顶系统竖剖节点

双曲玻璃采光顶幕墙现场照片（外立面）　　　双曲玻璃采光顶幕墙现场照片（内立面）

（2）双曲玻璃采光顶结构计算

受力路径为：玻璃→龙骨→立柱与支座连接→支座→埋件。

受力模型如下图所示：

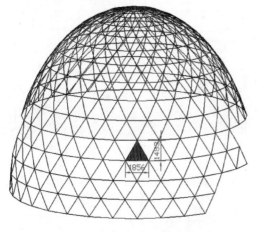

计算三维模型分板

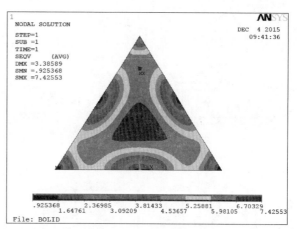

玻璃面板弯曲应力云图

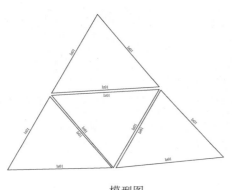

模型图

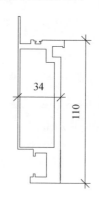

主龙骨型材模图

风荷载 标高 7.850m 处，地面粗糙度：B 类。基本风压：0.75 kN/m²

根据建筑结构荷载规范 8.3.1 表体型系数 1.4（考虑网壳为非常规平滑网壳，局部有突变，此处体形系数参考围护结构墙角计算）：

$$W_K = \beta gz \mu z \mu z1 \ W_0 = 1.00 \times 1.700 \times 1.60 \times 750 = 2040 \ \text{N/m}^2$$

上式中 βgz、μz 的值由表 4-1 查得。

风荷载标准值：$W_K = 2040 \ \text{N/m}^2$

幕墙玻璃为 6+1.14+6 钢化 +15A+6+0.72+6 半钢化双夹胶中空玻璃。

龙骨自重载标准值：$W_z = 600 \ \text{N/m}^2$

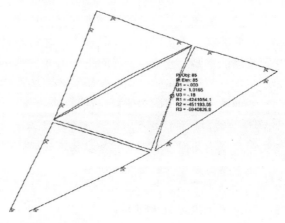

主龙骨型材截面参数计算结果

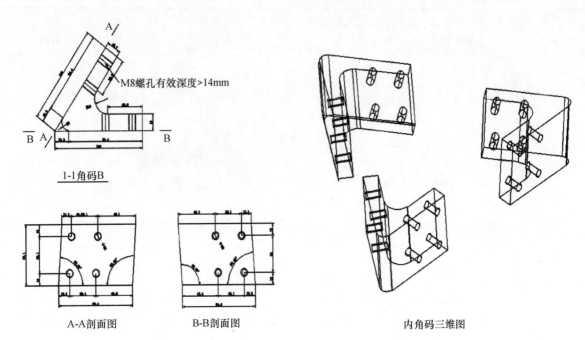

M8螺孔有效深度>14mm

1-1角码B

A-A剖面图　　　　B-B剖面图　　　　内角码三维图

组合角码加工图　　　　　　组合角码三维图

地震荷载为－0.2 kN/m²。自重荷载为：$q=0.6$kN/m²

活荷载为：$q=0.5$kN/m²

风荷载为：$q=2.04$kN/m²

地震荷载为：$q=0.2$kN/m²

计算结果，强度校核：荷载组合为 1.2DEAD＋1.4WIND＋13×0.5×Quake

$$M_Y=2.1\ \text{kN}\cdot\text{m}\qquad M_x=0.09\ \text{kN}\cdot\text{m}$$

$$\sigma=\frac{Mx}{Mx}+\frac{My}{My}=\frac{2.1\times10^6}{1.05\times2.89\times10^4}=70.5\ \frac{N}{mm^2}<f_a=140\ \frac{N}{mm^2}$$

其中140N/mm²为6063-T6铝合金型材的强度设计值。

龙骨满足要求。

挠度计算：

在自重作用下，龙骨挠度：

自重荷载下龙骨的挠度限值取 3mm 与 $L/250$ 之间的较小值（局部悬挑）；

0.75mm$<L/250=400/250=1.6$mm，$f_x<3.0$mm，挠度满足要求；

1.1mm$<L/1800=900/180=5.0$mm，满足要求；

综上所述，玻璃采光顶龙骨的强度和挠度均满足受力要求。

（3）双曲玻璃采光顶铝合金龙骨加工工艺、质量保证措施

穹顶幕墙的主要工艺难点：等腰三角形龙骨框的拼装，铝合金龙骨的切边角度种类太多，拼角位置需要加工配套的铝锭角码，铝锭角码需要三维放样采用激光切割。

（4）双曲玻璃采光顶施工质量保证措施

① 测量放线。

博物馆穹顶为曲面幕墙，安装精度要求高，需采用全站仪进行结构复测，对结构偏差较大位置进行纠偏，主要复测点位为支座安装位置。

② 施工措施。

施工措施采用内置满堂脚手架。

③ 现场施工安装顺序。

测量放线照片内置满堂脚手架照片

龙骨安装→座码固定→防水胶皮安装→玻璃安装→打胶清理。其中铝龙骨的安装需采用全站仪测量放线，确定安装控制点。

幕墙施工单位在安装玻璃面板的压块或盖板时，应避免局部压力过大，否则玻璃也会因边部挤压造成扭曲变形。

测量放线照片内置满堂脚手架照片

2.9　幕墙节能设计

（1）幕墙节能设计对策

东西朝向，太阳辐射强，建筑设计上尽可能减少透明玻璃幕墙面积，增加非透明玻璃幕墙面积；或者采用低辐射玻璃，增加外遮阳系统设计。综合建筑使用功能及外立面美观要求，此项目采用低辐射玻璃＋外遮阳系统设计降低太阳辐射，降低室内温度。

面板选用遮阳系数和传热系数均较小的 LOW-E 中空玻璃。

在层间层位置与结构梁、柱之间设置一层封闭式的保温隔热棉背板结构。

玻璃幕墙外挑突出玻璃面 450mm 设置横向遮阳系统（铝合金圆管），既美化立面，又具有良好的遮阳效果，可有效遮挡太阳对玻璃的直接照射，大大减少幕墙的辐射得热；遮阳管与室内立柱之间采用隔热胶垫进行隔离，防止导热。

幕墙见光位竖向为隐框式结构，室内铝材与玻璃之间采用不易导热的结构胶进行粘结。

（2）透明幕墙部位（有限元软件 MQMC 分析计算结果）

编号	名称	A	U
1	东朝向幅面	4756.387	2.747

从上表可知透明幕墙的传热系数为：$U=2.747\mathrm{W/m^2 \cdot k}<3.5\mathrm{W/m^2 \cdot k}$，（对应于 $0.3<$ 窗墙面积比 $\leqslant0.4$）显然满足设计要求。

（3）非透明幕墙部位

非透明幕墙系统的计算模型为：玻璃＋封闭空气层＋保温棉

非透明幕墙系统各层厚度采用：玻璃＋70mm＋50mm

选择玻璃类型：8Low-E＋12A＋8 中空玻璃

① 计算玻璃系统的总热阻 $R_{sum}=0.386\mathrm{m^2 \cdot K/W}$

玻璃传热系数 $U_g=1/R_{sum}=1/0.386=2.59\mathrm{W/(m^2 \cdot K)}$

② 玻璃与保温棉之间的总热阻 Rsum：

$$R_a=1/h_s=1/3.597=0.278\mathrm{m^2 \cdot K/W}（气体层的热阻）$$

$$R_b=d2r2=（50/1000）/0.045=1.111\mathrm{m^2 \cdot K/W}（保温棉的热阻）$$

$$R_{sum}=1/Ug+Ra+Rb=1/2.594+0.278+1.111=1.775\mathrm{m^2 \cdot K/W}$$

非透明板内表面换热系数取为 $8\mathrm{W/(m^2 \cdot K)}$

非透明板外表面换热系数取为 $21\mathrm{W/(m^2 \cdot K)}$

非透明板传热系数 $U_p=1/（1/hin+1/hhou+Rsum）$

$$U_p=1/（1/8+1/21+1.775）=0.51\mathrm{W/(m^2 \cdot K)}$$

③ 非透明幕墙单元的传热系数 $U_t=（\Sigma A_p \cdot U_p）/A_p=（1.77×0.51）/1.77=0.51\mathrm{W/(m^2 \cdot K)}$ $<=1.50$，传热系数满足要求。

（4）遮阳系数 SC

80mm 铝合金圆管外挑 450m，具有良好的水平遮阳效果，按 GB 50189 附录 A 计算幕墙的外遮阳系数 SDH：

$$SDH=1-（1-\eta）×（1-\eta*）$$

式中　SDH——窗口前方所设置的并与窗面平行的挡板（或花格等）遮阳的外遮阳系数；

　　　　η——圆管轮廓透射比，此处取 0.78；（参照前面说明）

　　　　$\eta*$——圆管构造透射比，此处取 0.15。（参照前面说明）

则：　　　$SDH=1-（1-\eta）×（1-\eta*）=1-（1-0.78）×（1-0.15）=0.813$

- 玻璃遮阳系数 $SC=0.46$
- 幕墙的遮阳系数：$SC=SD×SC=0.813×0.46=0.374<[SC]=0.45$

显然构件设计满足要求。

3　结语

随着社会环境对节能减排、可持续发展要求的不断提高，及建筑工艺技术的不断创新，装饰行业也应随之创新新技术。光伏幕墙系统作为一举两用的幕墙系统，其节能环保、绿色能源的特性，可以用来装饰低碳、绿色、人文的建筑，在未来必将得到大力发展。

经过我司的多方努力，中建钢构大厦幕墙工程于 2015 年底基本完工，2018 年获得国家优质工程奖。一座钢构特色的多功能建筑屹立于海滨城市深圳，与时代先驱的深圳融为一体，以一种艺术形式展现建筑的风格，突显深圳包容、创新的独特魅力。

汉京金融中心大厦幕墙工程设计施工要点浅析

◎ 黄晓青　邓军华

方大建科集团有限公司　广东深圳　518057

摘　要　汉京金融中心大厦幕墙外立面整体雕塑感极强，其中南立面是由凹面单元幕墙、凸面单元幕墙及倾斜面单元幕墙组成。凹面上部外倾5°，下部内倾3°；凸面上部外倾3°，下部内倾4°。设计、施工难度较大。本文选择部分重难点进行解析，为类似幕墙立面及系统提供设计思路和工程借鉴。

关键词　单元幕墙；折线单元板块；重难点；安装顺序；全母框单元板块；座式单元幕墙

1　引言

本工程位于深圳市南山区深南大道以北，科技中一路以东，南侧紧邻深南大道，深南大道南侧为深圳大学，北侧紧邻帝景园小区。本工程功能为商业及办公（图1）。本工程建筑为一类超高层综合体，耐火等级一级；层数：塔楼67层（含裙楼），裙房5层，地下5层。高度：南塔楼350m，北塔楼340m。本工程结构类型为巨型钢结构框架支撑结构，总建筑面积约216258m²。汉京金融中心典型的平面和立面图如图2所示。

该项目由墨菲西斯建筑师事务所操刀设计，主创是设计法国巴黎拉德芳斯"灯之塔"的设计师汤姆·梅恩先生，其设计大胆、创新，一气呵成，彰显其一贯的国际风范。该项目作为深南大道上的创意地标，具有很高的辨识度及昭示性。

幕墙类型包括但不限于以下幕墙类型：单元式玻璃幕墙、框架式玻璃幕墙、复合不锈钢板幕墙、不锈钢穿孔屋面饰板、首层大玻璃及入口门、铝合金通风百叶、不锈钢复合板雨棚、玻璃采光顶等。

图1　汉京金融中心实景

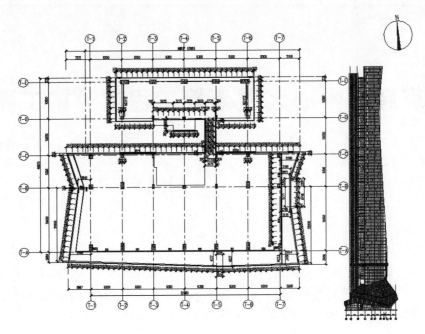

图 2 汉京金融中心典型平面立面

2 工程的重难点：大厦南立面三维面交接单元幕墙设计

2.1 大厦南立面上的三维面交接处，既是大厦的亮点，也是幕墙设计的难点

大厦的两个大面交接为一条空间直线，我司在此交接处采用空间转角幕墙单元板块，方便安装，外观效果好。上部56～60层为凹面折线单元板块，下部7～15层为凸面折线单元板块，凹面与凸面折线单元板块各有两种主要的类型，如图3所示。南立面造型分布如图4所示。

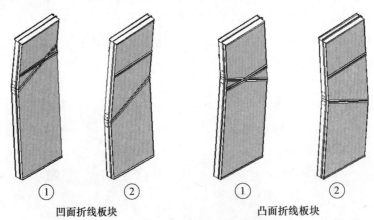

凹面折线板块   凸面折线板块

图 3 凹面和凸面的折线单元板块

凹面折线单元板块和凸面折线板块的板块骨架均在工厂组框，保证组装的精度。骨架组框后，玻璃在工厂打胶固定在骨架上，完成单元板块的加工。

2.2 三维面的安装与塔楼整体水平施工顺序

如图5所示，三维凸面交接处，B板块由于立柱与横梁均有转折，如果先装C板块的情况下，B板块将无法安装，板块必须由右至左顺次安装。

空间直线（凹面）

垂直倾斜面

空间直线（凸面）

图 4　汉京金融中心南立面造型分布

三维凹面交接处则相反，由左向右安装（图 6）。

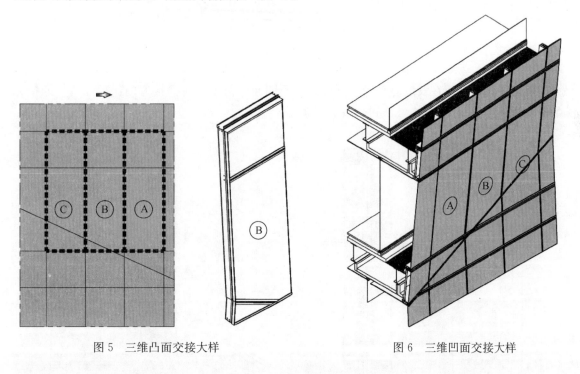

图 5　三维凸面交接大样　　　　　　　图 6　三维凹面交接大样

正是由于三维转角的特殊关系，决定了整个南塔楼的施工安装顺序，如图 7 所示。

2.3　三维交接面立柱设计探讨

（1）三维面的单元立柱插接探讨

如图 8 所示，以凸面幕墙为例，我司三维面转角同一立柱采用不同铝模进行拼接。其中，立柱后

225

端与下横梁平行，前端与各自的三维面平行。

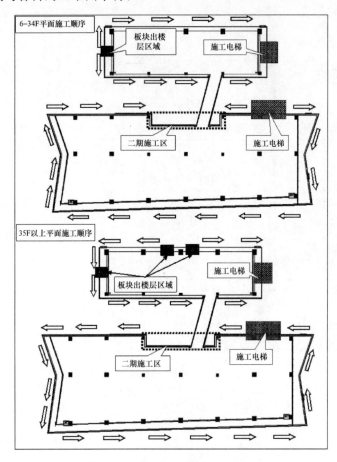

图 7　塔楼单元板块的安装顺序

立柱设计的目的在于在安装时，同一立柱处于不同面的公母料在插接方向保持一致（插接方向与下横梁平行），以保证单元板块可顺利插接（图 9）。

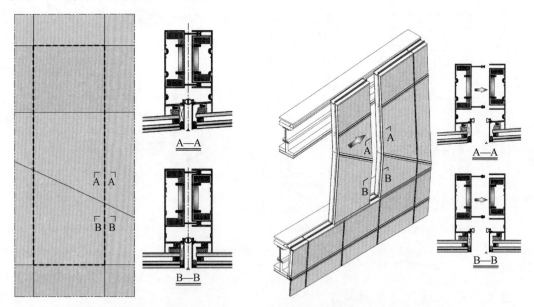

图 8　凸面转角幕墙立柱节点（一）　　　　图 9　凸面转角幕墙立柱节点（二）

2.4　立柱的端部与套芯设计探讨

（1）钢套芯设计时需考虑抗弯强度大于铝立柱的抗弯强度，以保证转折立柱的强度与稳定（图10）。

$$W_{芯A} * f_{铁} ＝93454 * 215＝20092610＞W_A * f_{铝}＝88402 * 140＝13276280\text{Nmm}$$

$$W_{芯B} * f_{铁} ＝67680 * 215＝14551200＞W_B * f_{铝}＝83129 * 140＝11638060\text{Nmm}$$

钢套芯满足立柱强度要求。

（2）立柱前端与玻璃面平行，立柱后端保持一致，可保证单元板块的平整过渡（图11）。

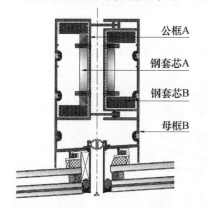

图10　凸面转角幕墙立柱节点（三）

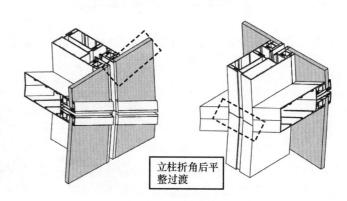

图11　转角立柱三维细部节点

2.5　三维交接面横梁设计

原方案中横梁与明框扣盖均与三维面平行，但经三维放样后，横梁与交接空间线相交处难以拼接，如图12所示。深化节点将三维转角空间线上的横梁与扣盖采用垂直水平面设置，可平整过渡，如图16所示。

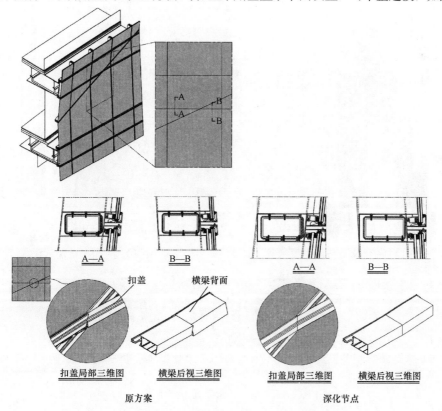

图12　转角立柱三维细部节点（原方案及深化节点）

2.6 三维交接面锐角玻璃优化为梯形玻璃

如图 13 所示，转角处部分玻璃为锐角玻璃。锐角玻璃容易伤人，同时，由于钢化工艺原因，玻璃易在锐角处产生应力集中，使得锐角玻璃成品率低，自爆率高。为此，深化节点将锐角玻璃设计为梯形玻璃，且不改变单元整体外观效果。

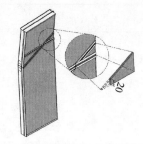

图 13　单元板块小玻璃示意

3　大厦东立面三维多面交接单元幕墙设计

东立面 6F-13F 处，两个竖向面与下部倾斜面交接，亦是本工程的关注点（图 14）。

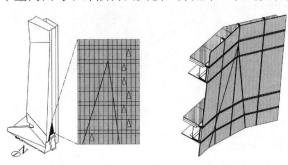

图 14　东立面三维多面交接示意

三维多面与南立面空间三维面交接不同，采用折角单元板块无法施工（立柱与横梁均有折角，无法插接），为此，我司以三维转角线为界，各平面采用平板单元设置（图 15）。

同时考虑三面转角的插接与防水，在三面交接处的三角形板块采用全母框单元系统（图 16 和图 17）。

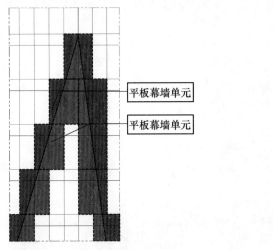

平板幕墙单元

平板幕墙单元

图 15　三维多面板块布置示意

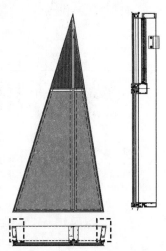

图 16　三角形板块示意

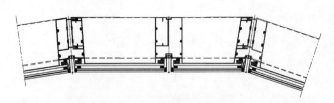

图 17　平板三角形单元节点示意

228

4 南塔楼北立面二期工程单元板块设计:

一期工程竣工后,建议加设可拆卸式铝合金封口型材,可起到一期工程完工后至二期工程期间的排水防水作用,同时保证一定的外观效果(图 18)。

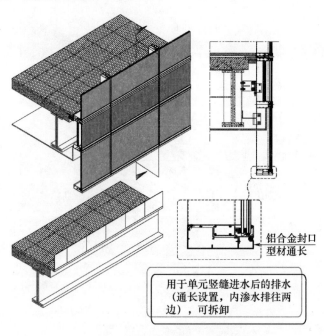

铝合金封口
型材通长

用于单元竖缝进水后的排水
(通长设置,内渗水排往两
边),可拆卸

图 18 一期工程竣工示意

考虑到二期单元幕墙与一期工程的连接,我司在二期与一期工程交接处采用座式单元幕墙系统,其安装如图 19 所示。

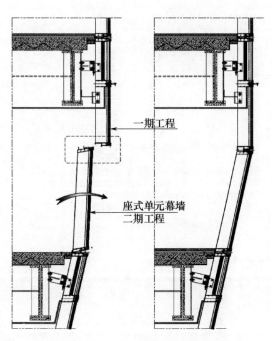

一期工程

座式单元幕墙
二期工程

图 19 二期工程与一期工程连接安装示意

5 单元幕墙防排水设计

幕墙系统最直接的使用功能就是围护，因此必须具有良好的防水功能。系统设计时，根据雨幕原理与等压原理，采用疏堵结合的设计理念来进行系统的防水设计，如图 20 所示。

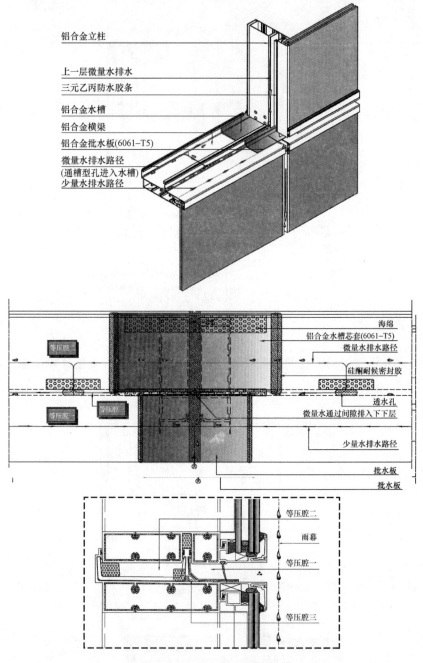

图 20 单元幕墙排水路径示意

单元幕墙排水路径说明：

（1）大量水排水路径：大量水被批水胶条阻挡，直接排出单元幕墙；

（2）少量水排水路径：少量水通批水胶条，经过等压腔一汇集后，在批水胶条竖向缝隙处排出单元幕墙外；

（3）微量水排水路径：在强风下，微量水翻过铝型材壁，进入等压腔二，经汇集后，排入等压腔三。等压腔三通过单元缝隙排入下一层等压腔一，最后经过少量水排水路径排出单元幕墙外。

6 单元幕墙竖向缝设计

由于单元板块上竖向缝上的密封胶条（EPDM胶条或硅胶条）均为弹塑性材料，其密封性能会随着竖向缝的变宽，防水性能会大幅下降。为此，我司建议在不改变幕墙外观的情况下，可将竖向缝设置为12mm，可改善单元幕墙的防水性能（经放样，12mm已可满足主体结构的变形、温度伸缩、安装加工误差等需要）（图21）。

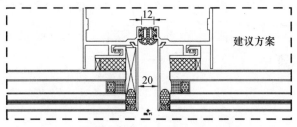

图21 竖向缝设计

7 单元支座设计

由于单元式幕墙安装精度要求较高，而主体结构可能存在较大的结构尺寸误差。因此单元板块与主体的连接机构除了要满足幕墙的强度要求外还要有一定的调节量，以保证连接件具有三维方向的调节能力。本系统支座施工精度要求较高，但由于系统支座在竖直方向上是完全释放的，它相比传统的支座节点，在抗震性能和抗主体结构变形方面性能更佳（图22）。

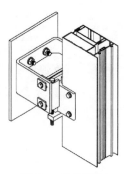

图22 支座设计

8 金属单元板块防尘设计

本大厦北塔楼使用了大量的金属幕墙，而金属幕墙的防尘设计也应详细考虑。金属幕墙易产生静电，而静电容易吸附灰尘，这也是大部分金属幕墙办公大楼容易脏的原因。为此，我司建议除玻璃幕墙外，北塔楼金属幕墙每层设置接地线，更好地排导静电。防雷规范要求每三层设置一道均压环，而针对金属幕墙的特殊情况，我司建议北塔楼每层设置均压环（图23）。

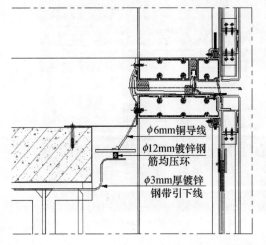
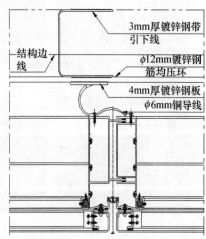

图23 幕墙防雷节点

9 施工流程

（1）整体施工流程如图 24 所示。

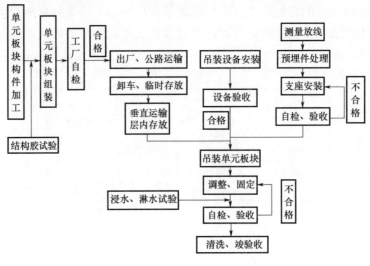

图 24

（2）主要现场工艺流程如图 25 所示。

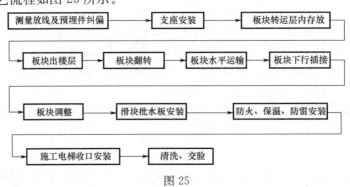

图 25

（3）幕墙施工总流程图如图 26 所示。

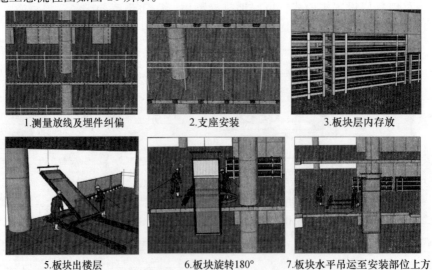

| 1.测量放线及埋件纠偏 | 2.支座安装 | 3.板块层内存放 |
| 5.板块出楼层 | 6.板块旋转180° | 7.板块水平吊运至安装部位上方 |

图 26　幕墙施工总流程示意

8.板块下行插接就位

9.板块调整

10.滑块、批水板安装

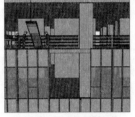

11.防火、防雷系统安装

12.收口板块施工

续图 26　幕墙施工总流程示意

10　结语

随着社会和经济的发展，在城市的中心区涌现出越来越多的地标性建筑，这些建筑往往是标新立异，造型新颖；这些新颖的建筑也对幕墙设计施工单元提出更高的挑战。汉京金融中心大厦的设计和施工的难度系数比较大，设计和施工要解决的难题也比较多。本文选取了其中的几个重难点进行阐述和分析，给今后类似的项目提供参考和工程借鉴。

参考文献

［1］玻璃幕墙工程技术规范：JGJ 102—2003［S］.

［2］建筑施工高处作业安全技术规范：JGJ 80—2016［S］.

［3］建筑幕墙：GB/T 21086—2007［S］.

三亚丝路之塔饕餮纹镂空铝铸件幕墙应用技术总结

◎ 杜庆林　柯建华　杨友富

中建深圳装饰有限公司　广东深圳　518003

摘　要　本文探讨了三亚丝路之塔饕餮纹镂空铝铸件幕墙系统的演化过程、设计思路以及装配式组装与安装，同时阐述了装配式幕墙施工的优点和实施条件。

关键词　铝铸件；穿孔；装配式；施工

1　引言

三亚丝路之塔项目位于三亚市崖州湾新区中心渔港宁远河出海口处。整个项目的建筑设计由中国工程院孟建民院士亲自把关，整个建筑造型引入"鼎、樽、八角塔、天圆地方、五龙传说"的中国元素，主塔高度为95m，寓意九五之尊，塔身的表面肌理采用中国传统的饕餮纹镂空以及表面云纹元素，体现一种治身治国、威严有序的传统文化（图1）。本文就此部分如何由设计理念转变为装饰幕墙，如何采用绿色、高效的装配施工技术来安装施工，做详细的介绍。

图1　三亚丝路之塔项目效果

2　饕餮纹幕墙系统的演化过程

每个建筑师脑海中都有一个色彩斑斓的梦，实现这个梦需要我们集合各行各业的智慧，集大成者方能美梦成真。对于本工程塔楼-4.5m 至 78m 塔身的纹理，建筑师想要一种镂空、有厚度，远看是饕餮纹，近看是云纹的外观效果，而且每个单元图案中间无明显拼缝，同时需要考虑后期整个塔身的灯光效果，留有足够的位置安装灯珠。如果仅仅制作这样的一块材料，那可以有很多的选择，但是就整个工程而言就比较困难了，作为一种近百米高度的幕墙装饰材料其本身必须有足够的强度，能够可靠地连接，以满足像三亚海边这种恶劣天气的受力要求，而且还要综合考虑施工成本和生产周期，是一件比较棘手的事情。

凭借 EPC 项目的便利性，我们施工设计单位能够及时参与到前期的方案设计中，配合深圳市建筑设计总院尝试着各种不同的方案，材料从铁板、铝单板到铝铸件以及新型材料，加工技术从线切割、焊接、压铸、铸造到 3D 打印，整个饕餮纹的花纹方案也随着材料的不同，一直在调整优化（图2、图3、图4、图5）。为了达到视觉效果的质感要求，面板的厚度要到达 30～40mm，而且整个项目 5000m² 的生产加工周期不能超过两个月，这就否定了其中几个方案，铁板线切割的重量太重，而且造价太高，铝板与穿孔板焊接的质量和外观都存在隐患，而且加工周期也不满足要求，3D 打印技术市面上暂时还没有这么大尺寸的机器，而且成本和材料的材质都会受到影响，铸铝之后再钻孔的效果已很接近，但还是有缺陷。我们在此基础上进一步调整了加工工艺，并联合精确开模技术，将泛光需要的钥匙孔型灯孔一起开模，最终通过压铸技术，制成了整体厚度 30mm、局部厚度 5mm、全镂空饕餮纹、表面布置云纹的铝铸件（图6）。

图2　铁板线切割类似效果

图3　铝板焊接实体效果

图4　3D打印类似效果

图5 铸铝后钻孔实体效果

图 6　饕餮纹板镂空铝铸件实物照片

3　饕餮纹铝铸件幕墙系统设计以及安装过程

3.1　幕墙系统的设计思路

三亚丝路之塔的主体结构为纯钢结构，只有 $-4.5 \sim 16.8$ m 和 $67.2 \sim 95$ m 的空间为使用空间，中间大片的空间只是电梯井道，所以饕餮纹铝铸件幕墙可以实现大面积的镂空形式，而不用考虑幕墙的防水。但是考虑到现场施工条件的限制，室外只能使用吊篮安装，而室内空间狭小，只能临时操作，不能作为材料运输通道，而且工期紧张，交叉作业频繁。为此打算将幕墙系统设计为装配式小单元幕墙系统，将绝大多数的工作留在加工厂，现场只进行挂码挂接和少量的螺栓调节。

通过图纸分析得出，塔楼的标准层高为 2.8m，每层都有工字钢梁作为幕墙生根点，而饕餮纹板的竖向分格是 1.4m，横向分格为 1.5m，正好是每层两块板的关系，同时为了保证饕餮纹镂空效果，尽可能地减少龙骨的数量，所以最终选择每两块饕餮纹板作为一个安装单元，龙骨选用 $10^{\#}$ 槽钢做一个日字形的简单骨架，背面用螺栓将铝铸件与钢框架连接起来（图 7、图 8）。

其实对于连接点的强度我们并不担心，我们担心的是在 30% 的不规则穿孔率下，是不是存在薄弱的局部位置，局部的连接强度够不够，所以对此专门进行了整个板面的强度和变形计算，计算结果满足受力要求（图 9）。

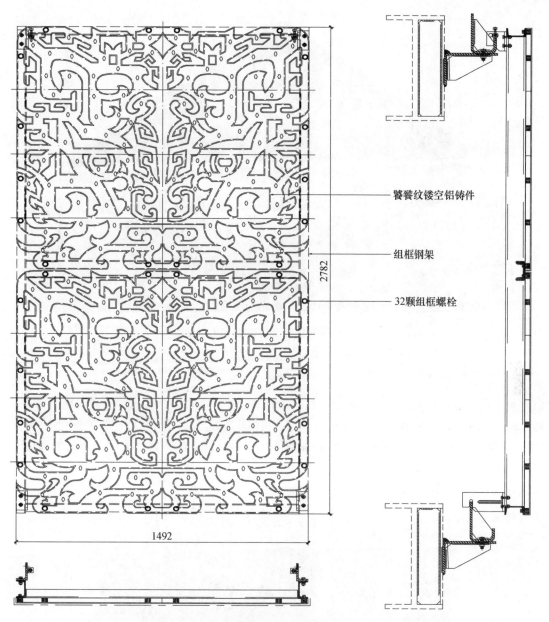

饕餮纹镂空铝铸件

组框钢架

32颗组框螺栓

图7　饕餮纹板与钢架组装

图8　饕餮纹板与钢架组装实物照片

图9 饕餮板变形计算模型以及结果

3.2 铝铸件的装配式组装与安装

（1）整个饕餮纹板的尺寸为1500mm×1400mm，在现有的加工工艺下，很难实现整体一块的开模和铸造，所以根据实际图案和加工周期，将整个图案分成8块开模，在连接点处预制连接耳板（图10）。在经过专业的压铸、成型、组装、喷涂等工艺后，使8块铸件形成一个有机的整体（图11～图14）。而在工厂组装的过程中，使用了45颗M10的沉头螺钉进行机械连接，这样既保证了整体的强度，又保证了密拼的视觉美观效果。

图10 整板分块示意

图11　压铸

图12　成型

图13　组装

图14　喷涂

（2）饕餮纹板与单元钢架的连接也是通过螺栓连接的，钢架在工厂加工、焊接、喷涂完成后，与饕餮纹铸件通过 32 颗 M10 的不锈钢螺栓可靠连接，然后再将每块板上的 108 颗灯珠卡扣在饕餮纹板预的钥匙孔型槽口中（图15），最后整体吊装挂接（图16）。

图15　饕餮纹板与灯珠的配合安装

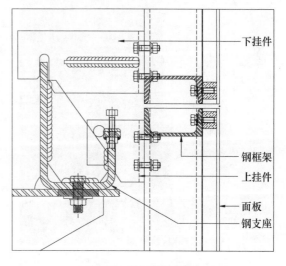

图16　单元挂接图纸

4 装配式幕墙施工的优点和实施条件

装配式的工艺贯穿了整个幕墙系统的各个阶段，从生产、加工、安装到与其他专业的配合，当然万物都有其双面性。

优点：（1）可以大大提高加工、安装的效率，降低安装成本，并且便于质量控制，提高了整个幕墙工程的使用寿命；（2）减少现场的切割、焊接作业，特别是高空作业，降低幕墙施工的危险性；（3）减少幕墙工程施工现场的环境污染，提高对噪声、废气、废液的控制和回收，以及边角料的回收再利用；（4）幕墙结构受力分界明显，便于分析受力情况，幕墙的结构安全更容易控制。

实施条件：（1）政府和行业协会应加大对装配式幕墙施工的支持和引导；（2）项目管理核心应从现场管理向施工深化设计和材料精加工转变；（3）需要把设计工作提前，设计大量的预留孔洞、安装丝孔；（4）需要提高加工、测量设备的精度，特别是现场三维测量放线的应用；（5）加大对 BIM 等计算机技术的推广和应用，包括设计、加工、施工等各个阶段，促进信息共享；（6）对现场原始结构的精度要求要提高。

5 结语

经过 4 个月的紧张施工，整个项目已经基本完工，饕餮纹板幕墙作为整个项目外立面效果的一个亮点，充分实现了远看磅礴大气、近看精致内涵的设计要求（图 17、图 18）。建成后的丝路之塔将作为三亚市"一带一路"建设的标志性建设工程项目，集船只航行指引、旅游观光、应急和商业发射塔等功能于一体，是三亚市参与打造 21 世纪海上丝绸之路，加快推进南海资源开发服务保障基地建设，为海上丝绸之路创造优质服务平台的重点工程，能够有效提升"海上丝绸之路"前沿基地的城市综合服务水平。

图 17　饕餮纹铸件幕墙近观照片　　　　　　　　图 18　三亚丝路之塔远观照片

垂直运行的电动木百叶的开发与应用

◎ 吕绍德

垂直运行的电动木百叶的开发与应用

◎ 吕绍德

深圳华加日幕墙科技有限公司　广东深圳　518052

摘　要　本文介绍了垂直运行电动木百叶的开发与应用，叙述开发设计过程中遇到的难题及解决方法。

关键词　电动木百叶；垂直运行

1　引言

木百叶高雅、稳重、有气质，不但给人以高贵的感觉，又可增加复古气息，受到建筑师及业主的青睐，常常在一些高规格的场所应用。但现在市面上大部分的木百叶都是固定式或旋转式的，上下运动的少之又少，市场上可供该产品参考的资料也少之又少，由于工程的需要，我们决定自己开发。

2　产品外观、功能上的要求

图 1 为建筑师及业主对于该产品提出的一个大致构想，百叶由两个实木条组成，组合后的截面尺寸为 180mm×70mm。百叶的最上面两排是全固定的，下面 7 排是可以上下活动的。活动的百叶由上下两个半块实木条组成，上半块固定，下半块可以上下活动。通过下半块百叶条的上下活动来控制百叶间的间隙，以达到控制采光、遮阳和通风的功能。设计活动百叶与一立杆连接，立杆置于一钢立柱之内，立杆的上端与一电机相连，以此来实现百叶的移动。

3　产品的设计思路

此系统的设计，对于固定部分百叶来说，不存在什么问题，主要是考虑百叶片与主受力构件的连接；活动百叶的传动系统是该系统设计的关键所在，也是本系统设计的难点所在。本系统跨度 4.95m，主受力构件为一箱型钢立柱，建筑师对钢立柱的外观及尺寸提出了要求，如图 2 所示。为了保证外观上的美观，百叶的传动机构必须隐藏在钢立柱之内。

4　传动机构的设计

设想在钢立柱内设置一导轨，在导轨内设置一上下活动的内轨。为使木百叶上下运动时平稳，外导轨与活动内轨之间不能有间隙。同时，由于木百叶的重心与电机的牵引力之间有偏心，外导轨与活动的内轨之间会有摩擦力。所以笔者首先想到的是在内、外轨之间放置成对的滚轮，这样摩擦力相对小一些，如图 3 所示。该方案最终并没有实施，因为钢立柱的内腔尺寸有限，内、外导轨加上两对滚轮的尺寸远远超过了这个尺寸。由于外观上的要求，钢立柱的尺寸不允许加大。所以，尺寸的限制成了方案实现的最大障碍。要减少尺寸，只能从内、外导轨和两对滚轮上想办法，内、外导轨因有强度要求，可优化程度不大，而占用尺寸最多的是两对滚轮，所以最有效的办法是减小轮子的尺寸。

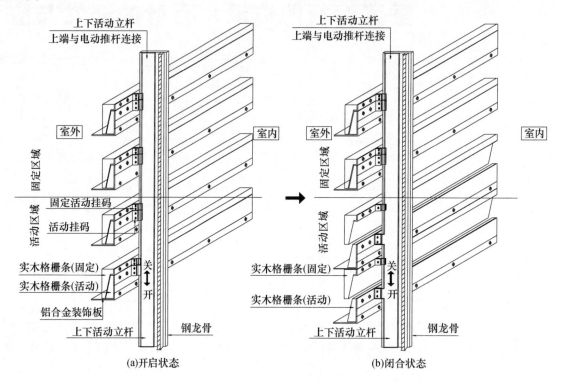

图 1　电动木百叶构造示意

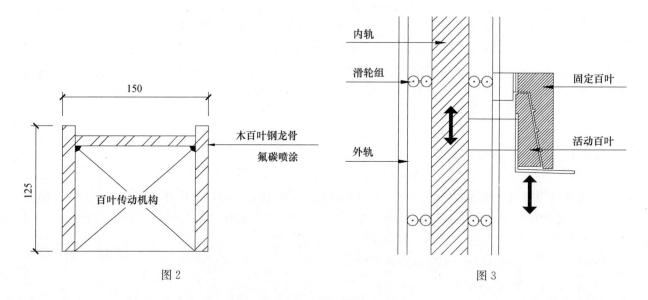

图 2

图 3

经过多方查询，终于找到了基本满足要求的配件，如图 4 所示，叫作万向滚珠。此配件可任意方向滑动且尺寸较小。内、外导轨和万向滚珠的装配图见图 5，内、外导轨都由铝合金挤压成型材料做成，外导轨上有< >型槽，起导向作用，防止内导轨在运动时左右摆动和偏移。万向滚珠固定在内导轨上，间距 500mm 左右。

图 4

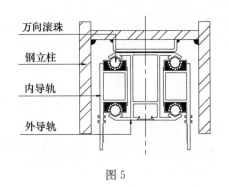

图 5

按图 5 的方案进行了装配及首次试验，该传动系统在功能上已基本能够满足要求，运动顺畅平稳，阻力很小，但有两个缺点。一个是在百叶运动过程中会产生较大的噪声。经分析原因，噪声是万向滚珠与外导轨之间的摩擦引起的，万向滚珠是不锈钢材质，外导轨是铝合金型材，两个都是金属件，两种金属在滚动时会产生噪声。另一个缺点是万向滚珠在承受压力时容易损坏，里面的细小钢珠容易散落。当百叶上墙以后，里面的钢珠一旦损坏，维修非常不便。因为万向滚珠与内导轨装好以后是套在外导轨里面的，通常是在车间从端头插入，并和外导轨一起固定在钢立柱内。要想更换其中一个滚珠必须把整个单元体百叶拆下来，工作量大，成本高，可操作性不强。

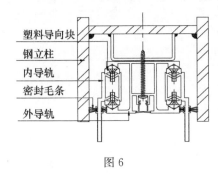

图 6

经过进一步的讨论和研究，我们对方案进行了改进，如图 6 所示。新方案在多个方面进行了改进和优化。首先，新方案采用塑料导向块代替了原来的万向滚珠，噪声问题得到了有效解决。如图 7 所示，塑料导向块通过螺钉与内导轨相连，每隔一定的距离设置一个，导向块与外导轨的凹槽咬合，并在凹槽中滑动。这样导向块与外导轨之间的摩擦由原来的滚动摩擦变成了滑动摩擦，运行更加平稳，这需要导向块摩擦系数低并且强度高。聚甲醛（POM）具有很低的摩擦系数和很好的几何稳定性，特别适合于制作齿轮和轴承，同时它还具有耐高温特性，是一种坚韧有弹性的材料，即使在低温下仍有很好的抗蠕变特性、几何稳定性和抗冲击特性，是该塑料件的理想的材质选择。

从图 6 中可以看到，内导轨与外导轨及钢立柱之间都设置了毛条，这样使传动系统处于一个相对封闭的空间，灰尘不能轻易进去，保证传动系统顺畅工作。

5　传动机构与百叶的连接设计

百叶的连接看似一个简单的问题，但由于此处可操作空间很小，手及紧固工具都没有充足的活动范围，螺丝不好固定，既要操作方便，又要连接可靠，同时还要美观，安装的难度不小。

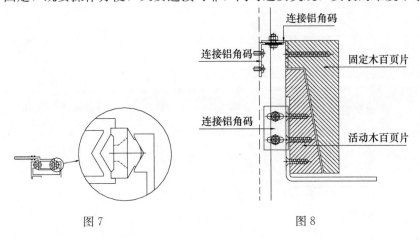

图 7

图 8

　　首先设计的连接方式如图8所示，下部的活动百叶连接在内导轨上，连接角码立向放置，垂直方向上设两个螺栓，这种方式在受力上有优势，缺点是螺母不好紧固，因为在水平方向上，相邻两个木百叶之间的距离只有10mm，拧紧螺母时的活动空间不够，在施工便捷性上处于劣势；上部的固定百叶直接固定在外导轨上，连接角码水平放置，虽然安装方便，但连接的强度大大降低。下部活动百叶角码立放安装方式，连接强度高，安装稍有不便。

　　经过第一次样板试制和试装，我们针对以上连接方式的不足进行了改进和完善。如图9所示，固定百叶的连接角码采用立放的安装方式，确保了连接的强度。百叶上的角码与外导轨上的角码的连接螺钉直接从外面打过去，只需在内导轨的相应位置开避位孔，并在外面装上一个装饰扣板，既操作方便，又美观大方。活动木百叶的连接延续以前角码立放的安装方式，仅将原来的螺栓连接改为螺钉连接，即解决了安装方便的问题。连接系统的角码上都开有能互相咬合的齿纹，用于实现安装位置的微调及增大摩擦阻力。

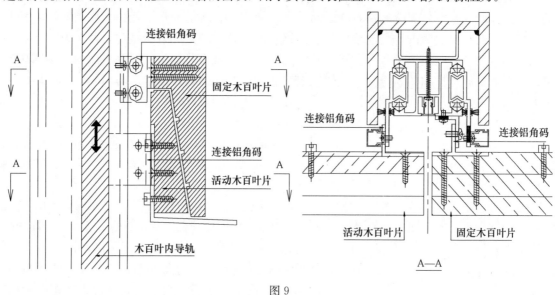

图9

6 传动机构与电机的连接设计及电机的维修与更换

　　如图10所示，内导轨的上端与电机相连，由电机带动百叶系统上下运动。电机的连接头直接插进内导轨的腔体内，通过螺栓与导轨相连。

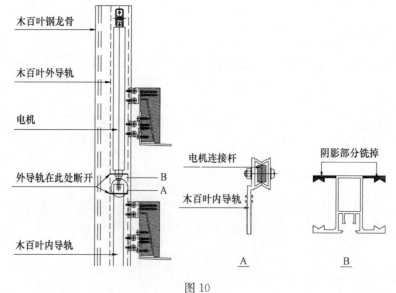

图10

由于整个传动系统封闭在钢立柱里面，考虑到电机的维修与更换，外导轨在图 10 中粗线的两个位置处必须断开，此段导轨单独固定，且加工成如图 10B 所示的截面，以便能够在维修时将它拆下来，然后才能把电机取下来维修。

7　结语

本系统经过不断的探索和改进，在使用功能、外观、性能方面完全满足业主和设计师的要求。在项目成本控制方面也做得非常到位，为项目带来了良好的经济效益。本系统现早已应用于实际工程，经过了 10 年的检验，系统运行稳定，未有任何异常情况的反馈，用户非常满意。

参考文献

［1］塑料 聚甲醛（POM）模塑和挤塑材料：GB/T 22271—2016［S］.
［2］塑料件表面粗糙度：GB/T 14234—1993［S］.
［3］塑料滚动磨损试验方法：GB/T 5478—2008［S］.
［4］建筑遮阳工程技术规范：JGJ 237—2011［S］.
［5］玻璃幕墙工程技术规范：JGJ 102—2003［S］.

鱼鳞形单元式幕墙系统重难点分析
——南山宝湾物流中心幕墙

◎ 陈 丽 曹 辉

中建深圳装饰有限公司 广东深圳 518003

摘 要 本文探讨了鱼鳞形单元式幕墙系统在设计、加工、组装及安装过程中需注意的重难点，从而保证建筑的安全实用、功能适用、环保节能、美观新颖。

关键词 鱼鳞形；加工；组装；施工

1 引言

南山宝湾物流中心项目的设计在追求一般的安全实用、功能适用、环保节能之外也对建筑的外观造型作了更高的追求：建筑主立面大面积独特的鱼鳞形设计既增添了建筑的质感，同时相互叠加的铺设效果也给平面的建筑增加了立体感，并含有"鱼跃龙门"的美好寓意；南面主入口大悬挑鱼鳞形造型雨棚，无拉杆设计，简洁大气；西立面室外楼梯栏杆造型错落有致，提升了整体建筑的灵气。

南山宝湾物流中心项目为中国南山开发（集团）股份有限公司的集团总部大厦；位于深圳市蛇口赤湾港区域，南面临港航路和赤湾六路，西面临港航路；建筑标准为 5A 级甲级写字楼，总建筑面积为 82126.53m²，地上 34 层，标准层高 4.2m，结构总高度 156.90m。大厦平面呈矩形，主体采用框架-双核心筒结构体系。幕墙形式包含：单元式鱼鳞形玻璃幕墙系统、西立面楼梯为玻璃栏杆系统、主次入口悬挑玻璃雨棚、框架式隐框玻璃幕墙系统、铝合金格栅系统、入口大跨度钢型材隐框幕墙系统等（图 1、图 2、图 3）。

图 1 南山宝湾物流中心整体效果

图 2　工地现场图（一）

图 3　工地现场图（二）

2　鱼鳞形单元式系统介绍

鱼鳞形单元式玻璃幕墙系统在平面上的分布如图 4 所示，其中悬挑大飞翼位于西北角及东南角。

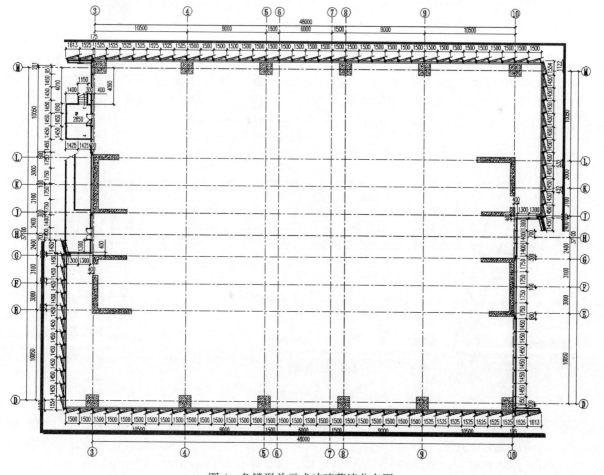

图 4　鱼鳞形单元式玻璃幕墙分布图

鱼鳞形单元式系统面板采用中空 Low-E 夹胶钢化玻璃，规格 8＋1.52PVB＋8Low-E＋12A＋8mm；面板向外倾斜约 15°，挑出 410mm，形成鱼鳞立面造型；玻璃挑出部分为夹胶玻璃，作彩釉处理；单元板块分格尺寸为 1.5m，层高含 4.2m，4.5m，6.0m 三种；玻璃面板每层一块，标准层玻璃尺寸约 1.8m×4.2m，最大面板尺寸约 1.8m×6m；玻璃面板左右两边为隐框，通过硅酮结构胶固定，上下两边为明框扣条固定（图 5）。

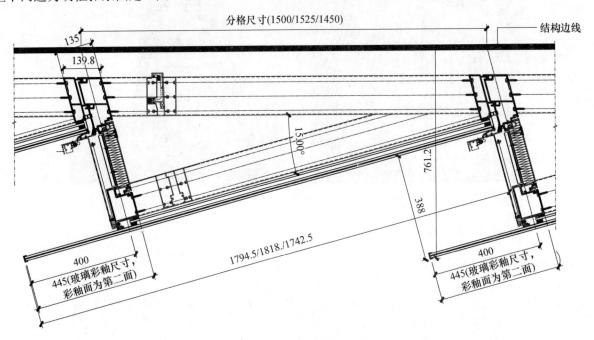

图 5　玻璃分格示意

鱼鳞形单元式系统支撑龙骨含顶、底横梁各两支，立柱三支，横梁与立柱相互拼接以组成三角形单元体造型。其中单元式公、母立柱、顶、底横梁组成平板框，前立柱通过两段带凹凸槽的铝合金立柱（标准层一段 100mm 长，一段 1000mm 长）与公立柱相连，上下前横梁一端通过钢连接件与顶底横梁相连，一端与前立柱连接，形成完整的三角形单元体（图 6、图 7）。

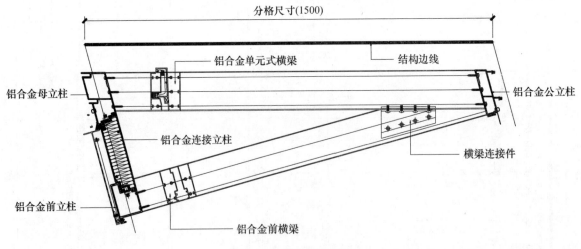

图 6　龙骨组装示意

鱼鳞形单元系统挂件为 6061—T6 的铝合金材质，挂件系统与槽式埋件共同形成三向可调的支座连接系统，满足施工安装误差、结构偏差等一系列调节需求。单元板块为斜面板，风荷载对支座产生的水平分力通过 T 型螺栓与槽式埋件的摩擦力抵抗，并于槽式埋件上加焊 30mm×30mm×4mm 角钢确保板块不会移动。鱼鳞形单元式系统开启扇设计在鳞片倾斜位置，外置穿孔铝板，开启扇对室外不可见，有效地保证了外立面的整体效果，同时内开窗避免了意外掉落的隐患，保证了安全。开启扇型材内设有保温棉，提高单元体热工性能（图8）。

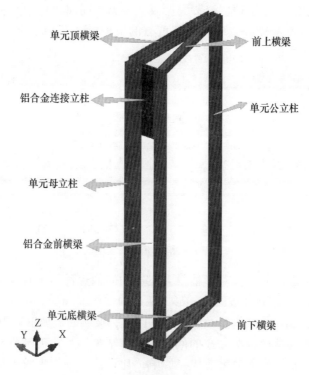

图 7　龙骨布置三维图

图 8　室内效果

3　鱼鳞形单元式系统重难点分析

3.1　玻璃加工

　　鱼鳞形板块玻璃的特点为大飞边、部分彩釉、中空 Low-E 夹胶玻璃，玻璃本身加工难度大，又由于飞边位置无法机械打胶，面临着加工周期长、加工质量难保证等诸多问题，为了解决这些问题，我们对方案进行了多次调整，最后确定了可以保证质量和工期的可行方案，下面就面板加工方案的确定做详细介绍。

初始玻璃方案详见图9。考虑到彩釉玻璃加工工艺中的釉料与 Low-E 膜不相容、不附着的特点，玻璃面板加工工序为：玻璃第4面镀膜-第4面部分彩釉处理-夹胶玻璃与单片合片。这样存在的问题包括：（1）先除膜后彩釉，除膜工序繁琐，浪费大量人工，加工周期变长，不能满足生产要求；（2）夹胶玻璃与单片合片，飞边尺寸 409mm，玻璃厂家现有的机械设备及加工工艺远不能满足每月 4000m² 的产能要求，并且不能保证质量。

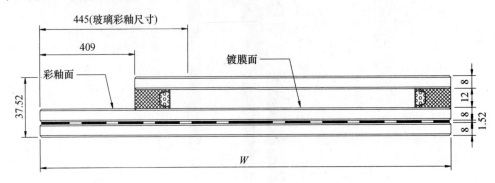

图9　初始方案玻璃加工

为了解决面板加工的问题，我们针对彩釉及大飞边的问题想过不少解决方案，比如：飞边与大面玻璃断开的方案，见图10；玻璃断开成两片，形成两边独立的玻璃受力体系，大片玻璃为标准夹胶中空玻璃，挑出玻璃为夹胶玻璃，靠结构胶及点玻爪件固定。玻璃面板加工均为常规工艺，不需要除膜，不存在大飞边合片问题，但是这个方案存在的问题：计算很难满足，玻璃悬挑过大，对转接件要求过高，增加的驳接点也较多，对外立面效果造成了影响。比如：把中空夹胶玻璃分别变为标准的夹胶玻璃加标准的中空玻璃，在单元体组装加工过程中，将夹胶玻璃与中空玻璃"合成"双中空玻璃。这个方案在玻璃加工产能上能满足施工进度要求，且对建筑效果没有影响，这个方案的问题是增加了玻璃自重，并且业主担心有积灰和结露的隐患。（图11：其中左一、二为夹胶玻璃与中空玻璃"合成"双中空玻璃，右一为初始方案玻璃，右二为玻璃断开方案）

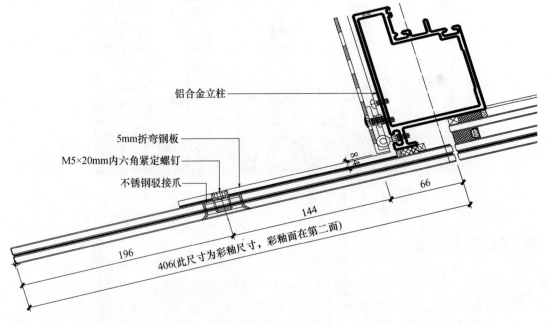

图10　改进方案节点

图 11　玻璃视觉样板

　　在经历了多次方案修改后，综合考虑结构受力及外观效果等因素，最后决定还是从工艺及设计上调整方案，维持原 3 片方案。第一，调整彩釉面，PVB 胶片与彩釉同在一个面，即彩釉面位于第 2 面，镀膜面位于第 4 面。这样调整后省去了除膜后再彩釉的工序，大大缩短了加工周期；第二，为了防止镀膜层在室外氧化影响效果，在玻璃镀膜时，对飞边位置进行遮挡，镀膜结束后，直接去除遮挡物，一次性快速除膜，避免了人工除膜，既高效又能保证质量；第三，通过对大大小小的玻璃厂家的加工车间进行实地考察，并与玻璃厂家技术人员的积极沟通及研究，我们通过调整玻璃厂的中空合成线上机械，改进玻璃厂的技术，使之可以进行机器一次性打胶，避免人工二次打胶，这样既减少玻璃厂家的生产成本，也满足了项目的质量要求和产能需求（图 12、图 13）。

图 12　改进后的飞边打胶　　　　　　　　图 13　遮挡镀膜技术

3.2 板块加工组装

由前面系统介绍可以知道，单元板块的构件及组装件种类繁多，这都加大了设计下料及工厂组装的难度。板块为三角形板块，前横梁与后横梁连接为带角度拼接，对铝材切角和立柱开孔加工精度及组装精度要求都极高。1.5m宽分格单元板块前横梁与前立柱拼角为90°直角拼接，1.525m宽单元板块前横梁与前立柱拼角为90.3°，1.45m宽单元板块前横梁与前立柱拼角为89.5°，结构胶及双面贴厚度为变化值，立柱与横梁碰接处为倾斜打钉。另外，考虑到吊船扣及灯光管线等因素，单元板块的分类及加工种类就更多了（图14、图15）。

图14　单元板块组装图一

图15　单元板块组装图二

在运输安装方面，单元板块为带飞边三角形板块，飞边玻璃易破碎，保护难度大，而且按照常规思路，板块的运输量也很难达到工地安装需求，因此，我们改进了板块运输架，增加了运输数量，降低运输成本，保证了板块供应（图16）。

图16　改进后的板块运输方案

3.3　结构计算

造型奇特的单元式板块设计对结构计算也是一大挑战。鱼鳞形单元板块飞边处夹胶玻璃属局部突出构件，体型系数按2.0考虑，大面玻璃按墙角区1.6考虑。单元板块计算模型的水平荷载分布如图17所示。

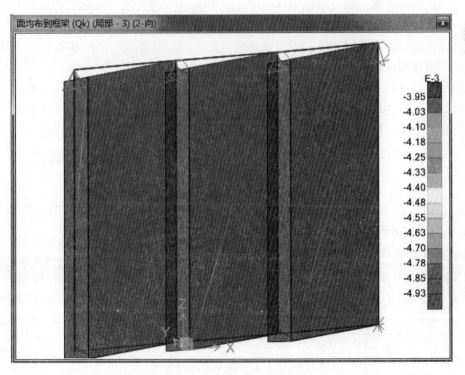

图17　单元板块荷载分布

玻璃计算按照规范关于多层玻璃荷载分配的原则，逐层分配，分层验算。单元板块龙骨计算采用 SAP2000 建模，荷载按面荷载分配原则输入，计算模型中杆件截面按照实际截面输入，变形结果由模型中直接读取，应力结果由软件中读取的内力结果值按规范公式计算得出，均满足规范及安全要求。三角形板块连接中很重要的构件是单元式立柱与前立柱之间的连接立柱，靠卡槽传递水平荷载，螺栓传递竖向荷载，计算时通过实体建模来验算连接立柱的局部应力（图18）。

图 18　连接立柱局部应力

3.4　大小飞翼处的施工安装

鱼鳞形单元式幕墙在西北角及东南角有挑出 2 个单元板块的大飞翼悬挑造型，以及在东西两个面中间有挑出一个板块的小飞翼造型，两个飞翼构造相似。小飞翼系统主龙骨在每层楼面标高处悬挑 1.5m，1 个单元板块固定于钢方通上；大飞翼系统主龙骨在每层楼面标高处悬挑 3m，2 个单元板块固定于钢方通上，钢通外包铝板。

飞翼上的单元板块与主立面上的单元板块是连续的，这对飞翼主龙骨的定位安装要求特别高，既要保证主龙骨上表面与结构面标高统一，又要保证主龙骨与单元板块的进出位与大面统一，一点点的误差都有可能导致单元板块安装不上，或者安装后达不到理想的外观效果（图19）。

4　结语

有人将幕墙设计施工的工作比喻为给建筑主体"穿衣"，"衣服"的制作不仅要选材适当，剪裁得体，制作精良，还要保证防风防水，保温隔热，经久耐用。"衣服"的造型越来越别出心裁。我们作为幕墙设计师也应当在工作中充分运用以往工程经验，结合新材料、新工艺的学习，积极沟通生产施工一线，勇于探索创新，为每栋建筑穿上完美"外衣"。本文对鱼鳞形单元式幕墙系统施工设计加工过程中的一些重难点进行分析总结，希望能为以后的类似工程提供一些参考。

图 19 大飞翼板块安装图

新型干挂文化石幕墙在工程中的应用浅析

◎ 艾 兵

深圳华加日幕墙科技有限公司 广东深圳 518000

摘 要 本文通过实例介绍了一种新型干挂文化石幕墙的设计、制作、加工、安装方法。

关键词 新型；干挂；文化石；加工安装方法

1 引言

传统文化石通常用于室内的背景墙面、花坛挡土墙、建筑围墙等部位，大小为小片，且为湿贴。部分外墙干挂的，也是小片进行安装，钢架繁多，施工较为复杂，施工难度大，效率较低，也只用于低位的外墙，如图1、图2所示。因为传统文化石幕墙存在诸多不足之处，新设计了一种外观与传统文化石幕墙完全相同，但又解决了传统文化石幕墙缺陷的新型文化石幕墙做法。新型文化石幕墙可以在工厂预制成大块石材，完成表面处理，外形完全仿真，采用符合现行石材幕墙规范的干挂施工方法，可以确保石材幕墙的长久安全。以下详细介绍新型文化石幕墙的设计、制作、加工、安装方法。

图1 小片石材外观图

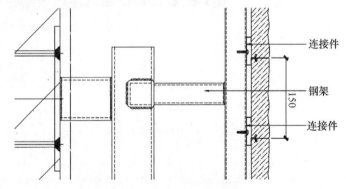

图2 小片石材安装纵剖图

2 新型干挂文化石

本文所讲的新型干挂大板块文化石幕墙的设计、制作及安装方式可提高文化石的制作效率、提高加工效率、现场的安装效率，可有效地控制成本、提高经济效益。

2.1 设计

依据建筑外观效果，满足规范，结构计算等要求下，设计出大板块文化石幕墙，需从结构受力模式、文化石的制作、物理性能、加工、安装等方面综合考虑。

2.2　制作

（1）按外立面文化石凹凸的效果要求，制作模具，按外观尺寸的要求及分格确定模具的大小，通常一个项目需制作多款尺寸不同的模具，为满足生产量的要求，每款模具需制作多个。做模具前先排列好文化石表面的纹理、色彩，特别是上下左右相邻板块的接缝纹理过渡、色彩过渡需自然，体现出自然拼接的效果。

（2）为加强文化石的强度，文化石内需布置钢网格，钢网格的密度及网径满足受力计算要求。

（3）为安装方便，文化石需预埋安装点，安装点通常为伸出的一根螺杆，螺杆的大小需满足计算受力要求，螺杆通过螺帽、螺母固定在钢片上，钢片的大小通常为 100mm×100mm×5mm 厚，钢片起安装点局部加强的作用，钢片焊接固定于钢网上，提升文化石板块的整体强度，（见图 3、图 4、图 5）文化石的模具尺寸大小为 1200mm×800mm，800mm×800mm，400mm×800mm。

图 3　模具制作的 1200mm×800mm 整块文化石

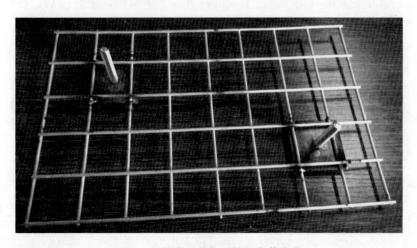

图 4　板块内置的钢网格及安装点位

2.3　加工

通过模具制作好文化石板块后，因已经预埋好安装点位，不需要在加工厂开孔、开槽等用于安装连接件。如文化石幕墙有弧面或折线，需对拼接处的石材进行切角等加工，拼接效果较好。最后收边的板块按现场尺寸切割并做好边部处理，大板块文化石的加工相对简单。

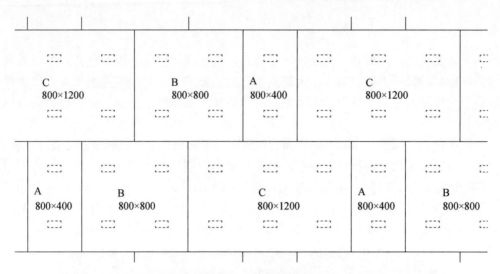

图 5　外观排列效果及安装点位

2.4　安装

（1）现场安装好埋件，并将主龙骨连接到埋件上，调整好定位。

（2）安装次龙骨，调整好定位。

（3）安装铝板，做披水背板用。铝背板搭接方式为上部铝板的下端压下部铝板的上端，固定好后，钉头及搭接处均做打胶密封处理。

（4）钢架上安装铝合金角码连接件及铝合金挂件，通过开长孔的方式，进行上下及前后调节，定好位后，拧紧螺母固定。

（5）文化石加工后到现场，安装铝合金挂件，通过开长孔的方式，进行上下调节，定好位后，通过螺母固定在板块的安装点上。

（6）挂上文化石板块安装即可，可通过上端的钉进行上下微调，定好位后，打钉固定。其他板块按此顺序安装即可。

以上详见图 6、图 7 所示。

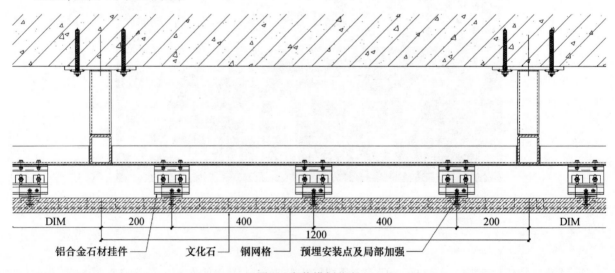

图 6　安装横剖节点

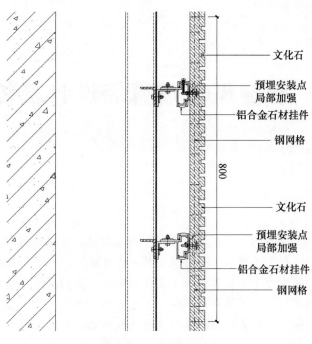

图 7　安装纵剖节点

3　结语

本文介绍了一种新型干挂文化石的设计、制作、加工和安装方法，可以解决传统文化石幕墙存在的一些缺陷。随着社会的发展进步，建筑幕墙的安全、美观、环保、节能越来越重要，在确保满足国家规范的基础上，巧妙地、合理地发挥各种材料的特性，并在已有的幕墙形式上进行创新改进，设计出更高效的文化石幕墙，为推动建筑幕墙的技术进步做出贡献。

参考文献

［1］金属与石材幕墙工程技术规范：JGJ 113—2001［S］．
［2］人造板材幕墙工程技术规范：JGJ 336—2016［S］．
［3］玻璃纤维增强水泥（GRC）建筑应用技术标准：JGJ/T 423—2018［S］．
［4］建筑装饰装修工程质量验收标准：GB 50210—2018［S］．

智慧型玻璃幕墙设计及施工要点浅析

◎ 张清会

深圳市科源建设集团有限公司　广东深圳　518031

摘　要　国内大型高层建筑传统使用框架式明框和隐框玻璃幕墙，其幕墙技术已成熟，但一般的玻璃幕墙装饰使用的是传统的系列型材，在超高层的外墙装饰中存在缺陷，如使用传统的明框玻璃幕墙，玻璃的固定采用压块螺接固定，压块外使用装饰扣板。在超高层使用螺接金属压块的弊端为：强大的风压造成玻璃板块晃动触碰到压块或装饰扣板等金属构件，产生集中应力使玻璃破裂；另一个问题是螺接的压块很难抵抗超高层的风压。如在超高层使用传统的隐框玻璃幕墙，虽然外观效果美观，又避免明框幕墙因强风压所产生的螺接松散和碰撞等带来了安全隐患，但又会出现新的安全隐患：玻璃与铝框之间完全靠结构胶粘结。结构胶要承受玻璃的自重、玻璃所承受的风荷载和地震作用，还有温度变化的影响，结构胶的耐久性不足是隐框幕墙难以解决的安全缺陷。采用新型的单元式幕墙，不但造价高，还有维修和防水等问题还不能完全解决。超高层建筑玻璃幕墙需要进行改进幕墙系统，以解决传统的玻璃幕墙型材系统不能满足的质量安全等问题，因此进一步行研究优化新型幕墙系统具有重要的意义。

关键词　超高层；构件式；智慧型；玻璃幕墙；预埋件；铝型材

1　引言

定义：本幕墙系统根据兴发铝材厂的智慧"挂钩式"幕墙系统进行引申和优化，故命名为智慧型玻璃幕墙，该技术省略了连接角码，无需额外加工，安装极为方便，省时、省工，抗剪、抗纽、抗压能力极好，又便于更换，实现装配式安装；各项指标通过计算机模拟计算，达到防水性能优，耐风压，调节空间大等，以此命名"智慧型玻璃幕墙"实至名归，该技术已运用于我司长富金茂大厦项目。长富金茂大厦幕墙工程位于深圳市福田区益田路南保税区核心地段，总建筑面积约 20.7 万 m² 的 CFC 长富中心塔楼高 303m，共 68 层，层高 4.1m，幕墙面积 6 万 m²。经实际使用，于 2015 年竣工，在结构封顶的时候，幕墙龙骨就安装到 62 层，玻璃安装到 52 层，比原计划工期节省了近 4 个月；在用材方面节省了铝材近 60t。产生了良好的经济效益。

1.1　工程特点

本工程玻璃幕墙最大标高达到 301.2m，形状呈橄榄形，中间大上下小，四个角部为弧形玻璃幕墙（图 1）。采用的幕墙方式为半隐框框架式玻璃幕墙，避难层为铝合金百叶。

1.2　玻璃幕墙关键技术和创新点

超高层构件式智慧型玻璃幕墙设计及施工技术，根据普通的框架式玻璃幕墙和单元式玻璃幕墙两者的优点进行了设计和方案优化。经计算机模拟计算，其玻璃板块构成单个小单元式卡嵌在横梁和立柱的卡槽上，综合集成采用板槽式埋件、T 型螺栓和配套的组件、弹簧销连接技术，既满足了单元式幕墙安装快捷、耐风压等特性，又满足了防水性能好、维修便捷等要求，且无需进行大型机械吊装。

图 1　现场图

2　设计技术分析

（1）根据普通的框架式玻璃幕墙和单元式玻璃幕墙相互的优点进行了设计和方案优化，主要构件采用柔性连结，减少现场焊接。此系统的节点剖面分解如图 2 所示。

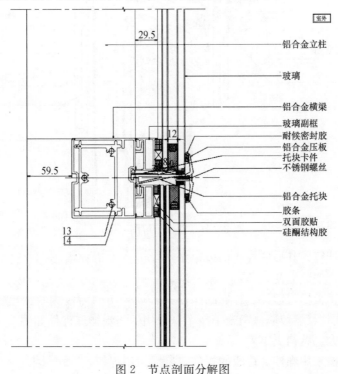

图 2　节点剖面分解图

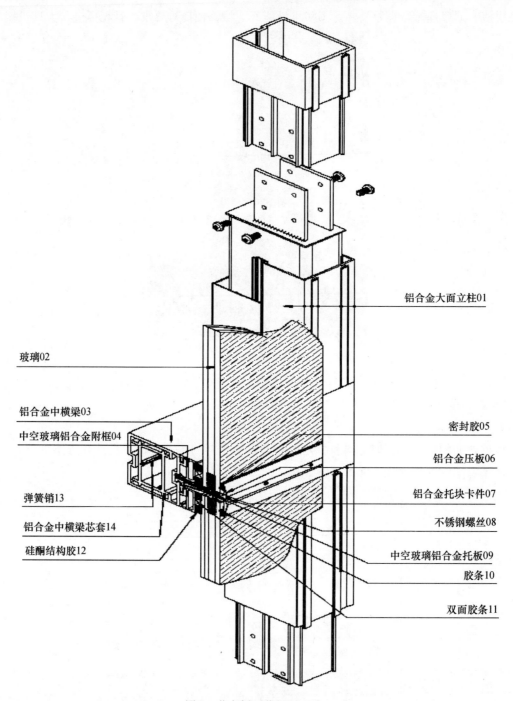

图 2　节点剖面分解图（续）

（2）经计算机模拟计算，其玻璃板块构成单个小单元式卡嵌在横梁和立柱的卡槽上，因设计集单元及构件式幕墙的优点，安装方便，外观效果整洁，用铝量比单元式节约 20%。

（3）在预埋板上采用板槽式埋件。普通的构件式幕墙采用的为板式的预埋件，单元式幕墙采用的为槽式，"超高层构件式智慧型玻璃幕墙施工技术"采用的为板槽式埋件如图 3 所示，经计算机模拟计算．此种方案调节空间大，结构更牢固。

（4）幕墙立柱与板槽采用螺接。普通的板件式幕墙采用焊接，工作量大，高空作业容易火花四溅，产生消防隐患，而且焊完后没有调节空间，硬性连接容易产生应力变形等质量问题。"超高层构件式智慧型玻璃幕墙施工技术"采用 T 型螺栓和配套的组件进行连接，解决了上述问题，而且施工简单、方便、快捷，如图 4 所示。

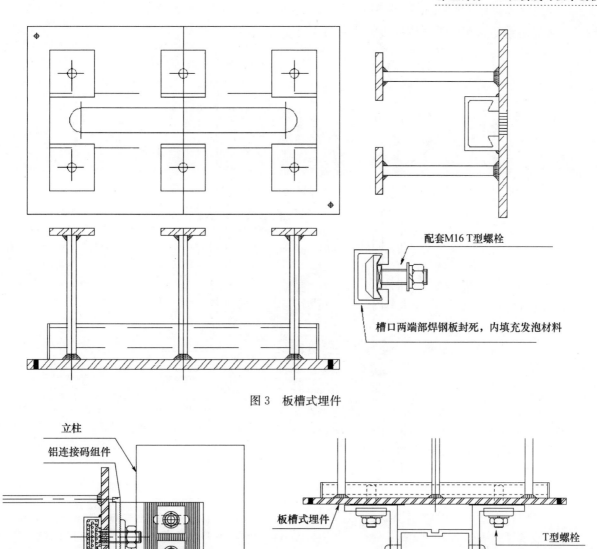

图 3　板槽式埋件

配套M16 T型螺栓

槽口两端部焊钢板封死，内填充发泡材料

立柱

铝连接码组件

板槽式埋件

T型螺栓

板槽式埋件

T型螺栓

立柱

铝连接码组件

图 4　T型螺栓和配套的组件连接

（5）横梁和立柱采用弹簧销连接。普通的构件式幕墙横梁和立柱连接为螺接后用扣盖进行装饰，长时间后扣盖变形影响美观，而且螺丝集中在一处受力，幕墙板块传递荷载后因连接受力不匀而产生扭弯变形。"超高层构件式智慧型玻璃幕墙施工技术"采用弹簧销连接，连接点分布在横梁的四周，受力均匀，简洁美观，没有后期的质量隐患（图 5）。

（6）小单元玻璃板块卡嵌在横梁立柱卡槽上，使玻璃同立柱横梁形成一整块。普通的构件

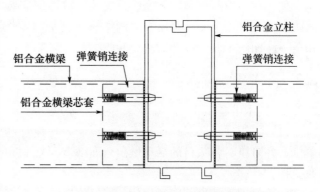

铝合金立柱

铝合金横梁

弹簧销连接

弹簧销连接

铝合金横梁芯套

图 5　横梁和立柱采用弹簧销连接

式幕墙采用的是螺接，抗风压及荷载比较薄弱。智慧型幕墙的小单元板块同立柱横梁自成一体，大大地提升了结构的牢固性。经计算机模拟后进行风洞试验，"超高层构件式智慧型玻璃幕墙施工技术"的

抗风荷载能达到 6.53MPa。卡嵌连接方式如图 6 所示：

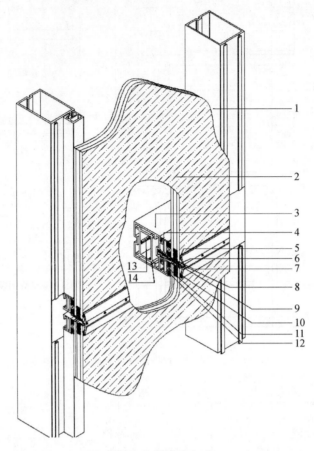

图 6　卡嵌连接方式

1—铝合金立柱；2—玻璃；3—铝合金横梁；4—玻璃副框；5—耐候密封胶；6—铝合金压板；7—托块卡件；
8—不锈钢螺丝；9—铝合金托块；10—胶条；11—双面胶贴；12—硅酮结构胶；13—弹簧销；14—铝合金横梁芯套

3　施工技术分析

3.1　施工流程

现场测量放线→预埋件安装→安装转接件→安装立柱→安装附支座→安装避雷带→安装横梁→层间防火施工→小单元式幕墙板块制作→小单元式幕墙板块安装→注防水底胶→安装玻璃幕墙装饰灯槽扣盖→注面防水胶→撕膜清洗→验收。

3.2　施工操作要点

3.2.1　技术准备工作

（1）组织项目部对技术方案进行编制，把设计和施工、技术和经济、工期和材料，以及施工中各单位、各阶段、各项目的活动做出全面部署、规划和协调。当施工方案确定后，在施工中必须严格参照执行。

（2）根据现场进行图纸优化，搞好施工图纸会审，熟悉本工程智慧型幕墙的技术结构特点。对重点难点、设计假定条件和采用的处理方法是否符合实际情况进行分析。组织设计人员对现场安装工人进行技术交底，掌握施工中的质量要求。

3.2.2 测量放线，同步总包的主体模板进行埋件埋设前的定位放线。幕墙的施工测量应与主体工程施工测量轴线相配合，使幕墙坐标、轴线相吻合或相对应，测量误差应及时调整、不得累积，使其符合幕墙的构造要求。按每个单位幕墙设置垂直、水平方向的控制线并做好标识。严格控制测量误差，垂直方向偏差不大于7mm，水平方向偏差不大于4mm，中心位移不大于3mm。测量必须经过反复检验核实，确保准确无误，并做好标识，然后进行预埋件的埋设。

3.2.3 立柱的安装。立柱的安装标高是确定整幅条形幕墙最重要的工序，因其施工精度要求高而占有极其重要的地位。立柱的安装快慢决定着整个工程的进度，故作业无论从技术上还是管理上都要格外重视。

（1）安装前先要熟悉图纸，对照施工图检查立柱、转角支座、芯套等构件的尺寸及加工孔位是否正确；准确了解各部位使用的不同横梁。

（2）对号就位，按照作业计划将要安装的立柱运送到指定位置，同时注意其表面的保护；安装后检查一次立柱端头的水平标高。

（3）在所有的定位线调整到位后进行立柱同转接件的螺接加固，立柱加固后要检查是否有变形现象，变形严重时要重新处理，如图7所示。

图 7

3.2.4 避雷安装。由预埋件同主体结构避雷带引出引下线，按照避雷规范进行安装。

3.2.5 横梁安装：安装好立柱后进行垂直度、水平度、间距等质量检查，符合质量要求后才能进行横梁的安装。

（1）在横梁的两端头安装弹簧插销，按插销的顶端检查弹簧的张力是否有效。后座固定是否稳定牢实。

（2）将弹簧插销的一端对准立柱已铣好的销孔，另一端按住销头，平行地移到另一立柱铣孔处，对准销孔后，弹簧的张力将销头推向销孔。检查完插销安装到位后，就完成了横梁的安装。

3.2.6 附支座和防火层的安装。

（1）安装横梁后对整个骨架进行定位复核，保证横平竖直。后进行附支座的安装，附支座的连接依附铝合金转接件进行螺栓连接。

（2）在附支座的下端进行铁板角码的安装，前端安装在铝立柱上，后端安装在混凝土梁上，防火层上下空间保证达到1m，然后进行防火板的安装，填充防火胶，如图8所示。

3.2.7 小单元式幕墙板块制作，在玻璃板块四边进行无尘、无污处理，用玻璃附框进行粘贴，然后以粘贴好附框的玻璃板块作为一个施工构件依附于幕墙龙骨架上，使其能达到一个面板安装（注：此注胶为双面注胶，按宽厚比及受力要求计算），在铝框贴双面胶条时必须对贴胶面进行打毛处理。以保证铝型材和结构胶更具相容性，如图9所示。

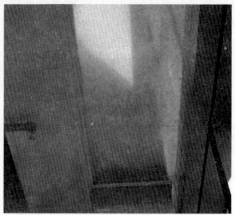

图 8

图 9

3.2.8　小单元式幕墙板块安装，幕墙板块在加工厂加工完成后用货车运往所在项目进行安装，运输时保证轻拿轻放，在相应的安装部位堆放平稳。

（1）用玻璃吸盘或电动玻璃吸盘将小单元板块移至安装的横梁上口偏左位置，将板块附框上下端的挂件由上向下插入横梁的上下卡槽。从左至右平移将两边附框的卡件卡在立柱的卡槽上。

（2）调整板块，使板块的附框和横梁立柱侧面保持水平和垂直，不可出现高低差和露缝等现象。

（3）安装牢固无松动后在板块的右侧放置限位块，进行右侧玻璃板块的安装。正常情况下依次从左到右，从下至上顺序进行安装。节点如图 10 所示。

3.2.9　对完成玻璃板块之间的缝隙进行硅酮密封胶填注，作为一遍底胶工序进行填实，达到完全防水效果。

3.2.10　安装外装饰扣盖，外装饰扣盖只有对玻璃的辅助加固作用和装饰 LED 灯安装底座等功能。其安装也为扣镶式挂在挂钩上。

3.2.11　对所有的缝隙进行防水密封胶处理。

3.2.12　撕保护膜、清洗、验收。

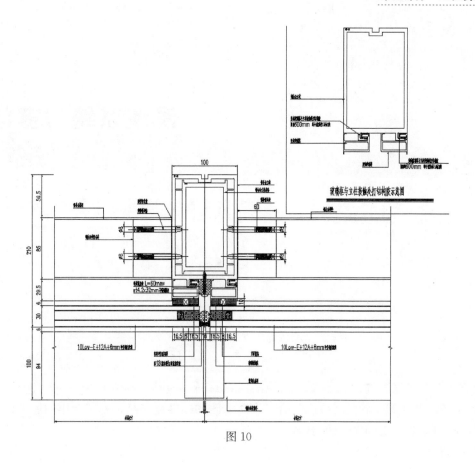

图 10

4　效益分析

4.1　社会效益

一般的玻璃幕墙装饰使用的是传统的系列型材，在超高层的外墙装饰中存在缺陷，如使用传统的明框玻璃幕墙，玻璃的固定采用压块螺接固定，压块外使用装饰扣板。在超高层使用螺接金属压块的弊端为：强大的风压造成玻璃板块晃动触碰到压块或装饰扣板等金属构件，产生集中应力使玻璃破裂；另一个问题是螺接的压块很难抵抗超高层的风压。又如在超高层使用传统的隐框玻璃幕墙，虽然外观效果美观，又避免明框幕墙因强风压所产生的螺接松散和碰撞等带来了安全隐患，但又会出现新的安全隐患。因为玻璃与铝框之间完全靠结构胶粘结，结构胶要承受玻璃的自重、玻璃所承受的风荷载和地震作用，还有温度变化的影响，所以结构胶的耐久性不足是隐框幕墙难以解决的安全缺陷。本技术主要解决现有技术中存在的不足，既满足了单元式幕墙安装快捷、耐风压等特性。又满足了防水性能、维修便捷等要求。具有结构简单、稳固性强，造型美观大方、简便易行，便于操作，有效提高混凝土基础或短柱与型钢柱的连接强度，承受上部结构各种最不利组合内力或作业，减少环境污染，能加快施工速度等特点，获得了建设单位、监理单位、设计单位、建设主管部门和社会各界的一致好评，并取得了明显的技术经济效果和社会效益，该技术具有推广应用价值。

4.2　经济效益

结合项目实际情况，运用"超高层构件式智慧型玻璃幕墙设计及施工技术"，此玻璃幕墙具有施工先进、观感效果好等特点，使用此工艺成本低，施工进度快，在实践中同主体施工进度只相差 5 层，聚集了单元式幕墙安装快捷的优点，且用铝量降低，节省了成本，并且维修更换容易，相对于其他外墙装饰做法提高了工程质量和后期的维护成本。

浅谈系统门窗的组装

◎ 洪维利

深圳华加日幕墙科技有限公司　广东深圳　518052

摘　要　本文分析了系统门窗的特点、组装方式及在组装过程中的注意事项。

关键词　系统门窗；组装

1　引言

　　系统门窗是指组成完整的门窗各个子系统的所有材料（包括型材、玻璃、五金、密封胶、胶条、辅助配件），均经过严格的品牌技术标准整合和多次实践的标准化产品，利用专用的加工设备和安装工具，并按照标准的工艺加工和安装的门窗。

　　系统门窗需有固定的技术人员，每种窗型都要经过2～3年的研发、试制，并对所需的材料、整个门窗的性能、质量进行全面检测、改善，使各个部件搭配合理，不易出现故障，也就是我们常说的稳定性好，达到预期的目标后才推出成熟产品。

　　系统门窗是系列化、标准化产品，槽口构造、材料供应等具有自身的特性，挑选的余地相对较小，灵活性较小，只能根据工程的需求选择系列化产品，一般不会就某项目单独进行研发。

　　系统门窗在提供产品的同时，也提供设计软件、设计手册、采购手册、加工手册、专业专用设备及技术服务支持，是一个完整的产业链。

　　系统门窗的质保期要较长，质量保障除了门窗单位的工程质保外，还有系统公司产品的年限质保。另外，品牌专卖店可以进行简单的维修。

　　系统门窗的组装过程至关重要，组装的成败将影响到每樘窗甚至整个建筑的性能。本文以系统外开窗、推拉门、平开门为例，对其组装过程进行分析和探讨。

2　系统门窗的组装

2.1　培训指导

　　系统窗加工前，系统窗厂家需派人员对加工厂管理人员、工人及相关人员进行培训，使其掌握产品知识，了解产品材料，熟悉工艺流程，强化质量意识。待所有材料到达加工厂后，还需进行实体门窗组装的培训，确保每一步的安装都能达到系统窗厂家的工艺要求。

2.2　铝型材加工

　　根据加工任务单进行铝型材下料，同时需用专门的设备铣好相应的孔或槽（图1）。加工过程中要保证各刀具的质量，确保所加工的型材没有毛刺，保证加工精度。在加工切45°角型材（边框、扇框、转换框）的时候，应使用下料靠模（图 2）进行切割，保证切割面的尺寸，使组装时的拼接处平整、无缝隙。

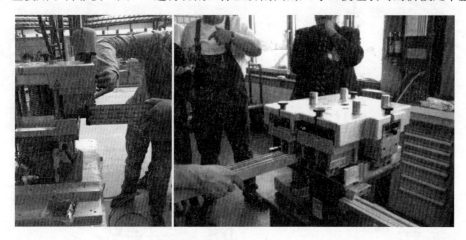

图 1

2.3 组装

系统门窗在组装过程中最大的特点就是所有连接处基本不需要螺钉连接，而是用特制的辅件进行固定。

（1）外开窗的组装。在组装有中梃的窗型时，首先需在中梃位置固定中梃连接件（图 3），然后将边框与中梃固定在一起再组装边框，边框组角时通过铸铝角码进行连接（图 4），待边框四角及中梃连接处都用销钉固定后，通过注胶导帽进行注胶，需注意的是组角时 45° 切面处时需涂抹组角胶。转换框组框方法同边框组框（穿好胶条），将转换框固定在边框上时，需用涂有密封胶的螺钉进行固定，固定后需将工艺孔用专用工艺孔盖抹胶密封。扇框的组装也同边框，扇框

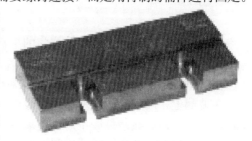

图 2

与边框连接的位置需在边框四角处安装密封盖并做打胶处理，保证开启位置的密闭性。然后根据相关尺寸，将五金件固定于扇框及边框上（图 5），保证开启正常。开启扇玻璃需在加工厂进行安装，玻璃垫块的位置为对角安装，起到防坠角的作用，玻璃垫块旁需打胶处理，防止玻璃垫块偏移（图 6），然后塞密封胶条，塞胶条时需控制四个角部位置的角度，尽量折弯 90°，防止热胀冷缩后弹出玻璃，且四个角部需抹胶处理，切割胶条时需用专用胶条剪进行剪切。固定玻璃由现场安装，玻璃垫块摆放位置为下口两块（左、右各一块），安装胶条方式同扇玻胶条，所有胶条的接口处都应在玻璃的上口。

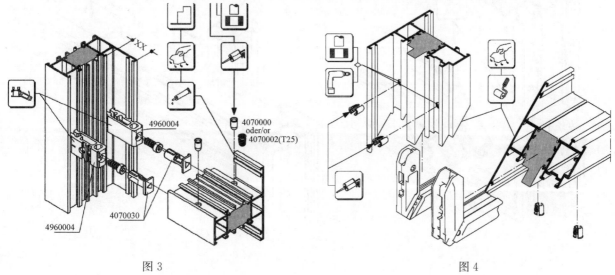

图 3   图 4

269

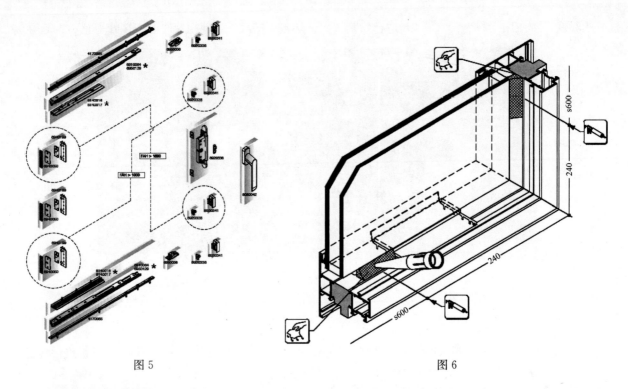

图 5   图 6

（2）推拉门的组装。系统推拉门的下滑、上滑、左右边框为同一款型材，组装方式需用铸铝角码连接并注胶处理（图 7）。外框组装完成后，需安装隔热条封堵扣板，封堵扣板下料时需准确无误，安装过程中不可以出现拼接，保证其整体性及密封性（图 8）。门扇玻璃需在加工厂安装，扇玻胶条需先固定在玻璃上，胶条接口在玻璃上边缘中心处，接口处应用 EPDM 胶条专用胶粘剂进行粘接，防止在安装过程中移位，在装好胶条后，玻璃的四角需做打胶处理（图 9），预防漏水隐患。门扇组装时需先组装光企、勾企及下方，组装成门子型后，将安装好胶条后的玻璃插入槽内，然后再安装上方。门扇组装时需注意上、下方与光企、勾企插接部位应先涂抹密封胶后再进行组装（图 10B），光企、勾企封堵也需先涂抹密封胶后再进行安装（图 10A）。最后根据定位尺寸将五金件安装于门框及门扇上。现场安装门扇后，需及时安装勾企上下导向端盖，保证推拉扇活动时的稳定性（图 11），同时门扇防撞块也需安装完成。

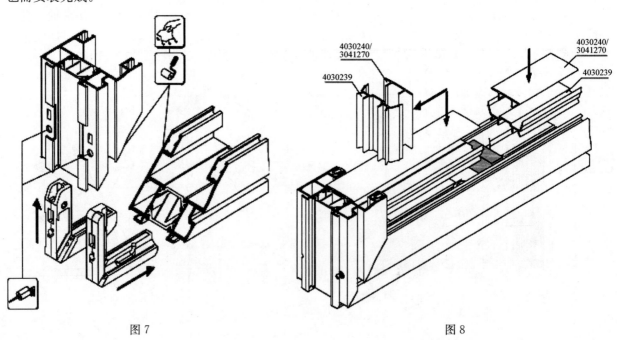

图 7   图 8

270

图 9

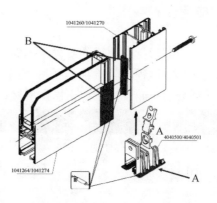

图 10

图 11

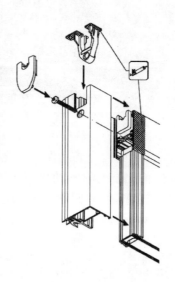

平开门的组装。门边框组装为上口 45°拼接，下口 90°拼接，上口拼接方式同平开窗、推拉门，下口拼接需先在左右边框下口安装门槛连接件，安装完成后需做打胶处理（图 12），最后安装门槛。边框组好后，需安装封堵扣板，因需安装合页，所以此扣板为分段形式，注意扣板的下料尺寸，尽量保证合页与扣板为 0 缝隙。门框组好后，需安装框胶条，安装框胶条时，需先在四个角部安装胶角（图 13），然后再安装胶条，要注意胶条的尺寸，不能过大或过小，胶条与胶角连接处需用 EPDM 胶条专用胶粘剂进行粘接。门扇框组装方式同窗扇框，扇框安装胶条及扣板方式同门框，扇框玻璃在现场安装。

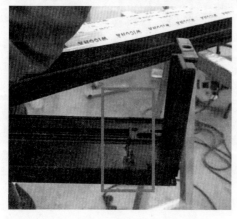

图 12

图 13

271

3　系统门窗的成品保护

在加工厂内，在原有型材保护膜的基础上再覆盖一层保护膜（图14），防止运输及安装过程中型材刮伤；推拉门扇在运输过程中需单独隔断每个门扇防止胶条压迫变形（图15）；运输过程中也需注意成品保护，防止框扇与车厢发生摩擦、损伤型材。

| 图14 | 图15 |

现场安装框扇时，应先检查成品保护情况，如发现保护膜破损，需补粘后再进行安装；推拉门、推拉窗、平开门需在下滑或门槛处增加保护措施来防止踩踏损伤型材，可定制PVC材质或木质保护盖（图16）；现场安装的玻璃需贴双面静电保护膜，防止室内外抹灰、涂料施工污染玻璃。

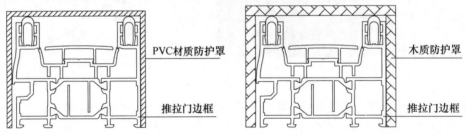

图16

4　结语

系统门窗的使用是我国实现节能减排战略目标的重要阶段，这将极大推动我国建筑节能的发展，也是绿色建筑时代发展的方向。并且目前国内系统门窗已经成为高品质、高性能的代名词，满足了开发商的需求。所以说系统门窗在组装过程中至关重要，需注重每一个细节并把控每一关质量，从而实现系统窗整体优越的性能。

参考文献

[1] WICLINE 65-Window systems-Workshop manual.
[2] WICSLIDE 65-Sliding systems-Workshop manual.
[3] WICSTYLE 65-Door systems-Workshop manual.

第六部分

建筑门窗幕墙设计、施工与使用安全

既有建筑幕墙规范化管理
和工程技术发展探讨

◎ 杜继予

深圳市新山幕墙技术咨询有限公司 广东深圳 518057

摘 要 我国建筑幕墙从 20 世纪 80 年代初开始建造和使用,至今已形成了大量的既有建筑幕墙。随着时间的推移,有相当一部分建筑幕墙已达到或超过了建筑设计使用年限,既有建筑幕墙存在的安全问题,正在引起各级政府和社会各界高度和广泛的重视。本文对既有建筑幕墙未来的管理模式和工程技术的发展进行了深入的探讨,提出了一些思路与业界共同研究。

关键词 既有建筑幕墙规范化管理;工程技术

我国建筑幕墙从 20 世纪 80 年代初开始建造和使用,已历经了三十多年的发展,现已成为世界第一幕墙建造大国和使用大国,并正在逐步迈向世界一流的幕墙强国。三十多年的发展,为我国形成了大量的既有建筑幕墙。据不完全统计,现有的既有幕墙应超过 12 亿 m^2,其存量巨大。随着时间的推移,有相当一部分建筑幕墙已达到或超过了建筑设计使用年限,建筑幕墙存在日趋老化的安全问题,正在引起各级政府和社会各界高度和广泛的重视。既有建筑幕墙的管理是一项综合性工作,关乎重大公共利益和群众生命财产安全,应逐步探索既有幕墙的规范化管理方法和途径,发展既有幕墙的维护维修、检测检验鉴定和改造重建等工程技术。

1 既有建筑幕墙规范化管理的探索

为改善我国既有幕墙的现状,提高我国既有幕墙的安全程度,确保既有幕墙维护维修和检测检验鉴定市场的正常发展,应从强化安全监管入手,建立规范化和法制化的建筑幕墙市场秩序和观念,严格落实既有幕墙安全管理责任人制度和安全检查制度,探索和确保既有幕墙安全维护维修资金的来源,加强建筑幕墙设计、生产、施工和使用全过程的安全管理和各方监管。

1.1 落实既有建筑幕墙管理部门,强化实施监管

我国各级以及各地政府部门长期以来对既有幕墙的管理有着相应的管理措施和条例。既有建筑幕墙安全管理的第一个部级文件是 2006 年 9 月 1 日由建设部工程质量安全监督与行业发展司发布的《关于转发上海市〈关于开展本市既有玻璃幕墙建筑专项整治工作的通知〉的通知》(建质质函〔2006〕109 号);2006 年 12 月 5 日建设部发布了《关于印发〈既有建筑幕墙安全维护管理办法〉的通知》(建质〔2006〕291 号);2012 年 3 月 1 日,住房城乡建设部发布了《关于组织开展全国既有玻璃幕墙安全排查工作的通知》(建质〔2012〕29 号),这是第一次由部委组织的全国既有玻璃幕墙安全排查工作;2015 年 3 月 4 日,住房城乡建设部、国家安全监管总局发布了《关于进一步加强玻璃幕墙安全防护工作的通知》(建标〔2015〕38 号),文件要求各级住房城乡建设主管部门对于使用中的既有玻璃幕墙要进行全面的安全性普查,建立既有幕墙信息库,建立健全安全监管机制,进一步加大巡查力度,依法

查处违法违规行为。受建设部工程质量安全监督与行业发展司委托，以中国建筑装饰协会上报的《全国部分城市既有幕墙安全性能情况抽查报告》为基础组织起草的《既有建筑幕墙安全维护管理办法》，经建设部审批于 2006 年 12 月 5 日正式发布，这是第一个也是目前唯一的全国性既有建筑幕墙安全管理法规。

除国家管理部门层面的管理文件外，各地政府也相应地颁布一系列地方管理办法，如上海市建交委和房土资源管理局于 2004 年 11 月联合发布了《关于开展本市玻璃幕墙建筑普查工作的通知》（沪建建〔2004〕834 号）并开展了玻璃幕墙建筑的检查，上海市还在 2012 年 12 月 28 日颁布了《上海市建筑玻璃幕墙管理办法》（上海市人民政府令 77 号）；北京市住房和城乡建设委员会在 2005 年发布了《关于加强既有建筑幕墙工程维护管理的通知》（京建质〔2005〕895 号），并在 2005 年底至 2006 年初对本市既有玻璃幕墙建筑进行了普查（京建质〔2005〕1079 号）；广东省建设厅制定了《广东省既有建筑幕墙安全维护管理实施细则》（粤建管字〔2007〕122 号）等。

虽然我国目前有较多的既有幕墙管理法规和条例，但我国目前既有幕墙的管理成效不大，存在较多的问题。其中突出的问题之一，就是各级政府管理部门对既有幕墙管理的职责落实和实施监管不到位，即在政府管理部门中，由哪个部门来执管既有幕墙的管理和实施监管不到位。在既有幕墙的管理上找不到主管部门，是找建设主管部门还是找房管部门，或是质检部门，谁也不清楚，出现问题相互推诿的现象屡见不鲜。这就造就了有管理法规，但却不见显著成效和持续的效果。法规公布了，执行不执行，执行效果怎么样没有严查和监管，过了一段时间不了了之。为此，首先应在政府管理部门中设立和落实既有幕墙管理的主管部门，强化现有一系列管理法规和制度的落实和执行，对使用中的既有幕墙进行包括安全在内的全面普查，逐步建立既有幕墙信息库，建立健全安全监管机制，加大巡查力度，依法查处违法违规行为等，在政府主管部门的引领下，确保既有建筑幕墙管理朝向规范化、常态化和健康化发展。

1.2 实行既有幕墙管理责任人制度

在既有幕墙管理中，遇到的另一个主要问题是既有幕墙的管理责任人无法实行的问题，直接造成既有幕墙的使用和安全长年处于无人监管和维护维修的状态。当发现既有幕墙存在问题或产生问题时，往往无法落实管理责任人，特别是在多业主的建筑中，此问题更加显著。例如有的建筑出现幕墙构件坠落事故，却难以落实具体责任人，只好将所有用房业主都告上法庭，引起不必要的纠纷。住房城乡建设部与国家安全监管总局《关于进一步加强玻璃幕墙安全防护工作的通知》（建标〔2015〕38 号）文中要求要严格落实既有玻璃幕墙安全维护各方责任，指出"明确既有玻璃幕墙安全维护责任人。要严格按照国家有关法律法规、标准规范的规定，明确玻璃幕墙安全维护责任，落实玻璃幕墙日常维护管理要求。玻璃幕墙安全维护实行业主负责制，建筑物为单一业主所有的，该业主为玻璃幕墙安全维护责任人；建筑物为多个业主共同所有的，各业主要共同协商确定安全维护责任人，牵头负责既有玻璃幕墙的安全维护。"针对这一要求，如何去实行既有幕墙安全管理责任人制度，特别是多个业主共同所有的建筑物，需要进一步地探讨明晰和可落地的措施。如通过建立业主委员会来委托物业管理部门作为管理责任人，或通过建立建筑保险制度等来处理既有幕墙管理责任人的问题，必要时甚至需要通过立法解决，而不是协商解决的问题。只有解决并实行既有幕墙管理责任人制度这一最基础的问题，既有幕墙的管理才能有真正的执行者，一切管理法规才能得以落实和实现。

1.3 建立安全检查制度和既有幕墙安全维护维修队伍

既有建筑幕墙安全和可靠性的保障，首先应建立在健全的制度化的安全检查和维修维护基础上，而不是等到既有幕墙出现了问题再来进行鉴定和维修。目前我国大多数的既有幕墙都没有建立起健全的制度化的安全检查和维修维护制度和体系，也缺乏既有幕墙安全检查和维护维修的可操作的技术标准。通常是在既有幕墙出现了重大问题，引起社会关注或政府下达要求时才匆忙组织人员进行检查，而在一阵风过后就不了了之，不能持之以恒地进行正常的日常安全检查和维修维护，给既有建筑幕墙的安全带来极大的隐患。

为保证既有建筑幕墙的安全和可靠性，进一步加强既有建筑幕墙的安全管理，建立健全既有建筑幕墙安全检查制度，深圳市政府和建设局于 2017 年 12 月发布和实施了《深圳市既有建筑幕墙安全检查技术标准》。标准规定了既有建筑幕墙在正常使用期间的重点检查范围，资料管理内容，例行安全检查、定期安全检查和专项安全检查等的检查周期及具体内容。为了让标准易于实施，标准对不同检查阶段的检查周期、检查项目和判定依据作了详细的规定。如既有建筑幕墙的第一次例行安全检查应在交付使用日起 6 个月内完成，随后的例行安全检查的时间间隔可根据《建筑幕墙使用维护说明书》的要求确定，但最长不应超过 6 个月。在表 1 中对执行例行安全检查时的检查项目、不合格判定标准和检测方法均作了规定。

表 1　例行安全检查判定表

序号	项目	不合格判定标准	检测方法
1	幕墙面板	(1) 脆性面板有破碎、破裂（裂痕长度＞100mm 或通裂）； (2) 脆性面板有缺损（面积＞10cm²）； (3) 面板有松动、松脱、剥离等现象； (4) 面板之间有不正常挤压、错位或变形	目测、手试、测量
2	室外构件	(1) 脆性构件有破碎、破裂等现象； (2) 构件有松动、松脱、裂纹等现象； (3) 构件有不正常挤压、错位或变形	目测、手试
3	开启窗	(1) 铰链、风撑、执手、锁点、锁座等五金配件有损坏、松脱或缺失； (2) 固定开启窗五金配件的螺钉有损坏、缺失或严重锈蚀； (3) 开启窗启闭受阻、明显下坠或变形（＞10mm）	目测、手试、测量
4	受力构件	(1) 构件有松动、移位（＞5mm）、裂纹等现象； (2) 构件之间有不正常挤压、错位或变形； (3) 构件的外露连接及紧固件有损坏、缺失或严重锈蚀	目测、手试、测量
5	雨水渗漏	(1) 幕墙室内侧有严重渗漏现象； (2) 开启窗闭合不紧密、有功能性损坏和障碍且下雨时会连续渗漏； (3) 密封胶有脱胶、开裂、起泡现象	目测、手试
6	不良行为	(1) 幕墙受力构件、连接构造、防火封堵和防雷连接有被拆卸、更改等现象； (2) 室内吊顶、窗帘、隔墙等直接固定在幕墙受力构件上； (3) 擅自在幕墙上设置霓虹灯、招牌及广告等设施	目测

标准中同时制定了一系列既有建筑幕墙安全检查用表，包括"既有建筑幕墙基本概况表""既有建筑幕墙材料登记表""既有建筑幕墙例行安全检查记录表""既有建筑幕墙例行安全检查统计表""既有建筑幕墙例行安全检查维护报告""既有建筑幕墙安全维护档案资料复查表""既有建筑幕墙定期安全检查结果汇总表""既有建筑幕墙定期安全检查评定报告""既有建筑幕墙专项定期安全检查结果汇总表""既有建筑幕墙专项定期安全检查评定报告""既有建筑幕墙（专项）定期安全检查记录表"等，使得既有建筑幕墙的安全检查更加规范化和具有可追溯性。目前，深圳市已开展了全市既有建筑幕墙安全普查工作并建立数据库，在此基础上将进一步制定深圳市既有建筑幕墙使用和维护管理相关办法和规定，确保既有建筑幕墙安全检查在深圳能长期的、健全的制度化实施。

既有建筑幕墙安全检查需要专业的安全检查和维修维护队伍及专业技术人员，但我国目前尚未有明确的相关规定来指明应由什么样的单位和人员来开展此方面的工作。在潜在的巨大的既有建筑幕墙检查和维护维修市场面前，既有建筑幕墙的检查和维护维修工作呈现了一些混乱的现象，应及时加以纠正和解决。对于在正常使用的既有建筑幕墙的检查和维护维修，在政府相关管理部门没有出台新的管理规定之前，正常使用的既有建筑幕墙的检查和维护维修应由既有幕墙管理责任人聘请与既有建筑幕墙规模相匹配的同等资质的建筑幕墙企业来承担，应鼓励正常使用的既有建筑幕墙的原幕墙设计施工单位来承担原既有建筑幕墙的检查和维护维修，这样能有效地提高既有建筑幕墙的维护维修效果和安全性。也可由既有幕墙管理责任人在其管理的范围内，设立并组建专业的既有建筑幕墙检查和维护维修部门及队伍对既有建筑幕墙的正常使用按照相关制度和规定进行检查和维护维修。深圳国贸大厦玻璃幕墙是20世纪80年代初建成的建筑幕墙，三十多年来，业主单位一直开展既有建筑幕墙的日常检查和维护维修，大厦玻璃幕墙建造期间的施工和管理人员所组建的部门一直承担幕墙的检查和维护维修工作，对幕墙的安全状况了如指掌，确保幕墙至今都处于正常工作的状态。对于针对既有建筑幕墙安全检查和维护维修而新组建的单位，则应进行必要的企业和人员资质认证，并在相应的范围内开展同等规模的既有建筑幕墙的安全检查和维护维修工作。

由于既有建筑幕墙安全检查和维护维修是一项新的专业技术工作，不完全等同于新建建筑幕墙的技术工作，即使是具有相应建筑幕墙资质的单位，也需要开展既有建筑幕墙安全检查和维护维修的专业技术培训。从深圳市开展的既有建筑幕墙普查工作中了解到，大部分既有建筑幕墙的管理和检查人员对既有建筑幕墙的检查知识和技能也非常的薄弱和肤浅，作为既有建筑幕墙的管理者则应及时的进行既有建筑幕墙安全检查和维护维修的专业技术培训。

1.4 既有建筑幕墙的可靠性鉴定和检测

根据相关的法规和技术标准，既有建筑幕墙应在一定的使用年限内，在遭遇重大自然灾害或意外事故并遭受破坏等情况下进行既有建筑幕墙可靠性鉴定，包括对既有建筑幕墙的安全性鉴定和正常使用性鉴定。如何开展既有建筑幕墙的可靠性鉴定，由谁来承担既有建筑幕墙的可靠性鉴定，由谁来承担既有建筑幕墙性能检测，目前在国内存在不同的看法和争议。依照国家房屋住建管理部门一贯的相关规定和要求，既有建筑幕墙的可靠性鉴定和检测应由具有检测资质的单位来承担。但在现实的实际操作中却存在不同的实施方法，完全按现行规定和要求执行已成为不可能。特别是一些需应急处理的事故，政府管理部门或幕墙管理责任人通常是在第一时间内委派行业的相关专家组成专家组来对事故的原因和安全状况进行分析和判断，并提出处置的意见，必要时再由专家组提出对既有建筑幕墙有安全问题的部位或项目提出检测项目及检测方法，再交由幕墙管理责任人安排相关检测单位进行检测，结果出来以后再由专家提出整治的处理方案。如2017年台风天鸽袭击深圳，造成玻璃幕墙开启扇严重脱落时，深圳市建筑质安管理部门立即通知玻璃幕墙业主单位组建幕墙专家小组，对玻璃幕墙开启扇脱落进行现场检查并对原因进行全面的分析。通过专家多次的论证和审查，最终确定了开启扇的整改方案，并通过试验验证和整改验收。即使是正常使用的既有建筑幕墙项目，其可靠性鉴定也会聘请相关的建筑幕墙专家作为顾问参与鉴定方案和结果的审查。深圳一栋20世纪90年代建造的建筑幕墙，包括了隐框玻璃幕墙、铝板幕墙、石材幕墙等，由于使用功能改变，需对外墙进行整体改造，改造前需对既有建筑幕墙的可靠性进行安全性鉴定。鉴定检测单位在项目中标后，尽管自己在国内也是实力雄厚的检测单位，但为了确保鉴定的准确性和可靠性，同样聘请了国内几位资深的幕墙专家作为技术顾问，为其鉴定方案进行评估。之所以造成以上的现象，首先是国内现在具有检测资质的单位，除个别省级以上的检测单位外，大部分现在具有检测资质的单位并不具备既有建筑幕墙可靠性鉴定的人员和能力。更为重要的是既有建筑幕墙的鉴定与现有的建筑幕墙物理性能的检测有着极大的差别。现有的具有检测资质的单位目前基本上承担建筑幕墙来样的物理性能检测，检测单位只对来样的检测结果负责，不需要也不具备对幕墙的性能和设计提出要求和判定。而既有建筑幕墙的鉴定，不论是应急的还是常规的，都需要首先对既有建筑幕墙的状况有一个基本的判定或提出应急的处置意见，再根据需要委托检测部门根据相关技术标准进行相应项目的检测，依据检测结果再对既有建筑幕墙的安全性做出结论并提出整治的方法。这有如医院看病，病人首先要到医生那里问诊，而后由医生根据病情开出需要检查的项目，再由专业检查科室进行检查，检查科室对检查结果提出结论后提交给医生，医生最后给出处置意见。由此可见，我们应针对既有建筑幕墙鉴定这一新的课题进行探讨，并提出新的对应管理方法和规定，不应简单的遵循以往的做法。

由具有较高专业技术水平和经验的建筑幕墙和建筑结构从业人员，包括既有长期从事建筑幕墙和建筑结构的设计、施工、管理人员，且能全面掌握和熟悉建筑幕墙和建筑结构规范和检测方法的高级专业人员等来组建既有建筑幕墙的可靠性鉴定单位是当前可考虑的方向。这些鉴定单位不必具有检测资质，当他们在鉴定中如有需要对既有建筑幕墙进行检测时，即可委托有检测资质的单位为他们提供必要的检测和检测结果，以供鉴定判定和结论使用。在现有的具备检测资质的检测单位，如若他们要独立地承担既有建筑幕墙的可靠性鉴定，也应具备有一定数量的此方面的技术专家，或与具有同等条件的单位联合才可担当。

同时也可拓展既有建筑幕墙安全保险的业务，将既有建筑幕墙的安全与社会保险挂钩。由既有建筑幕墙安全责任人向社会保险公司投保，在交付一定的保险费后，当既有建筑幕墙出现安全问题时，由保险公司进行事故调查、鉴定和理赔。保险公司就会根据保险业务的需要，建立自己的鉴定和检测机构，或委托社会的鉴定和检测机构来完成出现安全问题的既有建筑幕墙的鉴定等事项。既有建筑幕墙安全保险业务在国外已有先例，这不仅解决了既有建筑幕墙鉴定机构的问题，同时也可解决既有建筑幕墙幕墙安全费用的来源问题。

1.5　既有建筑幕墙相关标准规范的制定

随着时间的不断推移，我国改革开放以来建造的许多建筑幕墙都已达到或超过了建筑幕墙的设计使用年限，按照现行的标准规范规定，竣工验收后交付使用的建筑幕墙属于既有建筑幕墙，所有这些建筑幕墙均需要开展既有建筑幕墙常规的安全检查和维护维修，或开展建筑幕墙的可靠性鉴定。因此既有建筑幕墙的常规安全检查和维护维修、可靠性鉴定有着极大的潜在市场，相比之下用于指导和监管既有建筑幕墙常规安全检查和维护维修、可靠性鉴定的相关技术标准规范却较为滞后，市场的运作处于缺少技术标准支持的非规范化状态。目前，除了一些省市有地方性的既有建筑幕墙可靠性鉴定规程外，如江苏省《既有玻璃幕墙可靠性能检验评估技术规程》（DGJ32/J 63—2008）、四川省《既有玻璃幕墙安全使用性能检测鉴定技术规程》（DB51/T5068—2010）、广东省《建筑幕墙可靠性鉴定技术规程》（DBJ/T15-88—2011）、北京市《既有玻璃幕墙安全检查及整治技术导则》京建发〔2012〕222 号附件 2、安徽省《既有玻璃幕墙可靠性能检测评估技术规范》（DB34/T 1631—2012）、上海市《建筑幕墙安全性能检测评估技术规程》（DG/TJ 08-803—2013）、山东省《既有玻璃幕墙检验评估技术规程》（DBJ/T 14-096—2013）、《天津市既有建筑幕墙可靠性鉴定技术规程》（DB/T29-247—2017）和其他省市的相关标准规程等，国家和行业层面的相关标准规范还没有出台。在现有的标准规程中，可适用于既有建筑幕墙常规安全检查和维护维修的不多，简易和可操作行较差。同时，现行标准规范在对既有建筑幕墙的安全性判断方面，如硅酮结构胶的耐久性和使用极限条件等问题，由于尚未有可靠准确的依据，也存在较多的不完善的地方。因此需要及时地加强对既有建筑幕墙在正常使用条件下的安全检查和维护维修、既有建筑幕墙可靠性鉴定的相关标准规范的制定或修编，为既有建筑幕墙的安全提供全面可靠的技术支持，为既有建筑幕墙的安全检查和维护维修、可靠性鉴定和监管提供规范化的实施依据。

2　既有幕墙工程技术的发展

建筑幕墙作为建筑外围护结构构件，属于易于替换的结构构件，按照《建筑结构可靠度设计统一标准》（GB 50068—2001）的规定，其设计使用年限为 25 年。但从目前经调查的使用情况分析，大多数超过 25 年设计使用年限的既有建筑幕墙仍然在正常使用中，尽管在使用过程中存在种种问题，如雨水渗漏、金属材料局部腐蚀、密封材料性能老化和开启扇松动或脱落等，但出现危及幕墙安全性能的问题极少。这说明绝大多数的既有建筑幕墙通过安全性的鉴定，经采取必要的维修维护措施，依然可以安全和正常的使用。因此，我们应全力的推动我国既有建筑幕墙维护维修技术、既有幕墙安全性能检测技术和改造重建等工程技术的发展，尽快地完成既有幕墙相关标准规范的制定和实施。

2.1　既有幕墙工程安全检查和维护维修技术

既有建筑幕墙需要通过日常例行的安全检查和维修维护工作来保障其能正常的使用。在日常例行的安全检查和维修维护工作中，检查和维护人员主要通过目测、手感和一些简单的测量工具对可能影响既有建筑幕墙安全性或其他性能的某些缺陷进行检查和维护维修。对于具体应检查和维护维修什么项目，采用什么检查工具和维护维修设备及如何维修，在现有的一些标准规范中大多都没有很完整和详细的规定，现场可落地操作的不多，需要进一步改进。

按照相关规范的要求，高于 40m 的建筑幕墙应安装擦窗机系统，以便于既有建筑幕墙在使用中的维护维修和清洗。但目前大部分既有建筑幕墙并没有安装擦窗机系统，这给既有建筑幕墙的安全检查和维护维修带来了较大的困难。因为随着时间的推移，既有建筑幕墙的维护维修量会逐渐增大，户外施工的机会也会增加，若采用现在既有建筑幕墙清洗采用的人工吊板方法是难以适应室外人员施工和材料运输需要的，如若采用吊篮施工，又面临屋面没有足够的位置给吊篮安装的困境。这一维护维修中将要出现的问题需要寻找其他先进的技术加以解决。

2.2　既有建筑幕墙安全性能检测技术

既有建筑幕墙的安全检查基本都为现场检测，其主要性能的现场检测方法，包括抗风压性能、气密性能、水密性能、热工性能、热循环性能、光学性能、抗冲击性能等均包含在《建筑幕墙工程检测方法标准》（JGJ/T 324—2014）之中，这表明我国已具对既有建筑幕墙主要性能的检测技术、检测设备和检测能力。除此之外，该标准中还包含了建筑玻璃现场检测、防火涂料厚度检测和硅酮结构胶现场检测方法。对既有建筑幕墙安全性有重大影响的建筑幕墙与建筑主体结构的隐蔽连接构造的检测，由于在实际应用中尚未有实践成熟的经验而没有编入。由于既有建筑幕墙的现场检测特点，在现有的检测方法中，有损检测有时是不可避免的，给既有建筑幕墙的正常使用带来不好的影响。为此我们尚需进一步研究和开发出一些新的检测技术，如内窥镜检查、无人机室外空中检查等现场无损检测技术，既能发现既有幕墙存在的问题，又能保持既有幕墙的完整性。

经过对 25 年以上既有建筑幕墙的调查，以及近年来强台风对沿海地区建筑幕墙的影响，开启扇的脱落现象极为普遍，其所造成的危害极其严重，应该引起高度的重视。在编的国家建筑行业标准《既有建筑幕墙可靠性鉴定及加固规程》将开启扇开启和关闭状态下的安全性能和使用性能检测定为强制性条文，这是必须的。同时也应考虑该将检验量定位为 100%，此规定不但在可靠性鉴定中要用，在日常的例行安全检查中也应严格执行。在开启扇承载性能的检测方面，还要考虑开启扇在锁闭状态下如何检测锁点的有效状况和承载力的检测方法，以及开启扇处于关闭但没有锁闭状态下的最大承载能力的检测方法。

钢化玻璃自爆问题，一直影响着玻璃幕墙的应用和发展，有人将其也列入既有建筑幕墙的安全管理范围，并以此宣扬既有建筑幕墙的危险性，其实这是不全面和不正确的。钢化玻璃自爆不但在既有建筑幕墙中有出现，在钢化玻璃生产过程、运输储存、玻璃幕墙装配和安装过程中均有出现的情况。因此钢化玻璃的自爆问题，应从玻璃生产的源头开始就加以严格的管控，如果等到钢化玻璃成为玻璃幕墙上的构件再来处理，那只能是亡羊补牢的措施。近年有人将发明的玻璃缺陷光弹扫描检测方法《玻璃缺陷检测方法 光弹扫描法》（GB/T 30020—2013）应用到既有建筑幕墙钢化玻璃的检测上，这是一个很好的思路和方法。不论这种检测方法是否适合既有建筑幕墙钢化玻璃的检测，如能将这一方法用于平板玻璃和钢化玻璃在生产过程中的检测，将钢化玻璃自爆扼杀于源头，不管从设备开发的可行性和技术应用的经济效益和社会效益，都将会取得更大的作用。

2.3 既有建筑幕墙改造技术

我国早期的既有建筑幕墙大多是单层热反射玻璃幕墙，基本上只起到一个隔离室内外空间的围护作用，节能效果甚差。近年来，随着我国日益提高的建筑节能要求和绿色建筑发展的需要，国家提出了新型建筑实施节能50%，既有建筑于2020年全部实施节能改造的目标。对于占据建筑物热量来源48%的建筑门窗幕墙来说，必然成为改造项目中的重中之重。对于处于正常使用的既有建筑玻璃幕墙的节能改造更是迫在眉睫。

在不改变既有玻璃幕墙结构的条件下，常见的既有玻璃幕墙节能改造材料和方法有玻璃隔热膜和玻璃隔热涂料。玻璃幕墙最早的节能改造方法是在玻璃表面贴上隔热膜，根据膜的种类不同，膜可贴在室外也可贴在室内。隔热膜是一种高分子材料，由于受其耐久性及施工工艺的影响，隔热膜的节能应用并没有得到进一步推广。在使用隔热膜的同时，尚要严格关注玻璃贴膜后的安全问题，防止玻璃意外破碎后整体坠落造成的伤害。玻璃隔热涂料是一种涂覆于玻璃表面，在保持一定的可见光透过率的前提条件下，以提高玻璃遮蔽系数为主要隔热方式的功能性涂料，相关国家行业标准《建筑玻璃用隔热涂料》（JG/T338—2011）于2012年5月开始实施。从目前使用的效果看，玻璃隔热涂料能起到一定的遮阳隔热效果，但并没有达到企业产品所宣传的理想节能效果，如能降低室内外温度达十几度以上的温差。从标准JG/T338—2011中的物理性能和光学性能要求中也表明了玻璃隔热涂料在节能和耐久材料的使用上还有一些值得探讨的地方，特别是在有低劣产品充斥市场的条件下，使用和选择更需谨慎。比较起玻璃隔热膜可以随时撤换，涂了隔热涂料的玻璃想要清除就不容易了。

针对玻璃隔热膜和玻璃隔热涂料在既有建筑玻璃幕墙节能改造中存在不同程度的局限性，近年来国内开始研发在既有建筑玻璃幕墙（门窗）的玻璃上，使用干燥和密封技术，用一片低辐射玻璃与原有的玻璃一起在幕墙室内侧组合成中空玻璃的节能改造方法，见图1。

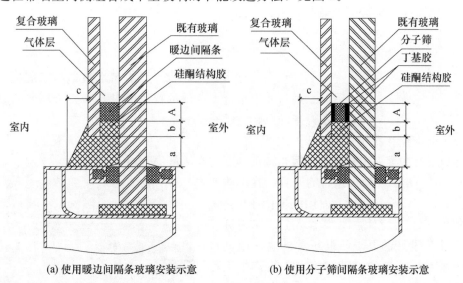

(a) 使用暖边间隔条玻璃安装示意   (b) 使用分子筛间隔条玻璃安装示意

图1 玻璃微中空改造示意

这种方式便于现场施工，无需复杂的设备，在既有玻璃幕墙（门窗）玻璃的基础上，使用节能玻璃、玻璃暖边间隔条和玻璃密封胶将原有的幕墙（门窗）单片玻璃改造成具有节能效果的微中空玻璃，以达到玻璃幕墙（门窗）的节能效果。采用此种节能改造方法的原既有建筑玻璃幕墙（门窗）不用破土换框，不必室外施工，不影响既有建筑正常使用，施工便捷，安全可靠，既有建筑幕墙（门窗）玻璃的传热系数 K 和遮阳系数 S_c 至少降低20%，同时还可兼顾提升建筑的功能、改善使用的舒适性等因素。中国工程建设协会标准《既有门窗幕墙玻璃微中空改造技术规程》已通过标准审查并即将发布实施,目前已完成郑州中原应用技术研发有限公司大楼、东莞南玻工程玻璃有限公司办公大楼、深圳南山南天苑小区等多个项目的节能改造,并取得良好的效果。

当既有建筑玻璃幕墙经可靠性鉴定不存在安全问题,且需要进行彻底的室内改造升级的时候,我们也可将内通风双层幕墙的系统原理作为既有建筑玻璃幕墙的节能改造方案加以运用。图2为ABB总部在意大利米兰的办公楼,其玻璃幕墙采用内通风双层幕墙系统,为建筑节能和室内环境提供了极佳的效果。其内通风双层幕墙系统原理简单,可视为在单层玻璃幕墙的背面附加一层玻璃,将两层玻璃中间形成的空气通道与室内空调抽风系统连接,形成有序的空气调节循环,通过智能控制即可调节室内温度和CO_2的含量等,见图3。当我们进行室内改造时,只需在原有玻璃幕墙立柱上安装一片玻璃,并将空调的排放系统与玻璃间隙连通就可形成有效的节能和改善室内环境的效果。

图2

除了既有建筑幕墙的节能改造,既有建筑幕墙还会有多方面的改造,如既有建筑幕墙开启扇的加固改造、外墙板的更新改造等。我国早期的铝塑板幕墙,大多属于耐火等级为B1级的外墙板,现已达不到新的建筑设计防火规范的要求,早期在铝塑板的加工制作中也存在不少不规范的质量问题,造成面板折边开裂等现象,严重影响既有建筑幕墙的安全和正常使用。现在性能更好的A1级防火铝塑板在国内已批量生产,改造既有铝塑板幕墙的事项也应及早开展。既有建筑幕墙外墙板长年处于自然环境之中,老化和腐蚀的现象自然存在,如金属板表面的涂层有很多已经腐蚀脱落,也应该及时修补和更换。

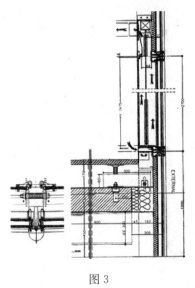

图3

2.4 既有幕墙的重建技术

2018年5月我国第一部《既有幕墙改造技术规程》团体标准在北京通过专家审查,这预示着我国对既有建筑幕墙的改造或重建将拉开新的巨幕。既有建筑幕墙的改造或重建在我国20世纪90年代就有过,昆明海逸酒店就是其中之一。图4为项目重建前的既有建筑幕墙照片,图5、图6为重建后的照片。在不改变建筑主体结构的条件下,建筑的功能由原来的办公大楼转变为星级酒店。工程对原建筑幕墙全部完整拆除后,按照酒店建筑设计的要求,重新对外墙立面进行规划,对建筑幕墙进行新的设计和施工,使整个工程外墙焕然一新。

图4

既有建筑幕墙的重建,与新建建筑幕墙在建造程序和技术上有一定的区别。首先,在重建新的建筑幕墙之前,应取得原有建筑结构的竣工资料,特别是与建筑幕墙连接部位的构造和材料的实际性能及状态应真实可靠,如有任何的疑问,都应通过原建筑设计单位给以确认或通过结构可靠性的鉴定来提供可靠的设计依据。其次是对既有建筑幕墙的拆除,这是一项新的技术,包括拆卸、吊装、运输和废旧材料的处理,这需要编制完整的拆除施工组织设计方案,对于超过50m或一定规模的项目,尚应组织专家对施工安全进行论证。再则是对于新建筑幕墙的设计,其关键点主要在于幕墙与原建筑结构的连接设计，和根据新建幕墙的需要，局部增加的结构构造的设计。既有建筑幕墙的改造或重建，在未来会有较大的需求，由于工程规模和复杂性不同，其设计和施工方法会有较大的区别，其管理和技术有待进一步的发展。

图 5　　　　　　　　　　　　　　　　　　　图 6

3　结语

随着时间的推移和我国建筑节能及室内环境日益提高的要求，既有建筑幕墙的安全检查、维护维修、可靠性鉴定、性能改造和整体重建等将在国内建筑市场占有较大的份额。为避免既有建筑幕墙新生市场在管理上的混乱和产生的安全问题，我们应从各个方面对既有建筑幕墙的管理进行深入的研究，并尽快建立起有效的管理制度和运作模式。同时应不断地开发新的既有建筑幕墙在安全检查、维护维修、可靠性鉴定、性能改造和整体重建的新技术、新标准，确保既有建筑幕墙的安全使用和改造或重建建筑幕墙的质量水平。

浅谈既有幕墙可靠性鉴定及剩余使用寿命判定

◎ 刘晓烽　闭思廉

深圳中航幕墙工程有限公司　广东深圳　518033

摘　要　随着建筑幕墙的广泛使用和既有幕墙数量的不断增加，达到或接近设计使用寿命的幕墙逐渐增多。然而如何判定既有幕墙的剩余使用寿命却是一个难题。本文从影响既有幕墙安全问题的多种复杂因素分析入手，排除干扰，探讨判定既有幕墙剩余使用寿命的思路与方法。

关键词　既有幕墙的安全问题；建筑幕墙的维护保养；既有幕墙的检测；剩余使用寿命

2016 年，深圳市建筑门窗幕墙学会受深圳市住建局委托，对深圳市既有建筑幕墙的安全状况进行了一次调查。调查的样本选取了 16 个 2000 年前建成的幕墙项目，内容涵盖了玻璃幕墙、铝板幕墙、石材幕墙等常见的幕墙形式。调查后发现这些幕墙或多或少都发生过开启扇掉落、玻璃破损、密封胶老化、外露金属构件锈蚀等安全问题。其实在更早前，上海就曾对 931 栋既有建筑幕墙的安全状况进行过调查，也发现存在类似的安全问题。

与既有建筑幕墙安全管理相关的政策、法规并不少：2006 年建设部发布《既有建筑幕墙安全维护管理办法》（建质〔2006〕291 号）、2012 年住房城乡建设部发布了《关于组织开展全国既有玻璃幕墙安全排查工作的通知》（建质〔2012〕29 号）、2015 年住房城乡建设部和国家安全监管总局发布了《关于进一步加强玻璃幕墙安全防护工作的通知》（建标〔2015〕38 号）。各省市政府主管部门也制定了进一步的政策和配套技术标准，如广东省的《建筑幕墙可靠性鉴定技术规程》《深圳市既有建筑幕墙安全检查技术标准》以及上海市的《玻璃幕墙安全性能检测评估技术规程》等给出了既有幕墙的鉴定方法，为既有幕墙的安全管理提供了政策依据和技术理论基础。但由于各相关方在既有幕墙安全管理经验上不足、业主对既有幕墙安全管理认识上不足，尤其是有关法规、技术标准操作性不强等原因，使得老旧既有幕墙的可靠性鉴定和剩余使用寿命判定这项工作一直得不到有效的推进。

1　既有幕墙可靠性鉴定的思路及面临的问题

广东省的《建筑幕墙可靠性鉴定技术规程》《深圳市既有建筑幕墙安全检查技术标准》、上海市的《玻璃幕墙安全性能检测评估技术规程》等技术标准都是参照《民用建筑可靠性鉴定标准》的内容制定的。其基本思路都是按一定抽样规则进行现场检查、抽取实物样本试验以及进行承载能力验算，进行基本单元、子单元和鉴定单元三个层级的安全性及正常实用性分级评价。当然，考虑到幕墙的特殊情况，有的技术标准中还特别强调了既有幕墙的技术资料（幕墙图纸和计算书）和管理资料（维护保养记录）的审查，用以初步判断幕墙是否存在原始设计施工缺陷或使用维护不力的情况。

从这种设定的检查、鉴定方法，可以一窥当初编纂者的意图：既有幕墙的安全问题大体分为原始缺陷、维护不力以及自然老化三大类，其设计的流程和方法分别针对这三类情况予以检查和鉴定。但实际执行起来就不像最初设想的那样简单了。

（1）既有幕墙的原始缺陷问题

既有幕墙的原始缺陷问题就非常复杂。由于建筑幕墙一直被看作是建筑的围护结构，所以其工业产品的属性就往往被忽略。幕墙的生产及施工单位在竣工并过了保修期后就基本免除了质量和安全责任，从来就没有听说过建筑幕墙产品有被召回的说法。只要这种模式不改，既有幕墙就永远要笼罩在设计缺陷、加工缺陷以及施工缺陷的阴影下。原因很简单，无论建筑外形怎么变化，混凝土结构、钢结构以及砌体结构等建筑基本构件的工艺都是成熟和固定的，其改变的只是外形而已。但建筑幕墙就复杂得多，其为了满足各种各样的功能需求，产生了更复杂的材料组合和五花八门的工艺构造。如果对幕墙安全事故的案例进行分析，就会发现因承载能力不足而导致幕墙面板破碎或支撑龙骨失效的例子微乎其微，相反因为工艺构造缺陷导致的事故却比比皆是。尤其是近十几年以来，幕墙行业在低价中标潮流的影响下，一方面挖空心思在设计、生产、施工层面挖尽潜力、降低成本；另一方面又迎合设计师和业主博眼球的心态，无节制地刷新超大分格、超大面积等不合理的设计，使各类潜在的工艺隐患和幕墙安全管理压力愈发深重。

（2）既有幕墙的使用维护问题

在建设部颁布的《既有建筑幕墙安全维护管理办法》中，对既有幕墙的安全维护责任有个规定："建筑物为单一业主所有的，该业主为其建筑幕墙的安全维护责任人；建筑物为多个业主共同所有的，各业主应共同协商确定一个安全维护责任人，牵头负责建筑幕墙的安全维护"。话虽如此，但却缺乏对其具体实施的约束措施。另外，幕墙的日常维护还涉及大量的费用，所以大多数业主不到迫不得已普遍不予理会。

当然，也不全是制度的问题。事实上，既有幕墙的日常维护到底应该怎么做，也缺乏合适的技术指引。按说既有幕墙日常维护保养主要依照的技术文件是《幕墙使用说明书》，但事实上幕墙的施工单位普遍不重视《幕墙使用说明书》的编制，经常把《幕墙使用说明书》编制成"幕墙设计说明"，其中很少甚至没有有关使用维护方面的内容，对幕墙的使用维护单位根本提供不了多少帮助。

深圳市门窗幕墙学会对16个接近设计使用寿命的既有幕墙进行安全状况调查时发现，几乎所有调查的项目都存在开启窗损坏甚至掉落的情况。从概率上来讲，是很恐怖的事，应引起重视。但当看过现场勘察的照片就不会再觉得奇怪：多数窗用五金件都处于非常明显的损坏状态，居然还在继续使用。其实就复杂性和危险性来说，电梯比幕墙不知大了多少倍。但电梯的使用遵循极为严格的管理条例，该保养就保养、该维修就维修，绝不"带病工作"，所以事故率就很低。而既有幕墙的使用维护就差得多。绝大多数幕墙没有合适的安全管理条例和维护保养手册，所以使用过程中根本就没有得到有效的保养和维护，甚至在已经出现损坏的情况下，还全然不顾安全性要求，草率处理、将就使用。

（3）既有幕墙的老化问题

既有幕墙的老化大致可以理解为材料老化、构造失效两类。

从深圳市门窗幕墙学会的既有幕墙安全状况调查报告中可以看到，幕墙表面密封胶老化的现象是比较明显的。但具体分析就会发现实际上不同部位密封胶的老化状态差异极大。比如位于幕墙铝板压顶部位的密封胶已经龟裂的支离破碎，但在立面玻璃分缝部位镶嵌的密封胶则还保持着大体完好的状态。就算密封胶不同批次间的质量存在差异，这个例子也能充分证明幕墙材料的寿命受环境影响有多么巨大。但这些材料的老化规律或数据即便到了20年后的今天，也没有被我们真正掌握。所以在我们面对需要进行安全鉴定的既有幕墙时，仍然只能依靠主观的判断来决定已经老化的幕墙材料是否还能够继续使用。殊不知这里蕴藏着巨大的未知风险，一旦机会成熟集中爆发起来，那造成的损失就不可估量了。

（4）既有幕墙的鉴定方法问题

在现有相关技术标准给出的既有幕墙的鉴定方法中，多数项目靠经验和主观模糊的评估，实际上很难掌握尺度，也是让人诟病较多的一个地方。比如某个技术标准在"现场检查项目及评定"中规定了六个子项的日常检查内容。我们摘录了有关开启窗子项的部分内容（表1）。

表1　开启窗子项现场检查项目及评定

序号	检查评定依据	评定等级	检测方法
1	五金附件或连接五金附件的螺钉有明显锈蚀	b	目测、手试
2	开启窗有启闭不顺、下坠或变形（≤10mm）	b	目测、直尺
3	电动开启系统有启闭不顺的现象	b	目测、手试
4	五金附件、锁点、锁座等有损坏、松脱或缺失	c	目测
5	连接五金附件的螺钉有损坏、缺失或严重锈蚀	c	目测
6	挂钩式铰链无防脱落措施、不可靠或有缺失	c	目测、手试
7	开启窗启闭受阻、明显下坠或变形（＞10mm）	c	目测、直尺
8	电动开启系统不能正常工作	c	目测、手试
9	开启窗闭合不紧密，有功能性损坏和障碍且下雨时会连续渗水	c	目测、手试

从这个表的内容看，与《民用建筑可靠性鉴定标准》的方法是一样的。但幕墙不同于混凝土构件、钢构件等常规的建筑元素，可以目测、手试就能初步判断结构安全状况。在绝大多数的幕墙损坏案例中，鲜有幕墙龙骨、面板等因为不能承载而出现损害的。反倒是因为连接构造损坏、玻璃自爆等占多数。而这类损坏往往是突发的（如玻璃自爆），致损的最初部位也往往都是隐蔽的、难以直接触到的。这和常规的混凝土构件、钢结构构件、木结构构件等常规建筑构件有着极大的差异和区别。所以建筑结构能用的这类直观检查的方法对幕墙就失去了效果。没有配套的监测、检查手段，就不可能对既有幕墙的安全状况做出客观评价，这是既有幕墙鉴定上的又一个复杂和困难的地方。

通过现场实测的幕墙零件状态来反算实际承载力也是现有技术标准中的一种广泛使用的评价手段。

这种方法理论上来说并无问题，但由于没有材料老化的基础数据、没办法建立失效概率的数学模型，所以也只能评价当下，而不能预测幕墙材料、构造的老化速度对幕墙的后续使用安全造成的影响。当然现有技术标准也设置了预防手段：既然算不清楚，那就勤检查。所以超过设计使用寿命的幕墙，每3年就得鉴定一次，这算是没有办法的办法吧。

2　既有幕墙的剩余使用寿命判定

　　查遍既有幕墙的标准和规范，只有"目标使用年限"而没有"剩余使用寿命"这一词。事实上，这两个词完全不同。对于建筑幕墙而言，其属于易于更换的结构构件。而且幕墙自身构造也较其他建筑结构构件复杂。所以与其对幕墙进行加固还不如拆除重做更合算。基于这种特性，对于达到设计使用年限的既有幕墙而言，可能更重要的是判定其还可以用多久，而不是定个"下一目标使用年限"，然后再按照新的设计使用年限计算、鉴定哪些地方达不到要求而需要加固。

　　我们可以设想两个场景：第一个场景，达到设计使用年限的开放式石材幕墙，经现场检查，发现连接钢件与埋件的焊缝普遍存在不同程度的锈蚀，按照其锈蚀速度推算，焊缝有效截面再有5～6年即锈蚀至临界值，判定该幕墙尚可安全使用5年。经业主权衡判断，3年后该幕墙拆除并安装了新的幕墙。另外一个场景，该幕墙鉴定前与业主协商确定下一目标使用年限为10年。经现场检查及理论推算，给出幕墙不合格的鉴定报告，要求立即采取措施，于是该幕墙紧急加固，并于3年后拆除并安装了新的幕墙。

　　这两个设想的场景可能永远不会发生，但不妨碍我们去发现幕墙业主们其实需要知道的是幕墙的剩余使用寿命，而不是目标使用年限。

　　但判定既有幕墙的使用寿命也很困难。对于主要的幕墙结构材料而言，按耐久性可分为两类。对于玻璃、铝板、铝型材、热镀锌钢材、不锈钢等而言，在其设计使用年限内基本不会发生材料特性退化及锈蚀损耗的情况；但对于结构胶、石材、普通钢型材（含涂装防锈漆的）等材料，则存在明显的老化、风化及锈蚀。显然，超过设计使用年限后，幕墙的剩余使用寿命主要取决于这类材料的可靠度状态。

　　对于材料特性不改变，只是因锈蚀等原因导致有效承载截面变化的情况是比较好处理的。可以通过试验等方法确定锈蚀速度，然后通过计算的临界承载截面就可以推算剩余可使用的年限。但对于材料特性因使用时间而显著改变的材料，情况就复杂很多。在王海军所著的《隐框玻璃幕墙结构胶过了保质期安全性调研》一文中有个典型案例：在对一个使用近25年的隐框玻璃幕墙结构胶进行现场取样测试，结果发现"……结构胶强度下降不多，拉伸强度在1MP左右，大于国标GB 16776中0.6MP的要求。但最大强度伸长率在24.34%到55.55%，比国标规定的100%下降很多，并且，离散性很大……"。从这个案例中可以明确得出硅酮结构胶已经老化的结论，但按现有的设计标准计算它又满足承载力要求。只是不知道结构胶在老化到什么程度时会迅速丧失粘接强度，所以在无法建立其失效概率模型的情况下，只能通过频繁的取样测试来监控结构胶的承载能力了。

　　最后要提一下有关计算校核的问题。在《建筑幕墙可靠性鉴定技术规程》中有："与委托方商定，按鉴定后的下一个目标使用年限的可靠度实际需求，合理确定验算的基准期……"。这里恐怕会引起歧义。如果下一个目标使用年限定为10年，难道设计基准期就可以改成30年？

　　这显然是不对的。设计基准期与设计使用年限并不挂钩，新建幕墙的设计基准期为50年，即2%的概率所能遇到的最大荷载值。达到设计使用年限后，由于建筑的安全等级并未改变，所以其设计基准期也不能变。

　　但由于设计使用年限不再是固定的25年了，所以风荷载的计算与新建幕墙也有所不同。在《民用建筑可靠性鉴定标准》中明确了具体的修正系数，实际上风荷载的取值是可以降低的，见表2。

表 2 基本雪压、基本风压及楼面活荷载的修正系数 k_a

下一目标使用期（年）	10	20	30～50
雪荷载或风荷载	0.85	0.95	1.0
楼面活荷载	0.85	0.90	1.0

注：对表中未列出的中间值，可按线性内插法确定，当下一目标使用期小于 10 年时按 10 年确定 k_a 值。

3 结语

既有幕墙的安全管理不仅是落实安全责任、加强日常监管，还涉及建筑幕墙的设计、生产和施工，也涉及幕墙维护保养的规范性以及检查、检测的技术手段和鉴定评级的理论支撑。但目前无论是政策、法规、规范标准还是技术手段、理论基础都存在明显的不足，尚不足以真正支撑起既有幕墙安全管理的重担。所以还需要从以下几个方面予以加强：

（1）既有幕墙的相关安全管理法规需将安全管理责任切实分解落地，有关商业保险等配套措施也一并跟上，这是解决既有幕墙安全管理的基础。

（2）必须在全行业大力推进幕墙标准化工作，将现有的幕墙产品向定型产品上引导，这是解决幕墙设计、施工缺陷的利器。

（3）加强对既有幕墙使用维护工作需求的研究，规范《幕墙使用说明书》的编制，制定更细致的幕墙使用、维护管理条例。另外还可以尝试在物业管理中引入 BIM 技术、环境传感器等先进技术，积累使用数据，这对了解幕墙材料的老化规律有很大帮助。

（4）设立适合现场检测技术的课题，广泛试验，搜集数据，不断完善有关检测、鉴定手段，这是解决既有幕墙鉴定工作的核心和关键。

本文基于作者局限的视野，只能抛出一些粗浅的观点。但仍希望能够抛砖引玉，使广大的幕墙人和相关政府职能部门能够关注、重视这一领域，共同推进行业发展，真正破解既有幕墙的安全管理困局。

参考文献

[1] 杜继宇，窦铁波，鲍毅 . 我国既有幕墙安全现状和应对措施 .
[2] 深圳市建筑门窗幕墙学会 . 深圳市既有建筑幕墙安全状况的调查研究报告 .
[3] 王海军 . 隐框玻璃幕墙结构胶过了保质期安全性调研 .

建筑幕墙工程施工安全风险分析及控制

◎ 花定兴

深圳市三鑫科技发展有限公司　广东深圳　518057

摘　要　建筑幕墙属于建筑外围护结构，技术复杂程度高，影响建筑幕墙施工安全因素众多，施工安全风险较大，给施工管理带来较大难度，本文针对建筑幕墙的特点，就施工安全方面进行分析和探讨。

关键词　建筑幕墙；安全管理；危险源辨识；评价；风险控制

1　建筑幕墙施工的特点分析

建筑幕墙是由面板与支承结构体系（支承装置与支承结构）组成的，可相对主体建筑结构有一定位移能力或自身有一定变形能力，不承担主体结构所受作用的建筑外围护结构。随着我国城市化和城市建设的持续高速发展，城市建设仍将带动建筑幕墙的大量应用。建筑幕墙作为现代城市建筑的重要表现形式越来越广泛，涉及多层、高层、超高层建筑的普遍应用。尤其是大跨度公共建筑工程更是如此。如机场、车站、会展中心等城市标志性建筑就是其典型代表。作为现代化建筑标志和建筑外形表现形式，在未来的国内、国际城市建筑中仍然占据重要位置。改革开放以来，建筑幕墙行业持续快速发展，在国民经济中的地位和作用逐渐增强，建筑外围护结构已经成为我国建筑行业内专业细分的一个新兴产业，从这些年幕墙工程施工案例来看，由于工人室外露天高空作业的特点，导致其是一个事故多发的行业。建筑幕墙施工安全隐患已经引起社会的广泛关注。有关建筑幕墙施工安全方面的分析与研究非常有实际意义。建筑幕墙在建筑工程安全文明施工中有以下特点：

1.1　高空悬挂平台施工作业

建筑幕墙是建筑物的外围护结构，其须固定设置在建筑物的外立面，随着建筑物向高层和超高层的方向发展，主体建筑结构施工升降式脚手架已无法满足建筑幕墙的施工需要。幕墙施工单位往往大量使用吊篮进行施工作业（图1、图2）。这种吊篮装置使施工安全作业风险加大，施工单位必须制定相应完善可行的高处作业、吊篮施工组织方案及安全操作规程，并切实加强日常监督检查工作，不断消除安全隐患，确保施工安全。

1.2　露天作业和外脚手架作业多

建筑幕墙的施工是露天作业且多数采用外脚手架（图3、图4）作业，施工工序又在主体建筑结构施工的后面，工程中使用的外脚手架在经过较长时间的日晒雨淋和前面多种工程的施工作业使用后会出现较多的事故隐患，如脚手板损坏，架体与建筑结构的拉结松脱或失效，架体内和架体建筑物之间的封闭失效等。这种特点增加了施工安全管理复杂性和管理难度。

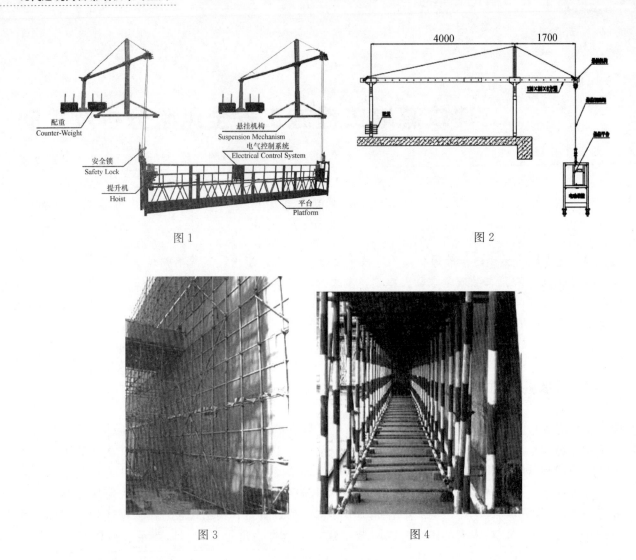

图 1　　　　　　　　　　　　　　　　　　图 2

图 3　　　　　　　　　　　　　　　　　　图 4

1.3　建筑幕墙结构焊接施工防火形势严峻

　　在建筑幕墙结构施工过程中，龙骨和转接件与主体结构预埋件焊接使用频繁，又属于高处作业，焊花四溅，所使用的双面胶带、填充棒等属易燃材料，极易形成火灾隐患，加之施工作业点较分散的特点，给安全管理带来诸多的不便（图 5）。

图 5

1.4　在建筑施工实践中，由于工期原因，总包单位的垂直运输设备往往难以满足其他专业需求，各个分包单位却根据自身特点采用特殊工具设备，建筑幕墙安装过程中使用到的垂直运输设备在安装、运输和拆卸过程中的安全技术问题也是一大特点，比如：外伸悬臂轨道吊、卸料平台、电动葫芦以及异形吊篮装置等设备（图6～图9）。

图6　外伸悬臂轨道吊

图7　卸料平台

图8　吊装板块

图9　安装板块

1.5　建筑幕墙施工安全管理的协作配合关系复杂

建筑幕墙施工安全管理要得到有效实施除自身的努力外，尚需参与工程施工的相关方面协作配合。由于各施工参建单位的责任主体不同，考虑各自合同、工期和业主等复杂关系，总包和各专业工种交叉作业的安全管理工作配合协调也是一项关键。

2　建筑幕墙危险源分析和风险控制

建筑幕墙施工的特点决定了建筑幕墙行业是危险高、事故多发的行业。施工生产的流动性、建筑幕墙产品的单件性和类型多样性、施工生产过程的复杂性都决定了施工生产过程中不确定性难以避免，施工过程、工作环境必然呈多变状态，因而容易发生安全事故。另外建筑幕墙工程施工手工劳动的非标准化，使得繁重体力劳动量多，而劳动者素质又相对较低，这些都增加了施工现场的不安全因素。

2.1 重大危险源辨识和风险控制是施工的安全保证

建筑幕墙重大危险源的辨识、风险控制是施工安全管理工作的重要因素。"重大危险源"简言之就是在施工过程中各类容易构成事故的不安全因素和隐患。对重大危险源的控制，主要是在工程施工开始前，根据工程项目各方面的资料、当前的状态、外部环境、管理制度、工艺水平的各种因素进行分析、预测，以便在施工过程中对关键的部位、关键的环节进行重点控制，起到安全防范的作用。在施工开工前识别现场的重大危险源，根据其危险源的风险程度制定可控制的有效措施，随着科技的进步、安全管理模式的不断更新，正确地运用管理体系中"重大危险源"的辨识及风险控制的方法，才能把重大安全事故消灭在萌芽状态，确保幕墙施工安全。

2.2 重大危险源失控是发生重大安全事故的根源

在建筑幕墙工程施工活动过程中，凡是发生重大安全事故的单位，绝大多数是由于重大危险源失控造成的。施工单位违章操作，在安全管理与安全教育上失误，也没有必要的安全防范措施，重大安全隐患导致了重大事故。对施工现场中没有对重大危险源辨识及制定和编制专项的施工管理方案，也没有派专人对其进行监督、检查实施。

2.3 施工单位没有较高的安全意识，没有认识重大危险源的控制对安全施工的重要性，并及早地采取防范措施，加强施工现场的安全管理，现场施工人员按章操作，这起重大伤亡事故是完全可以避免的。事实证明，施工现场重大危险源管理失控，是安全事故发生的根源。

2.4 重大危险源辨识及风险评价推导事故防范规律，学会运用重大危险源识别和分析重大危险源的风险程度，就能掌握施工过程中控制事故发生的主动权，所以它在施工过程中占有非常重要的地位。

由于建筑幕墙自身的特点，各类重大危险源是客观存在的，这就要求各安全管理部门、安全管理人员要有扎实的业务知识和较高的处理突发事件的能力，在安全监督管理及检查过程中，能有效地运用管理体系中重大危险源的辨识和评价，将各类重大危险源分门别类并且制定相应的管理措施，同时针对性地对控制措施进行检查。

2.5 在建筑幕墙工程施工过程中，常见的重大危险源主要表现在以下几个方面：

（1）物体打击。施工高空交叉作业时的坠落物，可能发生的砸伤、碰伤等伤害（比如包括超高层建筑上部总包单位正在施工结构主体，下面同步施工建筑幕墙等）。

（2）高处坠落。在高层建筑幕墙施工作业中，由于作业人员的失误和防护措施不到位，易发生作业人员的坠落事故（如使用脚手架、吊篮以及吊装和安装过程中临边作业等）。

（3）机械伤害。机械设备在作业过程中，由于操作人员违章操作或机械故障未被及时排除，发生绞、碾、碰、轧、挤等事故。

（4）触电伤害。施工现场用电不规范，如乱拉乱接，对电闸刀、接线盒、电动机及其传输系统等无可靠的防护，非专业人员进行用电作业等极易造成安全事故。

（5）作业人员在施工现场不能正确使用安全防护用具、用品也是发生人身伤害事故的原因。

（6）特种作业人员未经培训无证上岗，对所从事的作业规程似是而非、似懂非懂，想当然做事而发生安全事故。

以上六个方面的重大危险源是幕墙施工企业最常见的，也是重大事故隐患最突出的环节，在施工过程中如不认真识别并采取有效的防范控制措施，就有可能酿成重大的安全事故。

3 建筑幕墙施工的安全管理内容

建筑幕墙工程施工前，要进行大量的施工安全准备工作，这是施工前期的重要环节。因为任何管理上的差错或疏忽都可能引起安全事故，造成生命、财产和经济的巨大损失，因此安全管理工作是贯穿整个施工过程头等重要的大事。一般情况下，建筑幕墙施工安全管理有下列内容：

3.1 编制施工现场的施工组织设计

施工组织设计是指导建筑幕墙施工现场全部生产活动的重要技术文件，用以正确处理人与物、主体与辅助、工艺与设备、专业与协作、供应与消耗、生产与储存、使用与维修以及它们在空间布置和时间排列之间的关系。必须根据拟建工程规模、结构特点和建设单位的要求，在对原始资料调查分析和工程投标时编制的施工组织设计的基础上，编制出一份能切实指导该工程全部施工活动的科学方案。施工的安全管理必须作为一个重要组成部分编入施工组织设计内，其中应包括施工的安全技术措施、管理措施等。

3.2 排查重大危险源，针对重大危险源编制安全专项施工方案

建筑工地重大危险源，按场所的不同初步可分为施工现场重大危险源与临建设施重大危险源两类。对危险和有害因素的辨识应从人、料、机、工艺、环境等角度入手，动态分析、识别、评价可能存在的危险有害因素的种类和危险程度，从而采取整改措施，加以治理。建立建筑工地重大危险源的公示和跟踪整改制度。加强现场巡视，对可能影响安全生产的重大危险源进行辨识，并进行登记，掌握重大危险源的数量和分布状况，经常性地公示重大危险源名录、整改措施及治理情况。对超过一定规模的危大工程的施工专项安全方案应该按住房城乡建设部令《危险性较大的分部分项工程安全管理规定》2018 第 37 号文件规定组织专家论证。

3.3 建立安全教育培训制度

首先是进场的安全教育，重点是要提高每一个员工的安全意识，牢固树立"安全第一"的思想意识，并让施工人员明白建筑幕墙施工的特点和安全生产的关系，如做好高处作业、临边、洞口和脚手架上的防护，物料提升机的使用和安全防护，各类伤亡事故的预防以及突发事件的应急预案等。所有工人进入施工现场必须经过三级教育，教育合格后方可进入现场施工，建立施工人员档案，人员花名册进行动态管理，充分掌握工人的流动性。

3.4 加强日常巡检工作

建筑幕墙施工应设专职安全人员进行监督和巡回检查。检查其高处作业、机械工具使用、临时用电等是否符合相应的技术规范；检查其主体结构的施工层下方是否设置防护网，在距离地面约 3m 高度处是否设置水平防护网；检查吊篮使用是否进行了安全检查，是否超载，施工人员是否按规定系安全带并严禁杜绝空中进行吊篮检修，在现场焊接作业时，应采取相应的防火措施如在焊接下方加设接火兜等，避免火灾事故的发生。

3.5 做好分项分部安全技术交底

建筑幕墙所有工序施工前，必须对施工人员进行交底，让所有施工人员在施工前了解该工序的危险性和有可能出现的危害，提高安全意识。分项分部安全技术交底要详细，针对容易出现的安全问题进行详细讲解，让施工人员做到心中有数。

4 幕墙施工安全管理关键在落实

在施工过程中，按制定的风险管理措施控制重大危险源、有效地遏制各类事故发生是建筑幕墙施工企业创造良好的安全环境的必要条件。

（1）要真正落实施工企业安全生产岗位责任制。对于一个工程施工项目，项目经理是制定控制重大危险源风险的第一责任人，要根据工程项目的特点把施工现场中各类重大危险源进行辨识和评价，现场配备足够的安全管理人员，制定积极有效的风险防范管理措施。施工过程中，实施定人定期跟踪监督检查，对违反规定的行为及时发现、及时纠正。同时，组织制定施工现场中重大危险源的控制目标，实行安全生产岗位责任制，逐级签订安全管理责任状，层层分解，责任到人。

（2）企业从事安全管理工作的专业人员要严格履行自己的职责，正确地掌握和运用管理体系中重大危险源的辨识和风险的评价方法，指导、帮助施工现场及施工人员如何有效地识别重大危险源，如何针对不同的重大危险源采取相应的对策，尽量避免重大安全事故的发生。

（3）企业全体动员、人人参与。加强对全体管理人员及施工现场的安全施工宣传教育和培训，尤其是以预防事故为主的重大危险源风险控制的安全教育，真正做到"安全重担大家挑，人人肩上有指标"，使施工现场的全体管理人员和施工人员都能自觉执行所制定的风险控制管理措施，避免施工安全事故的发生，确保施工和工人自身的安全。

（4）建筑幕墙企业的安全施工不只是行政管理人员的事，也不只是安全管理人员的事，它关系到企业每一个管理人员、施工人员的事业和健康，关系到千家万户的安宁与幸福，企业只有形成了人人讲安全、人人懂安全、人人要安全的局面，才能做到施工和安全的双丰收，企业的安全管理工作才能真正迈上新台阶。

5 结语

建筑幕墙施工安全问题，不仅关系到工程的质量，更是关系到国家财产和人民的生命安全。因此我们也应该彻底明晰建筑幕墙的施工特点，并结合实际分析幕墙施工危险源辨识和控制，加强对施工现场的检查，完善安全生产责任制和安全管理制度，执行安全施工技术交底工作，还要对施工人员进行安全生产教育培训，以提高建筑幕墙安全施工以及安全管理水平。

幕墙施工用悬臂吊安全性要点分析

◎ 赵福刚

广东科浩幕墙工程有限公司　广东深圳　510290

摘　要　本文探讨了单元板块采用悬臂吊进行垂直运输或安装时，悬臂吊的设计及使用安全性要点，供设计师及施工人员参考。

关键词　悬臂吊；导向滑车；卷扬机；配重；滑轮；钢丝绳；吊钩

1　引言

在如今的建筑市场中，受各种因素的影响以及形势发展的需要，单元式建筑幕墙的应用越来越广泛。而要把一块块单元体从楼下运到高空直至安装完成，垂直运输设备的选用就显得尤为重要，目前各幕墙公司基本上都采用以下几种方式来进行。

1）对于比较低的楼层（如 40m 以下）

（1）直接采用汽车吊来进行垂直运输及安装。

（2）采用在楼层的周边架设轨道，在轨道上安装电动葫芦进行板块的垂直运输及安装。

（3）采用悬臂吊直接起吊安装。

2）对于比较高的楼层（如 40m 以上）

（1）采用在楼层的周边架设轨道，在轨道上安装电动葫芦进行板块的安装。由于电动葫芦的链条长度是有限制的（幕墙安装采用的链条长度一般都在 50m 以内），因此必须采用塔吊配合卸料平台或采用悬臂吊先将单元板块运到相应的楼层内，再用架设在轨道上的电动葫芦进行安装（轨道及卸料平台见图 1）；也可采用悬臂吊将单元块垂直运输到相应的高度与电动葫芦换钩后进行安装。

（2）采用悬臂吊直接起吊安装。

无论是低楼层还是高楼层，都可以用悬臂吊来进行单元板块的垂直运输及安装。从工程实施过程中可以看出悬臂吊使用起来确实比较灵活方便，尤其是当存在以下情况时（图 1）：

① 楼层较高，现场没有塔吊及卸料平台或者塔吊繁忙，无法进行单元板的吊装时。

② 上部没有架设轨道或轨道已经拆除，如单元的竖向收口部位。

③ 当建筑的平面内凹槽尺寸较小或弧位的曲率较大，没法架设轨道或电动葫芦没法在这种大曲率轨道上运行时。

悬臂吊，俗称炮车或单臂吊，基本在每个单元体幕墙工地里都会见到它的存在。悬臂吊这种起重吊装设备与吊篮不同，由于国家或地区没有规定必须要由有资质的单位对其进行生产，因此目前大部分悬臂吊都是由各幕墙施工单位自己制作或委托其他单位进行制作。鉴于此种原因，很多人对其安全性产生了怀疑：这种自制的起重吊装设备，没有经过相应机构的认证，是建设部 659 号公告所明令禁止的，是不能在实际工程中使用的。

首先我们看 659 号公告禁止使用技术部分第 31 条，相应的内容如下："自制简易的或采用摩擦式卷扬机驱动的钢丝绳式物料提升机"；条文说明如下："卷扬机制动装置由手工控制，无法进行上、下限位和速度的自动控制，无安全装置或安全装置无效、安全隐患大、技术落后、不符合现行的标准要求。"我们从以上条文及其说明可以看出国家只是淘汰那种落后的起重设备（卷扬机），现在正规的卷扬机都是由有资质的生产单位按照相应的国家标准来进行生产的，都具有出厂检验和型式检验，满足安全性要求的合格产品。况且，现在的擦窗机、起重吊车、塔吊等起重设备也都是离不开卷扬机的，因此通过 659 号公告来说明悬臂吊不安全是不正确的。

图 1　轨道及卸料平台

但悬臂吊毕竟是一种起重吊装设备，有的工程单元板块大，质量接近 2t，不考虑其特点对悬臂吊进行设计、加工与使用，势必会带来一定的安全隐患。根据住房城乡建设部的建办质〔2018〕31号文中的要求：采用非常规起重设备、方法且单件起吊重量在 10kN 及以上的起重吊装工程需编制安全专项方案；建筑幕墙在施工之前都要编制安全专项施工方案，并组织专家对其进行论证（幕墙施工高度 50m 及以上），其中就包括悬臂吊安全专项方案的论证。但由于论证的时间较短，相关人员也只能从大的方面对专项方案进行审查，主要审查内容包括：悬臂吊钢架的计算、悬臂吊的防倾覆验算、卷扬机的吨位选取、钢丝绳的验算等。通过这些审查，确实是避免了一些安全事故的发生，对建筑幕墙行业的安全施工起到了很好的促进作用。但悬臂吊的设计及加工的各个环节还有很多细部的情况，而这些细部的情况，施工单位在安全专项方案里根本没有表述，审查中也无法提出相应的指导性意见，对于正规的幕墙公司，会在后期的实施过程中严控各个环节来保证安全，但对于另外一些幕墙公司来说，可能就没有考虑。细节决定成败，实际上目前出现的一些悬臂吊的安全事件，恰恰是由于这些细节处理不好而导致的。本文笔者根据多年的设计与施工经验对悬臂吊在设计与施工过程中各个需要注意的环节进行了列举，希望对同行能有一些帮助，如有不妥之处，敬请批评指正。

2　悬臂吊的组成

悬臂吊主要动力机构是卷扬机，而卷扬机的使用是需要在其正前方设置导向滑车的，因此悬臂吊主要的构成就是卷扬机加导向滑车，这是一种非常标准的卷扬机应用方式。我们考虑到其安全性及可移动性，对导向滑车装置的各个组成部分又进行了细分，分别包括：配重固定部分、卷扬机固定部分、导向装置部分、行走及制动部分等（其实这几个部分是一个整体，只是根据功能对其进行了分区），具体如图 2 所示。

图 2　导向滑车装置的各个组成部分

3　悬臂吊的控制要点

3.1　导向滑车的结构计算

导向滑车的结构计算一般可采用 SAP2000、3D3S、ANSYS 对钢架整体进行建模计算，计算需要注意考虑以下几个方面。

（1）导向滑车的结构组成复杂多样，其计算的简图必须与现场实际情况相符（悬臂吊的计算简图如图 3 所示），目前在安全专项施工方案论证时，经常发现不同幕墙厂家对悬臂吊计算中的计算简图都是一样的，有照抄的嫌疑。这个一定要注意，不同的工程吊装的高度、单元板块的重量、场地环境等都是不一样的，需要区分对待，综合考虑以保证安全。

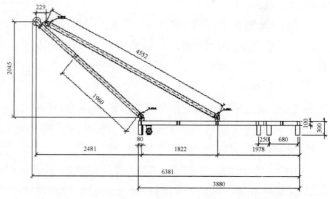

图 3　悬臂吊的计算简图

（2）对组成导向滑车的各个杆件的自重大小、配重的多少、卷扬机的重力及各力的作用点必须准确，不得预估。

（3）起重吊装载荷是动力载荷，因此必须考虑动力载荷的分项系数，分项系数的选取在 1.3～2 之间，同时吊装荷载也是可变荷载，需要考虑 1.4 的分项系数。

（4）导向滑车一般是采用钢材制作的，钢材是弹性材料，按弹性极限计算时，最好保证 2 倍的安全系数；如结构中有钢丝绳参与结构受力，钢丝绳计算时，最好保证 5 倍的安全系数。

3.2 卷扬机的选用

卷扬机按驱动方式可分为手动和电动。手动卷扬机由于起重牵引力小，劳动强度大，不安全因素多，在实际结构吊装中已很少使用。现在单元幕墙施工时，各施工单位基本都采用电动卷扬机。电动卷扬机是由电动机、减速部分、滚筒轴、电涡流制动及电磁抱死制动组合而成的一个设备。卷扬机作为成品设备，需具有出厂检验和型式检验报告，我们在选择时需要选择正规厂商生产的、可靠的卷扬机。选用卷扬机时，需注意考虑以下几点：

（1）卷扬机按速度分有高速卷扬机、快速卷扬机、慢速卷扬机、变速卷扬机等，在选择的时候需要根据楼层的高度、所吊板块的重量等因素来综合考虑。

（2）卷扬机的额定载荷。建筑用卷扬机一般的额定载荷在 5～500kN 之间，使用者需根据所吊板块的大小选择合适的额定载重量的卷扬机。在选用时，必须留有一定的载重富余量，尤其当楼层较高卷筒上排布的钢丝绳层数较多时更要注意。因为卷扬机的额定载重量指允许基准层的钢丝绳承受的最大载荷，在基准层及基准层以内各层钢丝绳允许承受的最大载荷为额定载荷，基准层以外各层允许承受的最大载荷小于额定载荷，且随着层数的增加而减小，因此在使用基准层以外的钢丝绳时，必须遵守使用说明书规定的载荷。所以我们在采购卷扬机时，尽量选用额定载荷大一些的：一方面具有通用性，可以吊装不同工程的板块，毕竟卷扬机不是用完一个工地就报废了；另一方面是适应卷扬机基准层以外额定载荷降低的需要。

（3）确定卷扬机的工作级别。卷扬机的工作级别可作为设计计算的依据，也可作为用户选择和使用卷扬机的参考。卷扬机的工作级别按预计的总工作时间和载荷状态分为 M1～M8 共 8 个级别。用于单元板块吊装的卷扬机其载荷状态一般为中量级别，即：较少承受额定载荷，通常承受中等载荷，主要用于板块的吊装、安装，在建筑施工中垂直吊运使用，考虑各方面因素我们幕墙施工单位可以将用于单元板块吊装的卷扬机的工作级别定为 M6 级。

（4）确定卷筒容绳尺寸，即钢丝绳的长度。确定钢丝绳的长度必须综合考虑以下几个方面：

① 卷扬机安装位置到起吊点的距离，也即是所选钢丝绳的长度必须满足使用要求。

② 钢丝绳在下放到最低点处，也即是在达到最远的距离时，必须保证卷筒上至少有 2～3 圈钢丝绳缠绕在卷筒上。

③ 钢丝绳在全部收回时，卷筒侧板外缘到最外层钢丝绳的距离，不得小于钢丝绳的公称直径。

（5）钢丝绳受荷问题。一般来说，卷扬机确定后，厂家都会配备与卷扬机额定载荷相配套的钢丝绳，但也存在有的时候没有适宜的钢丝绳的情况，这就需要我们自己去计算与选择。钢丝绳的选用需考虑以下几个方面：

① 卷扬机用钢丝绳应符合《一般用途钢丝绳》（GB/T 20118）的规定，并应优先选用线接触性钢丝绳。

② 合理选择钢丝绳的安全系数。钢丝绳的安全系数是指钢丝绳最小破断拉力与最大工作静拉力的比值。如果是卷扬机厂家配备的钢丝绳，这里的"最大工作静拉力"应为卷扬机的额定载荷；但如果工程中由于起吊的高度较高，卷扬机的容绳量不够的情况下，我们可以适当提高钢丝绳的强度级别以降低钢丝绳直径，同时可以根据所要吊装的物件的最大重量来作为最大工作静拉力。根据《建筑卷扬机》（GB/T 1955），M6 级别卷扬机的钢丝绳安全系数取为 5.6，这与我们日常所要求的用于机动起重设备的钢丝绳安全系数取为 5～6 是吻合的。

3.3 悬臂吊防倾覆

由于悬臂吊本质意义上是由卷扬机与导向滑车组成的，因此悬臂吊的防倾覆包括卷扬机的防倾覆及导向滑车的防倾覆。

（1）卷扬机的防倾覆。

卷扬机的防倾覆措施是采用合适的螺栓将卷扬机的底座牢牢固定在导向滑车的底盘上（图 4）。

图 4 卷扬机的防倾覆措施

（2）导向滑车的防倾覆。

导向滑车由于需要经常移动，一般采用平衡重法固定，即导向滑车的后部设置重物，以防止悬臂吊在起吊重物时的倾覆（图 5）。

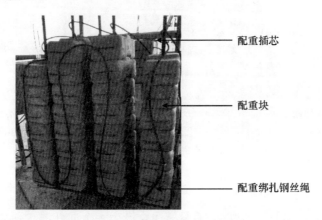

图 5 导向滑车的防倾覆措施

防倾覆需要考虑以下几点：

① 悬臂吊极限工作载荷工况时，稳定力矩应大于或等于 2～3 倍倾覆力矩（图 6）。

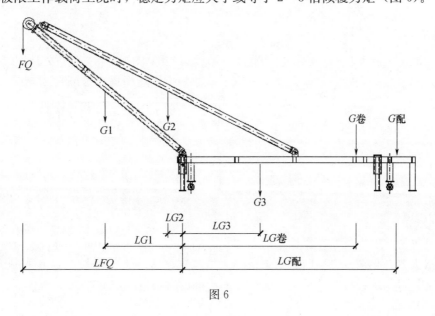

图 6

即：(G卷×LG卷＋G配×LG配＋$G3$×$LG3$）／（$G1$×$LG1$＋$G2$×$LG2$＋FQ×LFQ）≥2～3

式中　　　　　　　　　　$G1$，$G2$，$G3$——分别代表组成滑车的各杆件的自重；

　　　　　　　　　　　　G卷——代表卷扬机的自重；

　　　　　　　　　　　　G配——代表所加的配重的重量；

　　　　　　　　　　　　FQ——代表起吊重物的最大重量（需考虑动力放大系数）；

$LG1$，$LG2$，$LG3$，LG卷，LG配，LFQ——分别代表各力到相应支点的距离。

② 现场配重块的总重必须大于或等于计算要求的配重，现场在任何情况下都不得私自减少配重的数量。

③ 现场的配重必须安装在牢固焊接于导向滑车底座处的钢插芯上，并采用钢丝绳进行绑扎，以防配重块脱落或有关人员随意移动配重块导致悬臂吊的倾覆。

④ 如图6所示，当垂直起吊重物时，即FQ的方向垂直向下时，是没有水平方向力的。但现场起吊单元板块时是这样子的吗？现场在起吊单元板块的时候，为了防止所吊装的板块与已经安装好的单元板块间的相互碰撞以及风力的影响，一般都需要设置倾斜的缆风绳（图7）。

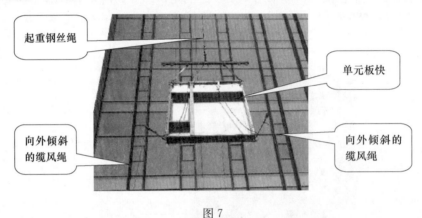

起重钢丝绳

单元板快

向外倾斜的缆风绳

向外倾斜的缆风绳

图 7

因此，当设置缆风绳起吊单元板块时，对悬臂吊会产生一个向外的水平分力（图8），缆风绳的倾斜角度越大，这个水平分力就越大。

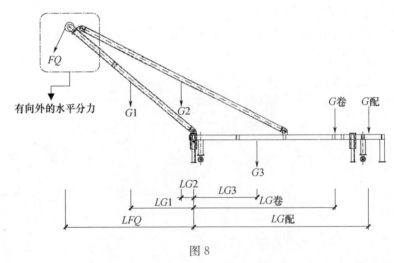

FQ

有向外的水平分力

$G1$　$G2$

G卷　G配

$G3$

$LG2$

$LG3$

$LG1$

LG卷

LFQ

LG配

图 8

因此，当这种情况发生时，光靠悬臂吊与结构之间的摩擦力来抵抗这个水平分力有时难以满足要求，不确定因素太多，必须设置辅助的固定措施来抵消这个水平力。目前主要有两种方式，一种是在导向滑车的前部设置挡块；另一种是在导向滑车的后部设置拉索固定（图9）。

图 9

4　悬臂吊的移动与制动装置

悬臂吊作为单元板块垂直运输及安装的一种辅助设备，具有比较灵活的特点。在同一楼层之间移动起来也比较方便，因此在导向滑车底部是需要设置万向行走轮的。万向轮的承载力需要根据结构计算来复核，并保留一定的安全储备，万向轮的数量一般不小于四个。在行走轮的结构计算选型时，要注意分清楚悬臂吊的配重是否会对行走轮产生影响，因为行走轮的结构受力模式是随其结构布置形式及悬臂吊的移动方式而变化的。

将悬臂吊移动到位后，必须打开悬臂吊的制动装置，以防其滑动。目前由于悬臂吊的重量较大，尤其是在起吊重物时对轮子的作用力更大，因此制动装置并不是设置在轮子上的，一般的做法是单独设置高度可调节的支腿，当支腿调节完毕后，轮子是悬空的，这样就达到了一种稳固的结构形式（图10）。支腿的承载力及数量也是需要根据结构计算来确定，一般不少于四根。当然，也有另外一种做法是不设置可升降的支腿，而是通过在导向滑车的底部垫上钢材或木方来使行走轮悬空，保持制动。

图 10

5　悬臂吊的导向滑轮

悬臂吊的导向滑轮（图11）在整个装置中只是很小的一部分，但起的作用却非常大，安全要点也比较多，目前大部分的滑轮都是各幕墙公司自行采购或自行加工，这里如果处理不好安全隐患是非常大的。该处的要点主要有以下几个方面：

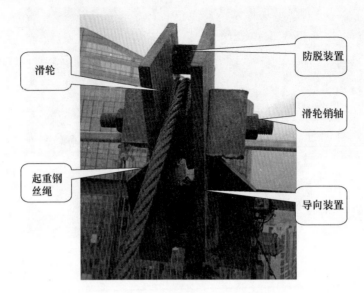

图 11

（1）滑轮的直径。

滑轮的直径一般不小于钢丝绳直径的 20 倍，以减小钢丝绳的弯曲应力。

（2）滑轮销轴。

需经过严格的结构计算，安全系数至少取为 3；需选用强度级别高的金属制作，直径不应小于 30mm。

（3）滑轮槽。

① 滑轮槽的直径应为钢丝绳公称直径的 1.1～1.3 倍，滑轮槽过大钢丝绳容易压扁；过小则容易磨损。

② 滑轮槽的开口角应对称且在 30°～55°之间。

③ 滑轮槽的槽深不小于钢丝绳直径的 1.4～1.5 倍。

④ 滑轮绳槽的表面粗糙度 Ra≤6.3um。

⑤ 禁止使用轮缘破损的滑轮。

（4）防脱措施：滑轮上应设有防止钢丝绳脱槽的装置，该装置与滑轮最外缘的间隙应不大于钢丝绳直径的 0.3 倍。

（5）运行：滑轮应转动灵活，侧向摆动不得超过滑轮直径的 1/1000。

（6）安全应用：钢丝绳与滑轮的接触点应确保安全，在工作时，防止手和手指被夹住，最好在该处设置防护罩。

6　卷扬机与导向滑轮的距离

在实际工程关于悬臂吊的安全专项方案中，经常会遇到这样的情况：卷扬机与导向滑轮间的距离很小，有的出绳偏角在没有设置排绳器的情况下甚至达到了 8°左右。这种方案后期基本上是不可实施的。我们知道，要使卷扬机能正常起吊重物，钢丝绳在卷筒上必须能进行有序的排列（图 12）。这种出绳角过大的方案根本达不到这一要求，同时也会导致钢丝绳与导向滑车的滑轮边缘过分摩擦而产生安全隐患。

我们在使用卷扬机进行单元板块的吊装时，一般使用的都是多层缠绕式卷筒，为了保证钢丝绳在卷筒上能排列整齐，钢丝绳在绕进或绕出卷筒时，偏离卷筒轴线垂直平面的角度必须≤2°，在安装排绳器时，角度必须≤4°。

图 12

为了达到这一要求，我们可以用一些尺寸关系来进行控制，如：控制导向滑轮至卷筒轴线的距离 L 不小于卷筒长度 D 的 15 倍，即保证了倾斜角不大于 2°（图 13）。

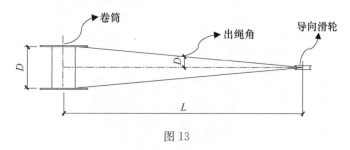

图 13

7　吊钩的安全要点

卷扬机钢丝绳的下面都有起重用的吊钩，这个吊钩一般能承受住 4 倍额定起重量的静拉伸载荷。该处的要点如下：

（1）起重吊钩应转动灵活，在水平面内能转动 360°。

（2）起重吊钩应设置钩口闭锁装置。这一点是相当重要的，处理不好极易发生安全事故。如以下几种情况：

① 我们在吊装单元板块的时候，有的时候往往不是垂直起吊的，当从楼层里将单元板块吊出楼层的过程中，吊钩是倾斜的，在不注意的时候会发生钢丝绳从吊钩里滑脱的现象。

② 还有的情况是钢丝绳没有完全卡进吊钩里，就进行起吊，在起吊过程中钢丝绳从吊钩中滑脱。

③ 当起吊重物时，不注意导致重物卡在结构的某处，这时重物及吊钩都会倾斜，导致挂接点从吊钩中脱出。

以上这些所列举的情况都会带来一定的安全隐患，而现实中由于这样的原因发生的安全事故也确实不少，因此吊钩有安全锁闭装置是相当重要的（图 14）。

但是有这种自带的闭锁装置就一定安全吗？也不一定，除非这种闭锁装置是有效的。本人查看过多个卷扬机吊钩及环链葫芦的吊钩，发现这种自带的闭锁装置非常薄弱，基本上就是 1mm 左右厚度的铁片配上很小的弹簧制成的，用一段时间就会变形，达不到防脱的要求，同时这个装置承受的侧向力非常薄弱，当遇到侧向力时就会偏向一边，达不到锁闭的要求。这不得不说是现实情况下该产品的一种弊病（图 15）。

图 14　　　　　　　　　　　　　　　　　　　　图 15

因此，当我们在现场一旦发现这种情况，就应立即对闭锁装置进行改进以满足安全性要求，这是相当必要的（图 16）。

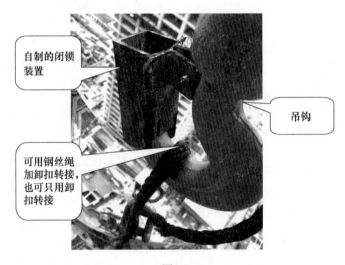

图 16

8　钢丝绳的索扣

在钢丝绳的端部根据起吊重物的要求，一般需要设置索扣。目前索扣的形式主要有以下几种：插编索扣、压制索扣、绳夹固定索扣。以上三种绳端固结的强度，应不低于钢丝绳破断拉力的 80%。

（1）插编索扣及压制索扣一般都是购买的成品。需要注意的是插编索扣的插编部位末端的最小距离需不小于钢丝绳公称直径的 15 倍。

（2）绳夹固定索扣。绳夹又称为绳卡、卡头，用它来固定和夹紧钢丝绳不但牢固而且方便，在目前施工现场应用比较多，绳夹的固定需要注意如下几点：

① 选用的绳夹的规格型号必须与钢丝绳的直径相匹配，严禁代用或采用在钢丝绳中加垫料的方法拧紧绳夹，钢丝绳夹必须有出厂合格证和质量证明书。

② 绳夹的数量需满足要求。一般绳夹的数量与所要夹紧的钢丝绳的直径有以下对应关系（表 1）：

表 1　绳夹数量与钢丝绳直径关系

钢丝绳直径（mm）	$\phi \leqslant 19$	$19 < \phi \leqslant 32$	$32 < \phi \leqslant 38$	$38 < \phi \leqslant 44$
绳夹数量（个）	3	4	5	

③ 绳夹的间距：间距一般为钢丝绳公称直径的 6～8 倍。

④ 每个钢丝绳夹都要拧紧，以压扁钢丝绳直径 1/3 左右为宜；卡绳时，应将两根钢丝绳理顺，使其紧密相靠，不能一根紧一根松，否则钢丝绳夹不能起作用，会影响安全使用。距离套环最近的绳夹应尽可能地紧靠套环，离套环最远的绳夹不得首先单独紧固。

⑤ 钢丝绳夹的夹座应扣在钢丝绳的工作端上，U 形螺栓扣在钢丝绳的尾段上。钢丝绳夹不得在钢丝绳上交替布置。

⑥ 为了便于检查接头，可将最后一个绳夹后面约 500mm 处再安一个绳夹，并将绳头放出一个"安全弯"，当接头的钢丝绳发生滑动时，"安全弯"即被拉直，这时就应立即采取措施。

⑦ 绳夹正确布置时，在实际使用中受载 1～2 次后，螺母要进一步拧紧。

绳夹结构如图 17 所示。

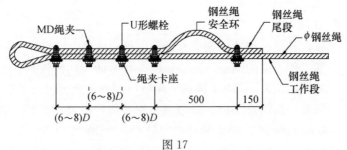

图 17

（3）对于用于起重吊装量大、使用比较频繁、与索扣接触面比较小等情况下，为了保证钢丝绳不被压扁、压扁后造成容易脱钩以及局部应力过大情况的发生，在索扣处应加设心形环（梨形环），见图 18。

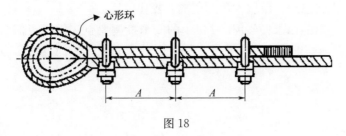

图 18

9　悬臂吊的上行程限位装置

使用悬臂吊在起吊重物时，应安装上行程限位装置，以防冲顶发生安全事故（图 19）。

10　悬臂吊的其他注意事项

（1）所采用的卷扬机、钢丝绳、绳夹等都必须是正规厂家生产的，具有产品合格证及型式检验报告。

（2）悬臂吊在安装完成，经过自检、有资质的第三方检测以及各方联合验收合格后方可投入使用，各处必须有明确的标识（最大起重量、配重、责任人、注意事项等）。

（3）卷扬机露天设置时应有防雨棚。

（4）悬臂吊应做好日常检查与定期检查。

① 导向滑车是否移位，钢架有无变形。

② 配重有无脱落或被移动。

③ 严格按照使用说明书对卷扬机进行检查，电气接地需良好。

④ 按要求对导向滑轮进行检查：重点检查滑轮边缘是否有破损、滑轮销轴是否有磨损、滑轮是否两边摆动、钢丝绳与滑轮是否配合良好、有无生锈等。

⑤ 按要求对起重钢丝绳进行检查：重点检查钢丝绳有无断丝及断股现象、钢丝绳是否生锈、有无杂物粘结在钢丝绳上、钢丝绳有无渗油，各固定点是否牢固等。

⑥ 吊钩处检查：重点检查索扣处是否固定牢固、吊钩能否 360°旋转、吊钩的闭锁装置是否可靠等。

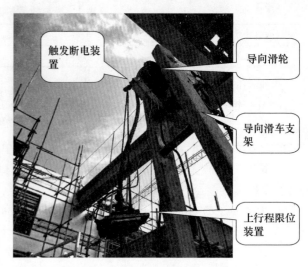

图 19

（5）对悬臂吊操作使用的要求

① 操作人员应身体健康，且受过相关的安全教育，取得相应的上岗操作资格。

② 上部操作人员与下部工作人员的沟通一定要顺畅，普通话应标准流利，当用于沟通的对讲机信号不灵时，需立即停止操作，目前发生的由于沟通不顺畅造成的安全事故占了很大的比例。

③ 在起吊或下降的过程中，需保持平稳。必须避免钢丝绳产生冲击作用（如 5m 的 ϕ15.5 的钢丝绳起吊重物，在下坠距离为 500mm 时，产生的冲击力是原重物荷载的 13 倍左右）。

④ 在起吊重物时，必须有专人监督看管，以防重物在起吊过程中挂在主体结构或其他障碍物上。目前由于这种情况导致钢丝绳断裂或脱钩的安全事件时有发生，必须引起足够的重视。

⑤ 不得超载使用，在起吊重物时下方不得站人，需设置隔离区域，并派专人监管。

⑥ 在卷扬机处于工作状态时，操作人员不得离开操作位置。

以上简单地介绍了悬臂吊在设计及使用过程中的安全控制要点，供同行们参考，但难免也会有遗漏之处。只要我们合理设计、正确使用悬臂吊，一定会减少安全事故的发生，也会让悬臂吊不安全的说法在我们的身边消失。

参考文献

[1] 建筑卷扬机：GB/T 1955—2008 [S].

[2] 建筑施工手册第五版.

[3] 一般用途钢丝绳：GB/T 20118—2006 [S].

[4] 钢丝绳夹：GB/T 5976—2006 [S].

[5] 钢丝绳吊索 插编索扣：GB/T 16271—2009 [S].

[6] 环链电动葫芦：JB/T 5317—2016 [S].

[7] 起重设备安装工程施工及验收规范：GB 50278—2010 [S].

[8] 高处作业吊篮：GB/T 19155—2017 [S].

幕墙工程专项施工方案编写中应注意的一个问题

◎ 区国雄[1]　江　辉[2]

1　深圳市建筑门窗幕墙学会　广东深圳　518031
2　凯谛思建设工程咨询（上海）有限公司广州分公司　广东广州　510145

摘　要　当前有些幕墙工程的专项施工方案存在一个比较突出的问题。根据住房城乡建设部 2018 年 3 月 8 日发布的《危险性较大的分部分项工程安全管理规定》（住房城乡建设部令第 37 号）和《住房城乡建设部办公厅关于实施〈危险性较大的分部分项工程安全管理规定〉有关问题的通知》（建办质〔2018〕31 号），幕墙施工所使用的起重设备、卸料平台、操作平台、吊篮等设备设施的安装（架设）和拆卸应有专项施工方案，相关规范规定该专项施工方案应由有资质的单位编写。但有些幕墙专项施工方案没有执行。本文提出改正意见。

关键词　幕墙工程；专项施工方案；一个问题

1　一些幕墙工程专项施工方案存在的一个问题

住房城乡建设部 2018 年 3 月 8 日发布了《危险性较大的分部分项工程安全管理规定》（住房城乡建设部令第 37 号），2018 年 5 月 17 日住房城乡建设部办公厅发布了《住房城乡建设部办公厅关于实施〈危险性较大的分部分项工程安全管理规定〉有关问题的通知》（建办质〔2018〕31 号），明确规定起重设备、卸料平台、操作平台、脚手架、吊篮等设备设施的安装（架设）和拆卸应有专项施工方案。《建设工程安全生产管理条例》（国务院令第 393 号）第十七条规定"在施工现场安装、拆卸施工起重机械和整体提升脚手架、模板等自升式架设设施，必须由具有相应资质的单位承担。安装、拆卸施工起重机械和整体提升脚手架、模板等自升式架设设施，应当编制拆装方案、制定安全施工措施，并由专业技术人员现场监督。"住房城乡建设部文件《关于印发起重机械、基坑工程等五项危险性较大的分部分项工程安全要点的通知》（建安办函〔2017〕12 号）规定："起重机械安装拆卸作业安全要点：一、起重机械安装拆卸作业必须按照规定编制、审核专项施工方案，超过一定规模的要组织专家论证。二、起重机械安装拆卸单位必须具有相应的资质和安全生产许可证，严禁无资质、超范围从事起重机械安装拆卸作业。""脚手架施工安全要点：一、脚手架工程必须按照规定编制、审核专项施工方案，超过一定规模的要组织专家论证。二、脚手架搭设、拆除单位必须具有相应的资质和安全生产许可证，严禁无资质从事脚手架搭设、拆除作业。"《危险性较大的分部分项工程安全管理规定》（住房城乡建设部令第 37 号）第十一、十二条规定："第十一条　专项施工方案应当由施工单位技术负责人审核签字、加盖单位公章，并由总监理工程师审查签字加盖执业印章后方可实施。危大工程实行分包并由分包单位编制专项施工方案的，专项施工方案应当由总承包单位技术负责人及分包单位技术负责人共同审核签字并加盖单位公章。第十二条　对于超过一定规模的危大工程，施工单位应当组织召开专家论证会对专项施工方案进行论证。实行施工总承包的，由施工总承包单位组织召开专家论证会。专家论证前专项施工方案应当通过施工单位审核和总监理工程师审查。"

上列文件规定了起重设备、卸料平台、操作平台、脚手架、吊篮等设备设施的安装（架设）和拆卸必须由有资质的单位编制专项施工方案；该方案应当由施工单位技术负责人审核签字、加盖单位公章，并由总监理工程师审查签字、加盖执业印章后方可实施。因工作关系看到一些幕墙公司的专项施工方案，没有执行上述规定，主要问题有：

（1）起重设备、卸料平台、操作平台、吊篮等设备设施的安装（架设）和拆卸没有由有资质的单位编制专项施工方案。有些幕墙公司并不具备上述资质，却自行编写这些专项施工方案，违反了上列文件的规定，埋下了安全隐患。

（2）有些幕墙专项施工方案已委托专业公司编写了上述工程的专项施工方案，作为附件列在幕墙专项施工方案的后面，但却没有总包单位的技术负责人、分包单位技术负责人和总监理工程师签字盖章，违反了上述文件的规定。

2 存在问题的原因和解决办法

出现这个问题的原因，是有些幕墙施工管理人员没有认真学习相关文件，安全意识薄弱，对施工安全不够重视。幕墙公司的专业特长是幕墙的安装，包括使用起重设备、吊篮和脚手架等设备设施进行操作。建筑幕墙专项施工方案应详细说明材料构件的运输和安装，特别是超重超大构件的运输和安装，收边收口位置的安装，异形而施工难度大的位置的安装方法和采取的安全技术措施。而起重设备、吊篮和脚手架等设备设施的安装（架设）和拆卸是另外的专业，必须交由专业公司去做，以确保安全。

解决办法是要求幕墙施工管理人员深入学习施工安全的相关文件，提高对施工安全重要性的认识，严格执行相关的规定。

3 结语

施工安全是建筑施工的头等大事，必须通过严格执行国家的相关规定，确保施工安全。国家的这些规定都是对曾经出现的安全事故总结出来的经验教训，期望各位同行认真执行施工安全的相关规定，消除安全隐患，在幕墙施工中杜绝安全事故的发生。

门窗工程安装施工的安全措施

◎ 谢江红

深圳华加日幕墙科技有限公司　广东深圳　518052

摘　要　本文探讨了门窗工程安装施工安全措施，主要针对临边作业（尤其是窗框安装、塞缝、防水涂料施工）、动火作业，根据现场实际情况制定相关安全措施。

关键词　门窗工程；安装施工；安全措施；临边防护栏杆；接火斗

1　引言

近年来，房地产市场持续红火，门窗行业未来十年展现出巨大发展趋势。目前，建筑业已经成为我国的消费热点和经济增长点，国内需求将逐步增加，在西部大开发、振兴东北、各地城市改造及新城建设的拉动下，铝门窗市场总量将继续保持增长的态势。

随着市场的不断扩大，工程建设项目越来越多，涉及专业面越来越广，安全隐患也随之不断增加。仅2017年12月份全国在建工程中共发生39起安全生产事故，共导致43人死亡，安全事故共涉及17个省（市、自治区），事故原因主要涉及9种，其中高处坠落、物体打击、火灾和爆炸占比最多，分别约为54%、16%和9%。

纵观全年安全事故，我们更应该时时刻刻把安全放在第一位，结合施工现场实际情况、门窗工程安装施工的重点、难点，重视高处坠落、物体打击、火灾和爆炸等安全隐患的排查工作，尤其加强对临边防护、动火作业的管控。无临边防护时要勇于创新，实时制作安全可靠的临边防护栏杆；动火作业时，根据实际情况制作接火斗，保证自己不受伤害，也不伤害他人。

2　工程管理中安全管理重点及相关措施

"安全第一"是永恒的主题。企业只有安全的发展才是健康的发展、和谐的发展。因此，抓好安全工作，尤为重要。

门窗工程根据不同项目要求包含临边作业、动火作业、高空作业、脚手架作业、吊篮作业等，涵盖面广、危险源多。为了保质按期完成工程，我们必须找出最紧迫、最重要的安全隐患来加以控制。本项目主要针对临边防护、动火作业两种情况，具体分析并根据现场实际情况制定相应措施。

2.1　特殊部位临边防护栏杆

现场消防应急通道口、过道走廊位置、卫生间等特殊部位窗洞口，离地均在1000mm以上，总包未设置临边防护，我司安装时需要自行做好临边作业时的临边保护措施。

现场实际情况如图1所示，我司在进行窗框安装时，施工人员佩戴安全带无处可挂。现场根据实际情况要求施工时设置安全钢丝绳或安全牵引绳，在保证安全情况下，提高窗框安装质量及进度。安全钢丝绳或安全牵引绳由于距离较远存在着不确定因素，因此自行制作此部位临边防护栏杆，安装时既可以作为临边防护又可以作为安全绳固定点及塞缝、防水涂料施工时临时支撑点。

图 1

现场利用模板洞口制作特殊部位临边防护栏杆如图 2、图 3 所示。

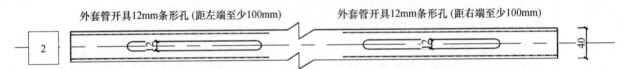

图 2

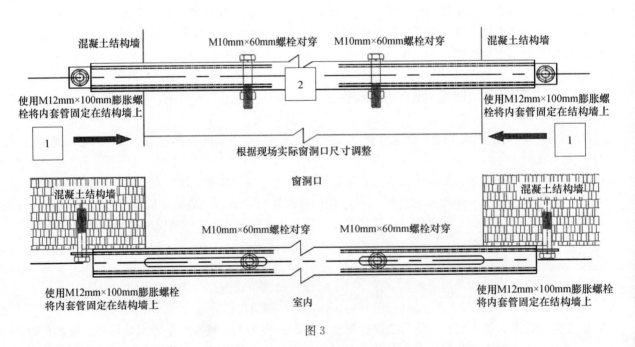

图 3

此临边防护栏杆分为两部分：图 2 中①为 30mm×30mm×3mm 镀锌钢通，其长度为②的 2/5（②根据现场实际窗洞口尺寸调整）并以中心线为准开 12mm 宽条形孔，距离左端至少 100mm，一端焊接 30mm×30mm×3mm 钢板并在中心位置开 13mm 圆孔；②为 40mm×40mm×4mm 镀锌钢通，上下面根据现场实际情况以中心线为准开 12mm 宽条形孔，距离左右两端至少 100mm。

安装方法：如图 3 所示将①插入②中，将①用 M12mm×100mm 膨胀螺栓固定在混凝土上，根据现场实际情况调整尺寸，调整完成后用 M10mm×60mm 螺栓对穿①②并紧固，安装完成（安装时遵循安全带高挂低用原则）。临边窗口宽度为 500～1500mm，经计算防护栏杆在 500～1500mm 范围内承载力在 9N～3kN，宽度数值越大承载力就越小，超过 1500mm 由总承包单位安装临边防护。自制防护栏杆极大地提高了窗框安装、塞缝、防水涂料施工的安全性，既可作为临边小工具防坠落措施固定点，又可作为窗框临时固定，降低了不可见安全因素（安全钢丝绳或安全牵引绳由于末端固定点距离人较远，楼层施工班组复杂多样，导致不确定人为因素系数变大，安全风险等级随之变高）。

2.2　动火作业接火斗的制作

门窗工程动火作业随着主体结构不断上升，安装难度不断增大，动火作业安全隐患也随之增加，这就要求动火作业时对接火要求越来越高。骨架焊接时所采用的接火工具五花八门，有用废涂料桶的，有用铁皮水桶的，有接火不到位的……如图 4、图 5 所示，但接火效果都不太理想。可目前市场上却无法购买到理想的、现成的门窗幕墙焊接用的接火工具，火花从源头控制现状较差。

图 4

图 5

根据现场实际情况，制作如图 6 所示接火斗：

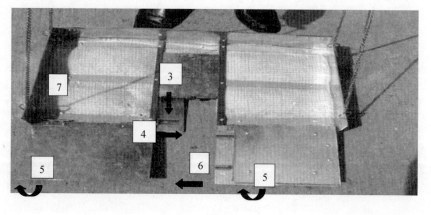

图 6

图 6 中的接火斗凹口尺寸可根据现场实际情况预留，同一工程动火也可能不同。在接火斗凹口两个方向设置可以抽出一定长度的抽拉板③④，进深方向的调节抽板③设置在接火斗正面，可抽拉长度

同凹口深度；凹口左右调节板④设置在接火斗凹口一侧的背面，其可抽拉长度比凹口宽度大 20mm，⑤与墙面贴合，左右调节抽板⑥向左直至与左⑤贴合，保证凹口完全封闭；固定部分⑦满铺不燃岩棉，防止焊接产生的高温铁水、铁块等危险性大的焊渣及部分小火花出现反弹现象；接火斗采用重量较轻的铁链与"S"挂钩相结合的方式悬挂，通过铁链条形孔与"S"挂钩组合自由调节接火高度。

通过验证，随着主体结构增加，接火斗利用率越来越大，接火率也不断提高（接火率高达 95％以上），从源头上减小了安全隐患（接火不到位，作业区人员看管不到位，焊接产生的高温铁水、铁块等下落后火花四射，极易点燃周边易燃物，造成火灾；再加上人的不确定因素，接火不到位将会付出惨痛的代价），更大限度地保障了自身以及他人的人生安全。

3　结语

安全管理是一种动态管理，是企业生产管理的重要组成部分，是一门综合性的系统学科，需要我们在实践工作中不断摸索。安全管理始终贯彻"安全第一、预防为主、综合治理"的方针。建筑业的特点是建筑产品本身复杂多变，生产周期较长，在施工过程中会受到来自经济、社会、生产人员、施工人员多等诸多因素的影响。这些特点决定了在施工生产管理过程中涉及危险源多，不可控制安全因素增加，极易造成不同级别安全事故，所以我们需要更加注重施工过程中的安全管理，做到从零开始，从源头控制，并且要因时因地开拓创新。

参考文献

［1］建筑施工高处作业安全技术规范：JGJ 80—2016［S］.
［2］建筑施工安全技术统一规范：GB 50870—2013［S］.

台风对建筑门窗幕墙的破坏及反思

◎ 窦铁波[1]　陈　勇[2]　包　毅[1]　杜继予[1]

1　深圳市新山幕墙技术咨询有限公司　广东深圳　518057
2　深圳市科源建设集团有限公司　广东深圳　518031

摘　要　近年来影响我国的强台风给沿海地区的建筑门窗幕墙带来较多的破坏，引起了人们对建筑门窗幕墙在抵抗强台风的能力方面产生了担忧，对强台风造成破坏的原因和应采取的应对措施议论较多。本文针对强台风造成的不同破坏现象，分析了问题产生的原因，从标准规范、工程设计、试验检测和工程质量监管等方面提出了应采取的措施，为提高我国建筑门窗幕墙抗击强台风和超强台风的能力及安全性提出有益的建议。

关键词　台风；安全；措施

1　台风对建筑门窗幕墙的破坏

台风是我国沿海地区常遭遇的自然灾害之一，每年给我国造成的经济损失和对生命的危害不可估量。随着我国沿海地区超高层建筑的增多，近年来台风对沿海地区建筑门窗幕墙，包括金属屋面的影响和破坏非常显著，如 2016 年厦门百年不遇的"莫兰蒂"，2017 年打破珠海瞬时大风风速纪录 51.9m/s（16 级）的"飞鸽"和 2018 年在深圳登陆并袭击广东的"山竹"等均为超过 14 级的强台风，都给当地的建筑门窗幕墙造成了严重的损坏和破坏，其中尤以大面积玻璃破损、开启扇整体脱落、门窗整体垮塌和幕墙构件脱落较为常见。

1.1　玻璃破损

大面积玻璃破损，是强台风给建筑门窗幕墙造成的最为常见的破坏，有些甚至非常严重。图 1 为香港海滨广场在台风"山竹"作用下，玻璃幕墙玻璃大面积严重破损的情况。图 2、图 3 为 2016 年厦门部分门窗幕墙的玻璃破坏状况。

图 1

图 2　　　　　　　　　　　　　　　　图 3

1.2　开启扇整体脱落

　　幕墙和门窗的开启部位是幕墙和门窗抗风承载能力较弱的部位，开启扇在台风期间由于锁闭不严或抗风承载力不足导致开启扇整体脱落下坠。图 4 为坠落到地面的窗扇框架，图 5 为窗扇脱落后的窗框和残留的风撑，图 6 为被风掀起即将坠落的窗扇。

图 4　　　　　　　图 5　　　　　　　　　　　　　　图 6

1.3　门窗整体垮塌

　　门窗的整体垮塌虽不多见，但对于存在设计和安装缺陷的门窗，在强台风作用下，出现整体垮塌是不可避免的。从图 7 中可以明显看出门窗设计存在的严重缺陷，整樘窗的立柱和横梁在风荷载受载最大的部位出现了十字连接。图 8 和图 9 在窗框与结构洞口的连接安装上出现了连接不可靠的问题。

图 7　　　　　　　　　　　　图 8　　　　　　　　　　　图 9

1.4　其他破坏

强台风除了对幕墙门窗的采光部位造成破坏外，对非透明部位幕墙、吊顶、雨棚和屋面等同样造成多种严重的破坏。图 10 为金属板幕墙的面板脱落，图 11 为金属屋面被掀开。

图 10　　　　　　　　　　　　　　　　　图 11

2　应对台风破坏的反思

在经历了近几年台风的破坏后，人们对门窗幕墙的安全意识有了进一步的提高。对于台风给我们造成的影响和破坏，建筑门窗幕墙在工程设计和施工方面存在的问题需要我们去认真面对和思考，并采取有效的方法去避免。

2.1　风荷载设计的选取

近几年造成门窗幕墙严重破坏的强台风基本都在 14 级以上，使得有部分人认为为确保建筑门窗幕墙在强台风作用下的安全，在进行门窗幕墙的抗风设计时，应提高建筑门窗幕墙的抗风承载能力水平，对现行设计规范的风荷载取值是否可行存在疑惑。有的建设单位在门窗幕墙项目设计方案中，提出门窗幕墙的抗风设计要保证在任何台风作用下均不能出现破坏的现象，有的为了兼顾安全和建设成本的最优化，甚至在同一项目的不同方位的墙面采用两种风荷载取值的方法。

我们应该认识到，针对强台风造成的破坏，除了有材料方面自身缺陷的因素外，如玻璃存在的离散性和风携碎物撞击等引起的破坏，确实存在门窗幕墙自身抗风承载能力不足的可能性，如大面积玻璃非正常破损等现象。但这些承载能力不足的现象，并不完全是现行设计规范的风荷载取值存在问题而造成的，而应是在某种条件下产生的。按照现行《建筑设计荷载规范》（GB 50009—2012）和《玻璃幕墙工程技术规范》（JGJ 102—2003）的要求，建筑门窗幕墙作为围护结构的风荷载标准值最低取值不应低于 $1kN/m^2$，此值实际上已高于气象台预报 12 级台风 [2min 平均风速 32.7m/s，《热带气旋等级》（GB/T 19201—2006）] 约 $0.67kN/m^2$ 的风荷载值（忽略气象台预报与规范间的风速倍差，以下同）。对于沿海地区的建筑，如深圳的超高层建筑，按照现行规范 50 年一遇的基本风压计算，其风荷载标准值（W_k）约为 $3.2kN/m^2$，用于强度和安全验算的风荷载设计值（$1.4W_k$）约为 $4.5kN/m^2$，将其换算成风速约为 71.7m/s，相比较深圳平安大厦顶层（约 600m）在强台风"山竹"登陆期间录到的最大风速 55m/s 而言应该是安全的。由深圳气象局提供的气象资料表明，"2018 年 9 月 15—17 日，受台风"山竹"影响，深圳市陆地出现 11~13 级阵风，沿海和高地出现 14~16 级阵风……"。图 12 为香港天文台录得的数据，2018 年强台风"山竹"期间香港的最大风速为 170km/h（47.22m/s），略高于 14 级强台风，而市区则为 12 级阵风，图 13 中后侧数据为阵风 128km/h。

从上面的分析中，我们可以看到按照现行荷载规范的计算，在正常的条件下建筑门窗幕墙的安全应该不会有问题的，这从深圳和香港的建筑门窗幕墙在台风"山竹"期间的大部分表现可以得到证实。但为什么正常的按照规范设计的建筑门窗幕墙在强台风作用下还会出现不正常的破坏？如图 1 所示的香港海滨广场玻璃幕墙的玻璃大面积破坏。在此我们用香港海滨广场玻璃幕墙的破坏作为例子来分析和探求这种不正常破坏的原因。香港海滨广场位于香港红磡黄埔花园南侧，临海而立。海滨广场为一建筑群，包括海滨广场一座、二座，海逸酒店和后期新建的超高层住宅，图14为其平面图。从平面图中可以看到，整个建筑的正面朝西偏北方向，与台风风向大致相迎，同时建筑群正对着的两条街道（德安街和德丰街）与建筑群的分割间隙和朝向基本一致，这无形中形成了一个极佳的狭窄风道和边角效应，造成局部区域风速的急剧增加，从而给两侧和角部玻璃幕墙陡添了巨大的作用力，以致幕墙玻璃的大面积破坏。图15中深色线条为玻璃破坏的位置，图16所示为海滨广场一、二座之间的间隙仅为两辆大巴车通道的宽度。从图1中还可以看到，玻璃破坏集中在20层以下，20层以上的部位基本无损，特别是北侧200多米高的海名轩，除群楼外基本无一玻璃破损，这主要得益于20层以上部位不存在狭窄风道现象。图17为广场的西南侧，玻璃幕墙完好无损。这种大面积的非正常玻璃破坏除了在海滨广场出现外，在香港港岛湾仔的中环广场也有同样的问题，图18为紧邻中环广场的玻璃破坏情况。

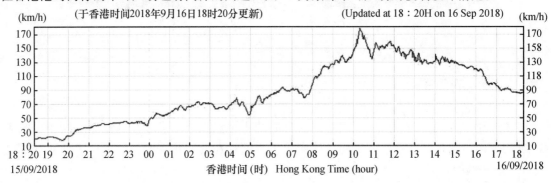

图12

天星码头 E 87 (F9) ┃ 128 (F12)

图13

图14

图15

图16

图17

图18

从香港海滨广场这一典型例子可以看到，造成玻璃幕墙玻璃大量非正常破坏的关键因素之一应与存在于集密建筑群间或建筑自身结构间的狭窄间隙所引致的"穿堂风"效应相关，也包括建筑表面造型异常突变引致的风荷载变化。对于建筑群间形成的狭窄效应和建筑群体间风力相互干扰的效应，在GB 50009—2012 第 8.3.2 条已有相应的设计规定，但在现有建筑设计和幕墙设计中，却较少获得认真的关注和执行。随着土地资源日益稀缺，建筑间密度的增大，这种狭窄效应和群体间风力相互干扰产生的破坏值得认真的反思。这包括城市建设规划管理部门、建设单位和建筑设计单位应在审批和发展新建项目的过程中，对新建项目的发展对已有建筑可能产生的影响，以及后于自身项目的未来新建项目对自身项目的影响给予切实评估。其次是标准规范制定单位对规范的要求如何进一步细化，例如当采用风洞试验来确定风荷载，而试验数据与规范计算数据相差较大时，如何处理两者间的关系。再则建筑门窗幕墙设计和施工单位应严格按规范进行设计，当项目中存在狭窄效应等类似情况，应给予高度重视，在提高设计标准的同时，对涉及的部位尽可能通过实样试验对设计加以验证。

2.2　门窗幕墙开启扇设计

门窗幕墙开启扇在台风作用下产生整体脱落是极其危险的现象，并且成为近年来的多发事件。这种现象不仅在台风期间出现，在平时由于天气瞬间变化时也经常出现。这种现象的出现，除了开启扇在台风或天气变化时没有锁闭到位外，还与开启扇自身的设计缺陷有关。在目前开启扇的设计中，开启扇与窗框之间的支承连接形式较多，常见的包括外开上旋滑撑或悬挂连接、外开滑撑平推连接、内外平开滑撑或铰链连接等，其中外开上旋滑撑和悬挂连接开启扇在幕墙中的应用较多，而出现脱落问题最多的为上旋悬挂形式的开启扇。上旋悬挂形式开启扇的破坏形式除了最常见的挂钩脱落和风撑拉脱外，开启扇上部组角部位因连接不可靠，承载能力不够（包括重量）产生窗扇下部整体拉脱并坠落已成为常见的现象，图 19 为窗扇下部整体拉脱的状况，左图为坠落地上的窗扇，右图为留在窗框上的窗扇上边框和角码。对于上旋悬挂形式的开启扇，除了应设置有效地防止挂钩脱落的装置外，尚应强化组角件连接的可靠性，完善组角件与窗扇框架间的连接强度。同时应强化窗扇与窗框间风撑的连接可靠性，防止风撑被拉脱而失效的现象。图 20 为出现窗扇坠落的窗扇与窗框风撑的连接及风撑拉脱后的状况，图 21 为设计修改后的连接状况，风撑与窗扇的连接采用螺栓穿透连接，风撑与窗框的连接螺钉直接固定到幕墙立柱上。

图 19

图 20　　　　　　　　　　　　　　　图 21

除了台风的影响，从对近30年来具有建筑门窗幕墙的检查发现，开启部位始终是出问题最多的地方，包括严重渗漏、启闭不畅，以及开启扇坠落的严重安全事故。对于开启扇的设计如何去应对这些问题，值得认真思考和采取对应的措施。随着建筑美学的发展，建筑立面的大分隔板块越来越多，造成了开启扇板块尺寸越来越大，板块尺寸的增大，造成了重量的增加，现在的开启扇重量在面积相同的条件下，可以是以前的3倍多（3层玻璃），同时也造成风承载面增大。所有这些因素给开启扇的连接设计、连接构件的承载能力和质量提出了严酷的要求，有的甚至不可实现。对于开启扇的面积，JGJ 102—2003提出不宜大于$1.5m^2$，但并没有实际的封顶尺寸要求，造成现在的建筑设计存在盲目追求大开窗而不违规的现象，给建筑埋下了安全隐患。根据既有建筑门窗幕墙的实际情况，应考虑将开启扇面积限定在$1.8m^2$以内，对于外平开窗则应该更小，不应超过$1.0m^2$，且应控制其高宽比。在目前的标准规范中，尚未有对门窗幕墙开启部位的完整设计和计算要求，应尽快地加以完善。为了防止台风期间开启部位锁闭疏忽或瞬间天气突变造成未锁闭或处于开启状态的开启扇被风掀落，可考虑提高窗扇抗风掀的能力，并研发开启扇的抗风掀试验方法。同时可开发一些安全自锁的装置，确保开启扇在强台风期间或突发状态下的安全。

2.3 安全要点的设计和施工监管

建筑门窗幕墙最为重要的安全要点应为门窗幕墙与建筑结构的连接点，如果此节点出现松动、脱钩和任何影响承载能力的缺陷，将导致门窗幕墙可能出现从建筑结构上整体坍塌和脱落的严重安全事故，特别是在强台风影响期间，这种问题更为显著。图8、图9为台风期间窗户整体从建筑洞口脱落和坠地，甚至还出现单元式幕墙板块整体从挂钩脱落后下坠的现象。作为门窗幕墙安全要点的连接点出现问题，既有设计问题，也有施工过程存在的质量问题，此处仅讨论与设计有关的试验验证和施工监管的问题。

门窗幕墙的实样模型试验验证，最主要的目的是对设计效果的验证。但在目前的试验验证中，门窗的试验基本没有能真实地反映出门窗与洞口的实际安装连接状况，幕墙的试验验证同样存在不完整性。所以门窗幕墙的实样模型试验在与建筑结构连接点的验证方面是不完全真实的，应该引起高度的重视。为弥补这一缺陷，我们应该强化门窗幕墙与建筑结构连接点在施工过程中的现场检测和施工质量监管，在门窗幕墙的安全上筑起第一道安全的保障。特别是这些连接部位，在工程施工完毕后均处于隐蔽状态，在门窗幕墙正常使用的日常检查和维护维修过程中非常难观察到，一旦问题出现，极有可能造成不可估量的重大损失和安全事故。目前，工程施工过程中包括门窗幕墙与结构安装连接在内的隐蔽工程验收大多流于形式，并没有实施严格的监管，这可以从许多门窗幕墙工程的隐蔽工程验收记录表中反映出来。大部分的隐蔽工程记录记载的仅有"验收合格"等字眼，既

图22

没有发现任何问题，也没有处理问题的意见和结果，这是完全不可能的现象。最近，香港某一地铁站施工中出现了钢筋长度可能短缺的问题，使建筑业界、法律界和政府都被牵涉进去。为了确保工程安全，他们制定了方案，不惜重金挖开已施工好的建筑结构，重新进行检验。这种为了建筑安全的严谨精神值得我们学习和仿效，严格的、到位的对门窗幕墙的安全要点进行现场检测和施工安全管控。现在数字化和信息化已非常普遍和发达，我们应该在工程现场的管理中大量引入这些科学可行的手段，像门窗幕墙与建筑结构连接的重要节点，除了采用文字记录外，应增加和保留图片或视频之类的影视检查资料，如图22所示的单元式板块的插接状况，使我们对工程施工质量和安全有更可靠、直观和全面的了解和评判。

3　结语

通过对近几年沿海各地强台风对建筑门窗幕墙影响的分析可以看到，严格按照现行标准规范进行设计和施工监管的建筑门窗幕墙，在抵抗强台风的作用上具有足够可靠的能力，绝大部分的建筑门窗幕墙整体结构稳定，性能良好。对于强台风期间门窗幕墙，包括金属屋面出现的一些破坏，我们应该加以科学的分析和面对。我们可以通过科学研究、试验和探索，进一步地完善标准规范体系，通过强化工程现场管理水平，来不断地提高建筑门窗幕墙抵抗强台风和超强台风的能力。

参考文献

［1］林树枝．高层建筑抗风设计的几点思考．厦门：装配式建筑研究中心，2018.
［2］热带气旋等级：GB/T 19201—2006［S］.

第七部分

建筑门窗幕墙节能技术

双框窗和单框双扇窗介绍及热工计算分析

◎ 贺玉妹

泰诺风保泰（苏州）隔热材料有限公司　江苏苏州　215024

摘　要　本文对双层窗（主要包括双框窗和单框双扇窗）结构、性能及设计要点做了简单介绍，并依照 ISO10077-1 标准对其热工计算方法做了简单解析。计算过程基于 ISO10077-1 和 ISO10077-2 标准的环境条件及计算方法，使用 Window6.3 和 Therm6.3 两款软件进行了模拟。

关键词　双框窗；单框双扇窗；热工计算

21 世纪全球资源日益紧张，环境问题日益严重，节能降耗、保护环境势在必行，其中建筑能耗占据我国能源消耗很大的比例，因此在节能降耗的号召下，建筑节能备受关注，高节能门窗成为近年来门窗发展的主题，双层窗因其优越的性能得到广泛应用。

1　双层窗介绍

双框窗简单来看就是两樘窗户的叠加使用，拥有双框、双扇和双玻（非中空玻璃）的结构，如图 1 所示；单框双扇窗是两个窗扇共用一个窗框，拥有单框、双扇和双玻（非中空玻璃）的结构，如图 2 所示。双层窗可以是推拉窗，也可以是平开窗。平开窗内扇都为内开，外扇可以是内开也可以是外开。单框双扇平开窗的内外扇之间可以是互相无联系的，也可以通过五金配件来锁固连接，使两个窗扇合二为一实现同时启闭，中间夹装隐藏式卷帘百叶，通过控制五金配件实现百叶的围护、清洁和更换。

6.4.2.1.2　Double windows

Dimensions in millimetres

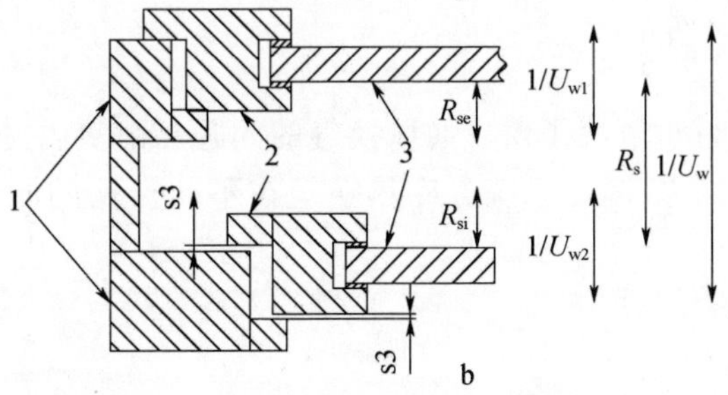

Key
1　frame (fixed)
2　sash (moveable)
3　glazing (single or multiple)
a　Internal.
b　External.

Figure 5 — Illustration of double window

图 1

6.4.2.1.3 Coupled windows

Dimensions in millimetres

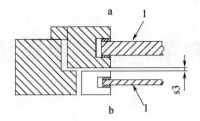

Key

1 glazing (single or multiple)

a Internal.

b External.

Figure 6 — Illustration of coupled window

图 2

1.1 保温性能

双层窗结构比单层结构降低了窗户的平均传热系数，从而减少了能耗。双层窗在内、外层结构之间分离了一个介乎室内和室外之间的间隔层。从建筑节能的意义上来讲，间隔层由热传导系数极低的空气作为传导介质，太阳能在间隔层内产生“温室效应”，形成一个温度缓冲层，起到了室内外空气调节微循环作用，解决了由温度梯度造成的室内玻璃表面温度偏低所带来的冷辐射和冷凝露问题，杜绝了窗户结露现象。

1.2 密封性能

普通窗通常都是三道密封，双框窗通常可以实现5～6道密封，水密、气密性能几乎完全可由室外侧窗来实现，室内侧窗增强了窗户的密封性能；单框双扇窗至少可以做到四道密封，利用外侧框扇的密封系统实现水密性能，利用内侧框扇密封系统实现气密性能。

1.3 隔声性能

双层窗本身优越的气密封有利于隔声性能提高，间隔层的“弹性变形”还可以起到声波衰减作用。一般情况下，间隔层的尺寸与隔声量有直接关系，间隔层≥80mm时隔声量趋于稳定。

1.4 通风性能

双层窗的间隔层结构非常好地解决了窗户通风换气的问题。由室内排出的热空气与室外渗入的冷空气在间隔层内交汇，形成一个微循环系统。冷热空气在不断交换的同时，又起到了一个恒温层的作用。

1.5 安装构造

如果双框窗的内外两层窗户都为内开，必须要考虑内开窗扇套开的最小尺寸范围，双框窗在窗型设计、制作、安装时都要做到准确无误。当然也可以采用以附框将双框窗的两层窗户连接在一起，实现双框窗组合一体安装，既保证安装精度，又可根据不同墙体构造实现配套组合。单框双扇窗需重点考虑两扇之间、框扇之间的协调配合，如果安装电动百叶，需要注意电线槽口及电路的设计。

2 热工计算

热量传递的方式有四种：热传导、对流传热、热辐射和换气传热，前三种都是静态环境下的热量传递方式，而换气传热是空气流动造成的动态的热量传递。在模拟门窗的热工计算时，目前只能模拟静态的热量传递，无法模拟换气传热量。本文计算过程中设定的门窗结构稳定性、密封严密性及闭合有效性等门窗实际使用性能均为理想状态，假设空气不流动，换气传热不予考虑。

2.1 双框窗的热工计算

2.1.1 窗型图

根据 ISO10077-1 对双框窗的定义，选取了如图 3 所示的一樘单分格的窗来模拟计算，其内外窗玻璃配置均为（6mm 白玻＋9A＋6mm 白玻）配暖边间隔条。

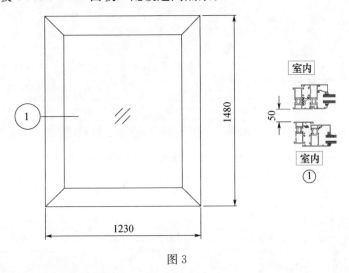

图 3

2.1.2 玻璃传热系数 U_g 值计算

由 Window6.3 计算得到玻璃 U 值（按照标准 EN673），如图 4 所示，$U_g＝2.983W/（m^2 \cdot K）$。

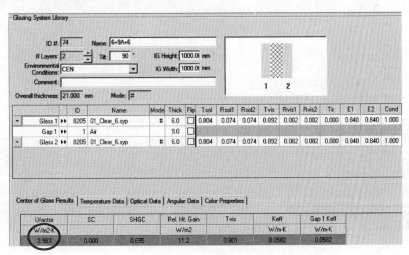

图 4

2.1.3 室内侧窗传热系数 U_{wl} 值计算

通过 Therm6.3 建模得到窗框等温线图（图 5、图 6），进而计算出 U_f 和 g，代入公式（1）

（ISO10077-1）求得 $U_{w1}=3.23W/（m^2 \cdot K）$（此过程为常见普通窗的热工计算过程，文中不再赘述）。

$$U_w=\frac{A_gU_g+A_fU_f+l_g\psi_g}{A_f+A_g}$$ 公式（1）

式中　U_w——窗传热系数 $[W/(m^2 \cdot K)]$；

　　　A_g——玻璃面积（m^2）；

　　　U_g——玻璃传热系数 $[W/(m^2 \cdot K)]$；

　　　A_f——框架面积（m^2）；

　　　U_f——框架传热系数 $[W/(m^2 \cdot K)]$；

　　　l_g——玻璃边缘长度（m）；

　　　ψ_g——玻璃边缘线性传热系数 $[W/(m \cdot K)]$。

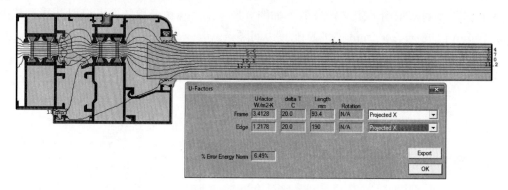

图 5　框传热系数计算模型

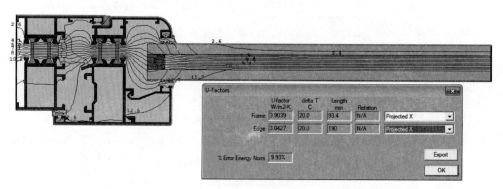

图 6　框与玻璃接缝线传热系数计算模型

2.1.4　室外侧窗传热系数 U_{w2} 值计算

同 2.1.3，计算室外侧窗 U_{w2} 值，$U_{w2}=3.32W/（m^2 \cdot K）$。

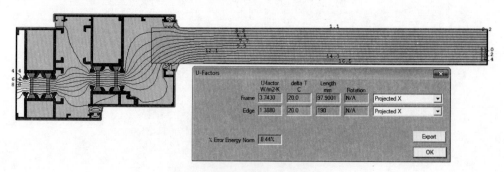

图 7　框传热系数计算模型

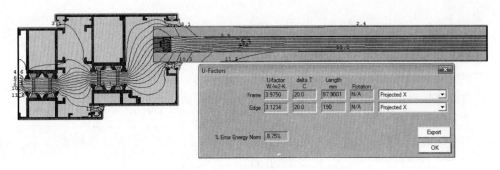

图 8　框与玻璃接缝线传热系数计算模型

2.1.5　整窗 U_w 值计算

将 U_{w1}、U_{w2} 代入公式（2）（ISO10077-1）计算得到整窗 $U_w = 1.61W/(m^2 \cdot K)$。

$$U_w = \frac{1}{1/U_{w1} - R_{si} + R_s - R_{se} + 1/U_{w2}} \qquad \text{公式（2）}$$

式中　U_w——双层窗传热系数 $[W/(m^2 \cdot K)]$；

$\quad\quad U_{w1}$——室内侧窗的传热系数 $[W/(m^2 \cdot K)]$；

$\quad\quad U_{w2}$——室外侧窗的传热系数 $[W/(m^2 \cdot K)]$；

$\quad\quad R_{si}$——室外侧窗单独使用时，其内表面热阻 [根据 ISO10077-1，本文中取 0.13 $(m^2 \cdot K)/W$]；

$\quad\quad R_{se}$——室内侧窗单独使用时，其外表面热阻 [根据 ISO10077-1，本文中取 0.04 $(m^2 \cdot K)/W$]；

$\quad\quad R_s$——两窗玻璃之间空气热阻 [根据 ISO10077-1，本文中取 0.179 $(m^2 \cdot K)/W$]。

2.2　单框双扇窗的热工计算

2.2.1　窗型图

根据 ISO10077-1 对单框双扇窗的定义，同样选取了一樘单分格的窗来模拟计算，如图 9 所示，外扇玻璃配置为（6mm 双银 Low-e+12Ar+6mm 白玻+12Ar+6mm 双银 Low-e）配暖边间隔条，内扇玻璃配置为 10mm 白玻。

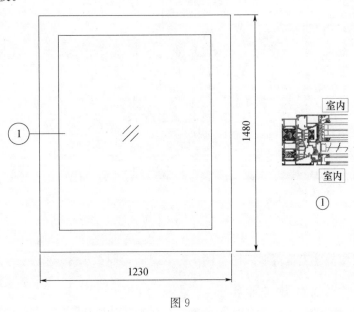

图 9

2.2.2　玻璃 U_g 值计算

根据 ISO10077-1，单框双扇窗需要先计算内外玻璃组合的 U_g 值，由公式（3）计算得到 $U_g = 0.633W/(m^2 \cdot K)$。

$$U_g = \frac{1}{1/U_{g1} - R_{si} + R_s - R_{se} + 1/U_{g2}}$$

公式（3）

式中 U_g——单框双扇窗的传热系数 $[W/(m^2 \cdot K)]$；

U_{g1}——室内侧玻璃的传热系数 [由 Window6.3 计算，如图 10 所示 $U_{g1}=5.603W/(m^2 \cdot K)$]；

U_{g2}——室外侧玻璃的传热系数 [由 Window6.3 计算，如图 11 所示 $U_{g2}=0.718W/(m^2 \cdot K)$]；

R_{si}——室外侧玻璃单独使用时，其内表面热阻 [根据 ISO10077-1，本文中取 0.13 $(m^2 \cdot K)/W$]；

R_{se}——室内侧玻璃单独使用时，其外表面热阻 [根据 ISO10077-1，本文中取 0.04 $(m^2 \cdot K)/W$]；

R_s——两片玻璃之间空气热阻 [根据 ISO10077-1，本文中取 0.179 $(m^2 \cdot K)/W$]。

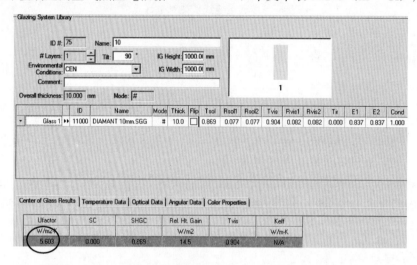

图 10

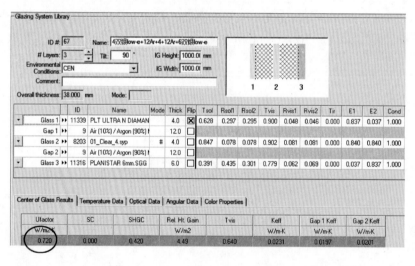

图 11

2.2.3 整窗 U_w 值计算

通过 Therm6.3 建模得到窗框等温线图（图 12、图 13），同 2.1.3 求得 $U_w=0.82W/(m^2 \cdot K)$。

2.3 带有封闭式百叶的窗的热工计算

带有封闭式百叶的窗户并不多见，如图 14 所示，在普通窗户外加装封闭式的百叶，使窗户与空气之间的空气层产生了额外的热阻。这种窗的形式目前在国内应用极少，其传热系数计算见公式（4），ΔR 值参考 ISO10077-1 中 TableC.1。

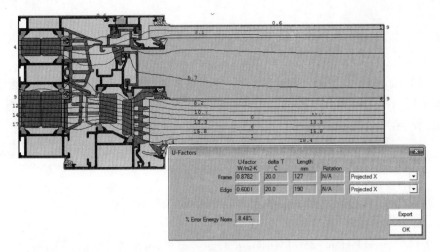

图 12 框传热系数计算模型

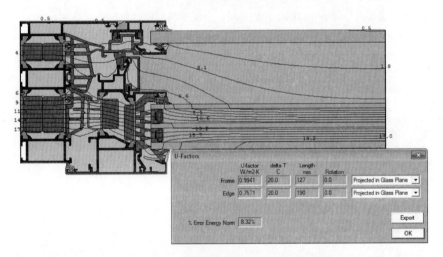

图 13 框与玻璃接缝线传热系数计算模型

$$U_{ws} = \frac{1}{1/U_w + \Delta R} \qquad\qquad 公式（4）$$

式中 U_w——内侧窗传热系数 $[\mathrm{W/(m^2 \cdot K)}]$；

ΔR——百叶与窗户之间封闭空气层的热阻与百叶本身热阻之和 $[(m^2 \cdot K)/W]$。

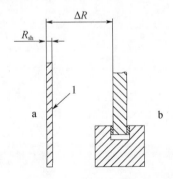

Key

1　Shutter/blind

a　External.

b　Internal.

Figure 7 — Window with shutter or external blind

图 14

329

3 结语

随着消费者对保温、隔声、采光、遮阳等方面越来越高的要求，双层窗已成为高性能门窗的新宠，占据了高端门窗零售的很大一部分市场。但还应持续关注双层窗的成本、功能和系统配套化问题，使双层窗能更好地满足消费者的需求。

参考文献

[1] ISO 10077-1—2017 Thermal Performance of Windows，Doors and Shutters-Calculation of thermal transmittance-Part 1 General.
[2] ISO 10077-2—2017 Thermal Performance of Windows，Doors and Shutters-Calculation of thermal transmittance-Part 2 Numerical method for frames.
[3] 宗小丹. 高性能单框双层四玻塑料平开窗热工性能分析. 全国塑料门窗行业年会，2011

高节能幕墙的保温和抗结露性能分析

◎ 周秀红　李　远

泰诺风保泰（苏州）隔热条材料有限公司　北京　100004

摘　要　近几年随着国家节能政策的不断出台，超低能耗建筑进入人们的视线，随之超低能耗的门窗也受到了人们的广泛关注，即所谓的被动房项目，如青岛中德生态园。当然早期的低能耗建筑和现在的超低能耗建筑在门窗的配置上是有差异的。如在水一方项目，整窗满足中国低能耗 $1.0W/(m^2 \cdot K)$ 的标准要求，而现在的青岛中德生态园满足的是德国 $0.8W/(m^2 \cdot K)$ 的被动房标准。无论是 1.0 还是 0.8 对于门窗而言还是可以轻而易举实现的，然而对于幕墙来说这么高的节能指标可谓难上加难。

关键词　被动房；超低能耗；幕墙保温；结露

截至目前，基本上没有可以做到被动房要求的幕墙工程。因为首先需要满足被动房要求的玻璃就要达到三玻或者以上，这对幕墙结构的横梁和立柱都是一种挑战。尤其是高层建筑的幕墙，设计风压基本很大，所以整体力学性能要求也会提高。恰巧赶上北京五棵松冰球馆的项目需要做到高隔热保温，所以我们有机会参与了高节能幕墙方案的设计。

在谈到被动幕墙的方案之前，我们先来了解一下被动门窗的设计方案。众所周知，铝合金门窗想要实现被动房门窗的要求，基本上需要很高的配置，如表 1 所示。

表 1　被动窗配置图

型材系列	100 系列以上	
隔热条	64mm 中间填充发泡材料	
玻璃	5Low-e＋16Ar＋5Low-e＋16Ar＋5 在线	（0.6～0.7）
	氩气，双银 Low-E/在线	
胶条	长尾	
间隔条	TGI 暖边	

隔热断桥铝合金窗开启扇节点图纸如图 1 所示。

相关玻璃配置如图 2 所示。

以上这种配置可以满足欧标 $0.8W/(m^2 \cdot K)$ 被动房门窗标准。在参考了门窗的设计后，幕墙的开启部位我们也选择了门窗的开启方式，如图 3 所示。

开启部分选择 64mm 宽隔热条，开启窗框与幕墙立柱直接连接，立柱和开启扇交接部位采取 UPVC 材料内填充发泡材料来降低立柱的传热系数。由于挑出钢件面积占整个面板面积小于 1%，所以挑出钢件在热工计算时可忽略其热阻。立柱开启部位计算结果 $U_f = 1.332W/(m^2 \cdot K)$，如图 4 所示。

横梁开启部位计算结果 $U_f = 1.324W/(m^2 \cdot K)$，如图 5 所示。

配置玻璃为 8Low-E＋16Ar＋8Low-E＋16Ar＋8（双银充氩气），计算结果如图 6 所示。

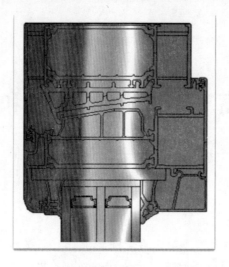

图 1　隔热断桥铝合金窗开启扇节点

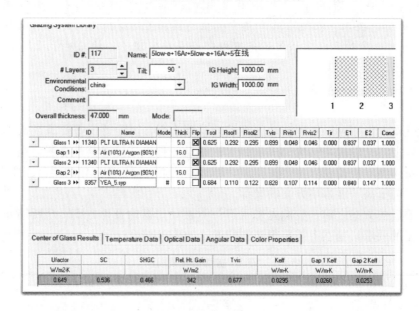

图 2　玻璃配置

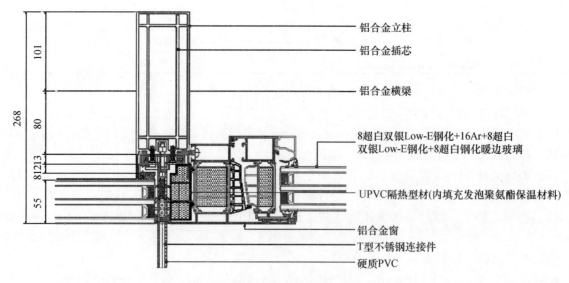

图 3　幕墙开启节点

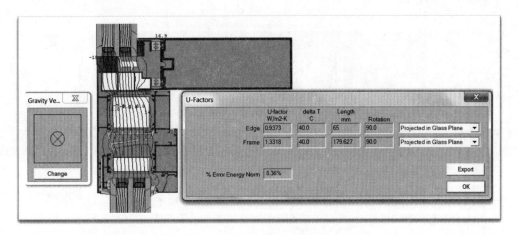

图 4　立柱开启部位热工计算

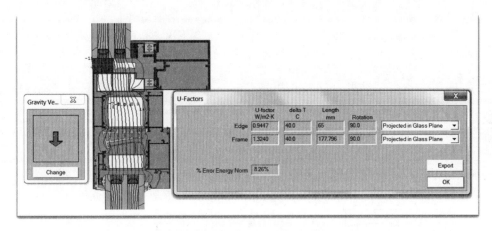

图 5　横梁开启部位热工计算

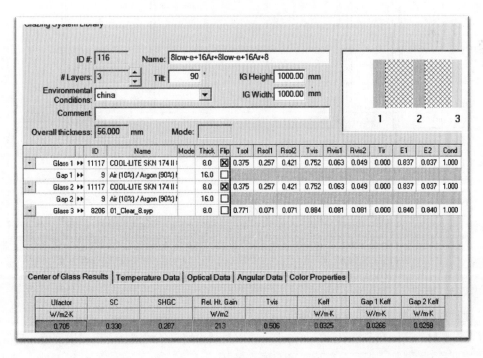

图 6　玻璃热工计算

此配置的幕墙透明部分开启和固定单元板块的计算结果如图 7 所示。

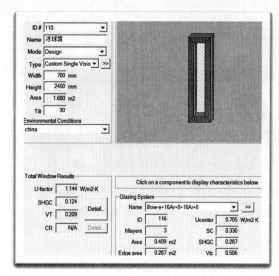

(a) 开启板块热工计算图　　　　　　　　(b) 固定板块热工计算图

图 7

开启加固定板块组合后的结果为 $U_w=0.96W/(m^2 \cdot K)$ ＜$1W/(m^2 \cdot K)$，满足国内被动房设计的需求。

综上可见，对于幕墙的超低能耗设计也是可以实现的。对于高隔热节能方案的节点，我们可以有以下几种解决方案：

明框幕墙部分，可以采取几个隔热条穿插连接的方式对型材进行隔热设计，如图 8所示。

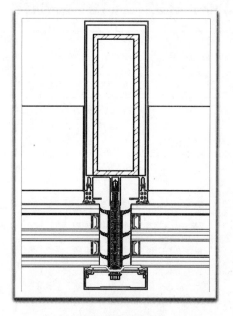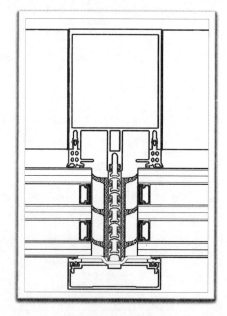

(a) 明框立柱节能方案　　　　　　　　(b) 明框横梁节能方案

图 8

对于隐框幕墙，我们也可以有对应的护边方案作为参考，如图 9 所示。

通过以上对型材的高隔热节能设计，再加上玻璃以及暖边间隔条的选择可以实现幕墙的超低能耗方案。

解决了超低能耗的热工问题，接下来我们再来分析一下此高性能幕墙的结露性能。按北京 50％湿度的方案，通过计算我们可以得到露点温度如图 10 所示。

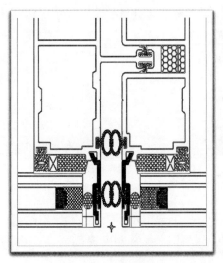
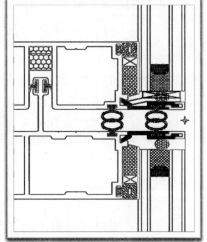

(a) 隐框立柱节能方案　　　　　　　　(b) 隐框横梁节能方案

图 9

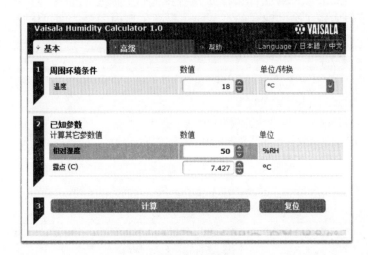

图 10　露点温度计算

经计算，立柱节点的最低温度为 14.1℃，如图 11 所示。

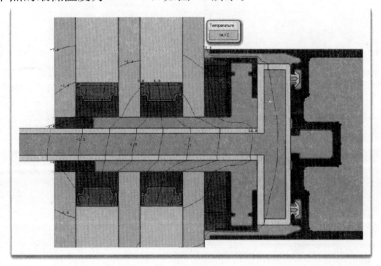

图 11　立柱最低点温度

按照 JGJ 151 采用产品的结露性能评价指标 $T_{10,\text{min}}$，按下式计算：

$$(T_{10,\text{min}} - T_{\text{out,std}}) \frac{T_{\text{in}} - T_{\text{out}}}{T_{\text{in,std}} - T_{\text{out,std}}} + T_{\text{out}} \geqslant T_{\text{d}}$$

式中　　$T_{10,\text{min}}$——产品的结露性能评价指标（℃）；

$T_{\text{in,std}}$——结露性能计算时对应的室内标准温度（℃）；

$T_{\text{out,std}}$——结露性能计算时对应的室外标准温度（℃）；

T_{in}——实际工程对应的室内计算温度（℃）；

T_{out}——实际工程对应的室外计算温度（℃）；

T_{d}——室内设计环境条件对应的露点温度（℃）。

将软件模拟结果带入此公式如下：

（14.1＋20）×（18＋10）/（20＋20）－10＝13.87＞7.427℃，不结露。

计算结果大于露点温度，所以可以得出此节点不结露。室内温度提高后，室内的舒适度也有所提高。

综上可以看出，无论是从热工计算还是结露性能，通过我们对方案的优化都可以满足节能及结露的要求。通过对幕墙的节点的优化设计，我们也可以满足高节能幕墙的指标要求，通过提高幕墙的热工性能及结露性能，不但实现了公共建筑的高节能还提高了室内的舒适度，优化了办公环境。

参考文献

［1］建筑门窗玻璃幕墙规程：JGJ/T 151—2008［S］.

［2］北京市居住建筑节能设计标准：DB11/891—2012［S］.

［3］住房城乡建设部. 被动式超低能耗绿色建筑技术导则.

尼龙隔热护边在单元式隐框幕墙中的应用

◎ 梁珍贵

泰诺风保泰（苏州）隔热材料有限公司　江苏苏州　215024

摘　要　本文从幕墙隔热设计原理出发，探讨了隔热护边在单元式隐框幕墙中对热工的重要作用。在幕墙实际应用中对玻璃护边的性能要求的基础上，介绍了PA66GF25和铝合金材质组合而成的优势以及对幕墙热工性能的影响，以及在应用中要注意的设计和加工安装主要事项。

关键词　玻璃护边；尼龙隔热护边；传热系数；结露点温度

1　引言

随着国家政策对建筑节能要求的提高，建筑幕墙的节能产品得到了广泛的应用，单元式隐框幕墙中的玻璃护边也普遍使用隔热产品。但很多幕墙设计师对隐框玻璃幕墙的热工设计存在误区：认为隐框幕墙的热工性能完全由玻璃决定，幕墙传热系数 U_w 值直接选择中空玻璃传热系数 U_g 值即可，与幕墙的横梁和立柱等框架系统没有关系。因此在设计中，单元式隐框幕墙中的玻璃护边直接选用铝合金材质就行，没必要做隔热处理。但这是一种错误的观点，其实单元式隐框幕墙的框架系统也做隔热处理。只有在框架系统做隔热设计的基础上，再配合热工性能合适的玻璃，才能实现幕墙整体的热工性能要求，以满足幕墙传热系数的要求和改善冬季幕墙内表面结露现象。

2　尼龙隔热护边设计

2.1　玻璃护边简述

单元式隐框幕墙一般在工厂先将面板与立柱横梁组装成单元，然后在现场将单元板块按顺序依次对插进行安装施工，单元板块之间通过阴阳镶嵌连接，以适应主体结构之间的位移变形，板块之间通过密封胶条来密封。为了保证玻璃与铝框架之间的结构胶和中空玻璃四周的二道密封结构胶不外露，一般会使用一扣板安装在室内侧铝合金上，室外侧通过泡沫棒和耐候胶将玻璃与扣板粘结在一起，从而将玻璃四个侧面保护起来，行业内将此扣板取名为"玻璃护边"（图1）。玻璃护边将外界的雨水和紫外线与结构胶和中空玻璃密封胶隔开，防止胶的加速老化，提高结构胶的强度及寿命，同时也有效防止水分通过结构胶进入室内，提高幕墙的水密性，也更为美观。

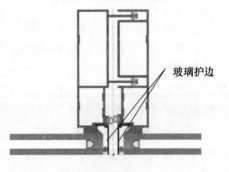

图1　玻璃护边示意

2.2 隔热玻璃护边设计要点

从热工角度来分析，单元式隐框幕墙设计有两个基本原则：一是使用热导率低的隔热材料；二是将隔热材料放置在合理的位置。如图2所示，左右玻璃之间的虚线矩形区域为隔热材料的设计区域，只有将隔热材料放置在此区域，幕墙系统才能实现很好的隔热效果。安装后的玻璃护边正处于这个区域，这也就是为什么玻璃护边需要做隔热设计的原因。

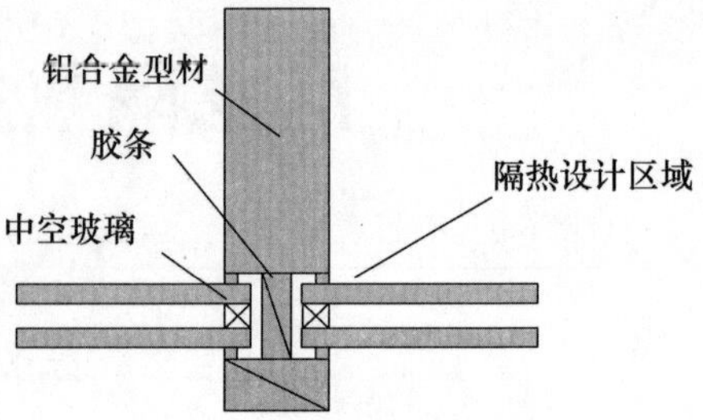

图2　幕墙热工设计示意

当然，为满足单元式隐框幕墙防水、美观、性能稳定及使用寿命长等综合性能，隔热玻璃护边还必须满足以下要求：

（1）精确的形状尺寸精度，保证产品的可靠安装和相关物理性能。

（2）能长久抵抗太阳紫外线引起的老化，保证不变形，不变色，不开裂。

（3）有合理的构造设计，卡接安装快捷可靠，胶条安装槽口的搭载。

（4）与胶具有很好的粘接强度和相容性，能防止雨水、外界空气、灰尘直接接触中空玻璃侧面，以提高玻璃使用寿命。

2.3 市场上隔热护边产品及缺点

为了提升单元式隐框幕墙系统的热工性能，市场上出现了不同的隔热护边设计方案（表1），但在实际应用中具有一定的局限性或存在一定问题。

表1　常见隔热护边产品

序号	护边隔热方式	缺　点
1	硅胶条护边	1. 材质软，护边直线度无法保证，影响美观； 2. 硅胶条与耐候胶的粘结性能不稳定，存在角部开裂等问题； 3. 无法实现外观颜色的变化
2	PVC护边	1. 耐候性能差，紫外线照射后容易老化，容易产生开裂及变形等问题； 2. 无法实现外观颜色的变化
3	隔热铝合金护边	1. 因护边细长的构造特点，滚压后护边整体尺寸精度难以保证，影响护边安装精度及外观； 2. 构造相对复杂，用量多，加上滚压的加工费，总体成本相对较高

2.4 尼龙隔热护边的设计

为了解决以上隔热护边产品应用中存在的问题，笔者所在的研发团队曾设计了一款使用PA66GF25（25％玻璃纤维增强聚酰胺尼龙）材质的玻璃护边，解决了热工和变形等一系列问题，但对尼龙材质能否与市场上所有品种的胶产品可靠粘接存在疑虑。接下来，我们进行了大量的实验，搜集了国内外胶品牌的数十款主流胶产品，与PA66GF25护边进行了粘接实验，发现有约15％的胶在高温和浸水环境下，粘接性能存在不稳定的风险。

为了规避相关风险，研发团队又设计出一种崭新构造的玻璃护边产品（图3），由PA66GF25与铝合金组合而成。两种材质各有分工，PA66GF25的热导率只有0.3W/（m·k），而铝合金热导率为160W/（m·k），前者只有后者的1/533，因此能有效地解决幕墙系统的隔热问题；而护边中加载铝合金的优势如下：

（1）耐候胶与护边铝合金能实现更可靠的粘接，保证幕墙性能和使用寿命；

（2）铝合金能实现多变的颜色和外观设计，满足设计师的要求；

（3）通过铝合金的截面尺寸变化可实现组合截面的尺寸变化，以满足不同玻璃厚度的要求。

同时，隔热护边具有优化的头部卡接构造（图4），与相配的铝合金槽口能实现快速的卡接安装，并能保证可靠定位，提高安装效率和精度，标准化的卡接构造也方便产品在市场上广泛选用。预留的胶条卡接槽口，可搭载实现幕墙雨幕设计、等压设计的密封胶条，以实现更好的水密性能和热工性能。

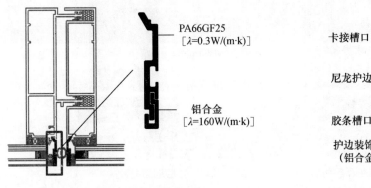

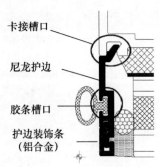

图 3　尼龙隔热护边截面　　　　　图 4　尼龙隔热护边配合构造

3　热工性能分析

为了分析此尼龙隔热护边的热工性能，我们以图3所示的幕墙系统为模型，分别使用尼龙隔热护边和同尼龙隔热护边截面形状相同的铝合金护边进行分析，对比两种情况在传热系数和防结露性能上的差异。

3.1　热工计算分析依据

热工分析模拟计算的依据、计算软件和边界条件等见表2。

表 2　热工计算依据

计算依据	JGJ/T 151—2008《建筑门窗幕墙热工计算规程》
计算软件	Optics5、Window6.3、Therm6.3
计算边界条件	冬季计算标准条件： 　室内空气温度 $T_{in}=20℃$ 　室外空气温度 $T_{out}=-20℃$ 　室内对流换热系数 $h_{c,in}=3.6W/(m^2 \cdot K)$ 　室外对流换热系数 $h_{c,out}=16W/(m^2 \cdot K)$ 　室内平均辐射温度 $T_{rm,in}=T_{in}$ 　室外平均辐射温度 $T_{rm,out}=T_{out}$ 　太阳辐射照度 $I_s=0W/m^2$
其他	1. 铝合金：导热系数＝160W/（m·K） 2. 隔热材料：PA66GF25，导热系数＝0.3W/（m·K） 3. 密封胶条：EPDM胶条，导热系数＝0.25W/（m·K）

3.2　型材传热系数 U_f 值的计算

从图5所示的热工图可以看出：

（1）相比铝合金护边，尼龙隔热护边的型材 U_f 值从 9.0W/（m²·K）降低至 2.63W/（m²·K），降低幅度达 70%。

（2）热工图中的等温线在铝合金护边位置完全断开，说明两个铝合金护边部位是严重的冷桥。而使用尼龙隔热护边后，等温线从中空玻璃的中空层到玻璃护边全部连接起来，形成了完整的"热密线"。

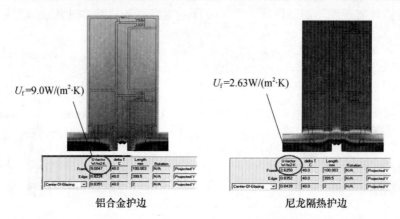

图 5　U_f 值对比

3.3　幕墙整体传热系数 U_w 值的计算

为了分析尼龙隔热护边对整体幕墙传热系数 U_w 的影响，我们选用一玻框比为 85% 的标准幕墙板块，在都使用 6+12Ar+6 双银中空玻璃的情况下，计算使用尼龙隔热护边替换铝合金护边后的幕墙整体传热系数 U_w 的差异。U_w 的计算方法参照公式（1）。

$$U_w = \frac{A_f \cdot U_f + A_g \cdot U_g + l_g \cdot \psi_g}{A_f + A_g} \qquad \text{公式（1）}$$

从表 3 中的热工对比分析可以看出：

（1）在幕墙系统其他配置相同的情况下，将尼龙隔热护边替换铝合金护边后，幕墙整体 U_w 值从 3.0W/（m²·K）降低至 2.15W/（m²·K），绝对降低值达 0.85W/（m²·K），降低幅度达 28%。

（2）在此基础上，用暖边间隔条替换铝间隔条，U_w 值从 2.15W/（m²·K）降低到 2.0W/（m²·K），综合降低值达 1.0W/（m²·K），降低幅度达 33%。因此，使用尼龙隔热护边后，配合暖边间隔条的使用，可使幕墙实现更好的热工效果。

表 3　U_w 热工对比分析

	规格	6+12Ar+6 双银中空玻璃		
玻璃	U_g [W/(m²·K)]	1.65		
	面积占比	85%		
	护边	铝合金	PA66GF26+铝合金	
型材	U_f [W/(m²·K)]	9.0	2.63	
	面积占比	15%	15%	
	类型	铝合金	铝合金	暖边
间隔条	线性传热系数 ψ_g [W/(m·K)]	0.19	0.19	0.12
	U_w [W/(m²·K)]	3.0	2.15	2.0
	降低值（绝对值）	—	0.85	1.0
	降低值（相对值）	—	28%	33%

3.4　内表面结露的分析

分析幕墙内表面是否结露，其方法是判定内表面最低温度是否低于室内的结露点温度。如图6所示，相比铝合金护边，尼龙隔热护边能将内表面最低温度从8.6℃提升到14.8℃，升幅达6.2℃。如表4所示，当室内温度为20℃、湿度为50％时，结露点温度为9.28℃。通过表5的对比分析，可以知道使用铝合金护边会结露，而换成尼龙隔热护边后，将不结露。

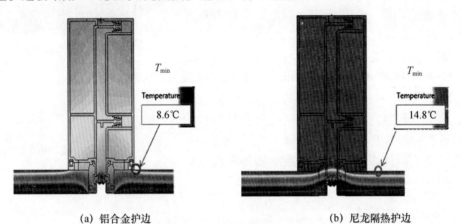

(a) 铝合金护边　　　　　　　　　　　　(b) 尼龙隔热护边

图6　结露点温度分析

表4　U_w 热工对比分析

Room Temp（℃）	50%	
	Dew Point（℃）	Pressure mbar
5	−4.51	4.36
6	−3.52	4.67
7	−2.67	5
8	−1.75	5.36
9	−0.83	5.74
10	0.09	6.14
11	1.01	6.56
12	1.93	7.01
13	2.85	7.49
14	3.77	8
15	4.69	8.53
16	5.61	9.1
17	6.53	9.7
18	7.45	10.33
19	8.37	11
20	9.28	11.71
21	10.2	12.45
22	11.12	13.24

表5　结露对比分析

序号	护边形式	内表面温度	室温20℃、湿度50％的结露点温度	是否低于结露点	结露评判
1	铝合金护边	8.6℃	9.28℃	是	结露
2	尼龙隔热护边	14.8℃		否	不结露

4 应用注意事项

4.1 设计要点

（1）与隔热护边卡接的标准化铝合金槽口应保证表面处理后的槽口截面尺寸满足卡接要求，因此，实际开模尺寸应根据表面处理的实际情况作微调。

（2）每块玻璃的下端应设置不少于两个铝合金或不锈钢托条（图7），托条和玻璃面板水平支承构件之间应可靠连接。托条应能承受该分格玻璃的重力荷载设计值，在玻璃重力荷载标准值下的竖向变形不宜超过托条悬伸长度的1/200。托条长度不应小于100mm、厚度不应小于2mm；托条前端不宜超出玻璃外表面，且前端距玻璃外表面不宜超过3mm。托条上宜设置衬垫。

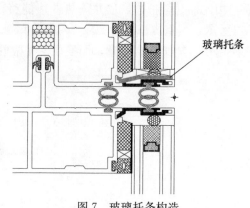

图7 玻璃托条构造

4.2 加工与安装注意事项

（1）将尼龙护边切割精度控制在±0.5mm，切割端面应平整，毛刺应去除；切割设备宜用双头锯。

（2）装配前应将尼龙护边表面的灰尘和油渍擦拭干净。

（3）尼龙护边应与玻璃侧面形成一定角度后卡入铝材槽口，然后轻微外扳定位到装配位置。

（4）尼龙护边与铝合金型材接合部位不应采用螺钉等辅助固定措施。

（5）选用泡沫棒的直径应与安装空间即耐候胶的可视宽度接近。尺寸过大易造成尼龙护边向外侧变形，太小则容易造成密封胶向内侧溢，从而造成胶内部不实，影响粘结效果。

（6）装配后隔热护边的尼龙部分端部不应与幕墙板块的其他部位贴紧，应留有不少于5mm的间隙，以保证在温度和湿度变化的情况下不产生变形。

（7）当立柱和横梁同时安装隔热护边且45°端部对接时，护边下料应要求尼龙部分长度比铝合金部分短不少于10mm，以保证在温度和湿度变化的情况下不产生变形。

5 结语

在幕墙热工设计中，关键部件的隔热设计非常关键。单元式隐框幕墙中的玻璃护边虽然很小，但对合理的隔热设计，却能一两拨千斤，对幕墙整体的热工性能产生很大的影响。通过PA66GF25和铝合金的组合使用，在满足热工设计要求的情况下，能改善幕墙外观，提升幕墙各项性能和使用寿命，是一个优良的解决方案。对于不同的幕墙系统，我们应该通过幕墙的具体构造和对性能的要求，在热工设计原理的基础上，通过合理的材质的选用和构造的优化，寻找最优的解决方案。

参考文献

[1] 建筑门窗幕墙热工计算规程：JGJ/T 151—2008 [S]．

[2] Procedure forDetermining Fenestration Product U-Factors：NFRC 100 [S]．

深圳市三鑫科技发展有限公司
Shenzhen Sanxin Technology Development Co., Ltd.

深圳市三鑫科技发展有限公司，简称"三鑫科技"，曾用名"深圳市三鑫幕墙工程有限公司"，是中航三鑫股份有限公司的子公司,自1995年开始承接幕墙业务，经过二十多年的发展，逐步以幕墙、装饰、光伏、通航EPC总承包四大业务板块延伸产业链。公司具有建筑幕墙工程专业一级承包、建筑幕墙工程设计专项甲级、建筑金属（墙）面设计与施工特级、建筑装修装饰工程专业承包一级资质。公司总部设在深圳市，下设北京、上海、深圳、成都四个区域公司。

公司幕墙加工产业基地主要分布在北京、上海、深圳、成都、长沙和郑州，业务范围覆盖内地乃至中国香港、中国澳门、东南亚、南亚、西亚、欧美、非洲等国家及地区。公司每年承建上百个项目，不断刷新城市幕墙天际线，拓展航空幕墙新边界，开创绿色光伏新篇章，推出精品装饰新成果，开拓总承包业务新市场，为各大城市建设打造一批示范工程，并获得近百项"鲁班奖"、"国家优质工程奖"和"詹天佑奖"等。这些工程业绩和良好的口碑充分体现了三鑫科技的质量信誉和综合管理实力。

联系方式

总机：0755-86284666　　　　　传真：0755-86284777

网址：www.sanxineng.com

地址：深圳市南山区滨海大道深圳市软件产业基地5栋E座10层

深圳中航幕墙工程有限公司

深圳中航幕墙工程有限公司（原深圳航空铝型材公司）成立于一九八〇年，是我国最早建筑幕墙、铝合金门窗系统产品国有大型专业制造厂家之一，是较早获得住建部核准的"建筑幕墙及金属门窗工程施工一级资质"和"建筑幕墙专项甲级设计资质"的企业，是较早获得国家质监总局核发的"建筑幕墙及建筑外窗生产许可证"的企业之一，是同行业中较早通过"ISO9001、ISO14001 以及 OHSAS18001 三合一体系认证"的企业。

三十多年来，公司将企业的社会责任放到非常重要的位置，致力于为社会作出更大的贡献。我们坚持把诚信经营、遵纪守法作为企业的道德规范，长期注重工程质量、信守合同约定，秉承"以人为本，诚信经营"的理念，与新老客户精诚合作，不断赢得客户的赞誉。

公司致力于打造"客户价值至上"的企业文化，确立以创造客户价值为核心的企业战略，将客户价值上升到信仰的高度，为客户提供专业、到位的服务，与客户共谋双赢、互利发展。

我们坚持以技术和质量为特长，走稳健发展的道路，依托坚实的技术基础、专业的服务品质以及过硬的产品质量，形成中航幕墙特色的经营模式。在深圳、北京、郑州、武汉、南京、成都、重庆等地区设立加工基地和分公司，经营足迹遍及全国各地。

地址：深圳市龙华区东环二路 48 号华盛科技大厦四楼

电话：0755-83004011

深圳金粤幕墙装饰工程有限公司

King Facade

深圳金粤幕墙装饰工程有限公司成立1985年，是国有全资幕墙企业，通过ISO9000国际质量体系、ISO14001环境管理体和OHS18001职业健康安全管理体系认证。公在中国内地、中国香港、中国澳门、新加坡新西兰、朝鲜、美国、阿联酋、苏丹、肯亚、科特迪瓦、加纳等地承建了3,000余项幕和门窗工程，其中中国内地主要项目有：广塔、广州西塔、广东广晟国际大厦、北京凤国际传媒中心、云南科技馆、北京新机场等是目前国内为数不多独立完成过设计、加工施工400米以上超高层建筑的幕墙公司之一。

公司获得了"全国五一劳动奖状"和"国职业道德建设先进单位"殊荣，拥有8名家，多次获得"鲁班奖"、"詹天佑奖""国家优质工程奖"、"中国建筑工程装奖"，已连续十三年获得"广东省诚信示范业"称号。从构件式幕墙、点式幕墙到超高单元式幕墙、再到光电幕墙、新型节能门等，金粤公司一直坚持自主创新，是目前国极具竞争力的幕墙企业之一。

地址：深圳市福田区八卦岭工业区533栋　电话：0755-82414888　传真：0755-82264435　邮编：518029　网址：www.jinyue

深圳市华辉装饰工程有限公司
Shenzhen Huahui Decoration Engineering Co., Ltd.

企业简介

华辉装饰在发展的道路上，坚持以守法、诚信、稳健、创新、可持续发展为企业核心价值观；以精诚团结，共生共长，持之以恒，超越自我为企业精神导向；立足建筑艺术，以装饰艺术升华与彰显建筑设计，为人们创造美好舒适的工作和生活环境为企业使命；以不断地设计创新和工程创新，博得自身的快速发展，成为中国装饰行业的专业企业为企业愿景。

工程项目资质

◆ 建筑装饰专业承包工程壹级
◆ 建筑装饰工程专项设计甲级
◆ 建筑幕墙工程专业承包壹级
◆ 建筑幕墙工程专项设计甲级
◆ 金属门窗工程专业承包壹级
◆ 机电设备安装工程专业承包壹级
◆ 智能化工程施工设计一体化贰级
◆ 钢结构工程专业承包贰级
◆ 城市园林绿化工程专业承包叁级
◆ 城市及道路照明工程专业承包叁级

地址：深圳市罗湖区梨园路555号五、六层
电话：0755-25613668
邮箱：hhbg@szhhzs.com
网址：www.szhhzs.com

华辉　深圳老字号

烟台海洋

国信金融

荣德国际

壹方中心

深圳市富诚幕墙装饰工程有限公司

深圳市富诚幕墙装饰工程有限公司创立于1985年，秉承"科技创新兴业"的战略理念，历经三十多年[索]和实践，已形成以生态建筑幕墙、节能环保门窗的的研发、生产、施工、检测为重要支柱的高科技[公]公司旗下设有研发中心和子公司：深圳市富诚幕墙装饰工程有限公司、深圳市科成建筑幕墙门窗测[限]公司、深圳市富诚投资发展有限公司、深圳市富诚物业管理有限公司、深圳市富诚餐饮管理有限公[司]公司业务涵盖建筑幕墙门窗产品研发、室内外装修装饰、检测、产业投资、物业管理、餐饮服务等领[域]形成多元化的战略格局。

以产学研结合为竞争力

公司投资建设的富诚科技大厦是公司多项自主专利技术成果的示范工程，现已成为深圳市政府的节能[示]工程项目。公司为深圳市建筑行业进驻高新技术园南区的高新技术企业，以低碳和可持续发展为研发[方向]以节能、环保、高效、安全为产品特点，研发出了"集成多功能门窗"、"集成双通道幕墙"、[透]冲透光防风防盗型自锁卷帘门窗"等多项专利产品，并投资建成了转化试验基地和建筑幕墙门窗检测[中心]引导和改变着人们的思想和生活观念。

以产品品质为核心

公司以高效率、高质量、高品质赢得市场的认同，承接了深圳市高交会展馆钢结构玻璃幕墙工程、惠[州]电枢纽中心、揭阳市邮电枢纽中心、深圳市政府办公大楼玻璃幕墙、装饰工程及家具配套工程、深圳[市]务税务局办公大楼室内外装修工程、广州东站综合楼玻璃幕墙等多项工程。

以服务社会为使命

公司参编了多项国家的行业标准，如《建筑幕墙可靠性鉴定技术规程》（备案号J11964-2012），为[行]行业的技术进步作出了积极的贡献，承担多项国家"十一五"科研课题，取得多项科研成果。

公司自1993年对玻璃幕墙的安全问题进行技术研发工作，取得多项科技成果、发明专利、实用新型技术专利，如整体式高压喷枪（专利号ZL201310734071.X）、PRESSURE INJECTING CAULKING CONSTRUCTION TECHNIQUE FOR GAPS BETWEEN BUILDING DOOR/WINDOW HOLE AND COMMON ADDITIONAL FRAME OR SIDE FRAME（专利号US8516772B2）及 A CURTAIN WALL WITH AN AIR SPACE AND A CONSTRUCTION METHOD THEREFORE（专利号200610062457.0）等。1994年公司被深圳市科技局认定为"民营科技企业"，于1997年通过了ISO9000质量认证，2003年被深圳市科技局认定为"高新技术企业"，2009年公司通过广东省质量技术监督管理局资质认定，计量认证换发工作，获得了"资质认定计量认证证书"。

深圳市南山区高新园高新南一道富诚科技大厦9楼　　电话：0755-86022928
http://www.szfctech.com　邮箱：szfcc998@163.com　　传真：0755-26989966

深圳市建筑设计研究总院有限公司
建筑幕墙设计研究院

国内专业的建筑幕墙设计、顾问供应商

/ **服务范围** /

幕墙设计
在业主及建筑师的主导下，做出安全、可靠、美观、经济并符合建筑师最初的建筑创意的幕墙设计。

幕墙顾问
提供项目全过程的技术支持、管理及咨询服务，打造精品工程。

立面清洁
综合建筑形式及幕墙设计要求，提供合理的立面清洁方案。

BIM服务
以BIM技术为依托，对建筑幕墙进行全生命周期的管控。

轻钢结构
依据建筑效果，提供安全、经济、合理的钢结构设计与顾问。

泛光照明
结合建筑楼体的外观特点，提供符合业主需求的照明设计与顾问。

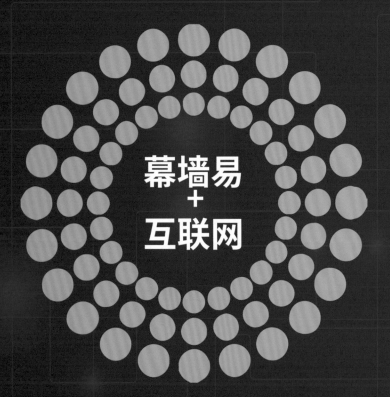

幕墙易
＋
互联网

SAAS云服务

教育学术

附近幕友

资源互换

关注幕墙院公众号

关注幕墙易公众号

地址：深圳市福田区振华路设计大厦1011室
电话：0755-83785646、83785645
邮箱：sky@facade.com.cn
网址：www.facade.com.cn

www.efacade.cn
安全、便捷、高效、免费

JOINTAS 集泰股份

股票代码：002909

广州集泰化工股份有限公司

广州集泰化工股份有限公司（证券简称"集泰股份"，证券代码：002909），是一家以生产密封胶和涂料为主的重点高新技术企业，产品广泛应用于门窗幕墙、装配式建筑、家庭装修、钢结构制造、石化装备等领域。

集泰股份旗下拥有业内知名的两大品牌"安泰"和"集泰"。公司秉持"绿色环保、专业品质"的经营理念，经过多年的技术研发创新，建立了良好的品牌知名度和客户基础。公司先后成立了"院士专家企业工作站"和"广东省高性能环保密封胶工程技术研究中心"，荣获"国家产学研合作创新奖"，在中国幕墙网评选的建筑胶品牌用户首选品牌奖和最佳市场表现奖中连续13年位居三甲，连续4年荣获房地产500强首选品牌称号，2018年荣获中国房地产供应链上市公司投资潜力5强。

发展历程

1989
广州市安泰实业有限公司在广州市五山路天河科技街277号注册成立，办公面积32㎡。

1990
自主成立安泰建筑胶研发中心。

1994
安泰确立了全球集装箱密封胶市场地位。

2004
安泰成为建筑胶一线品牌。

2006
安泰全资子公司广州集泰化工有限公司成立。

2018
连续4年荣获房地产500强首选品牌前三强、荣获中国房地产供应链上市公司投资潜力5强。

2017
1月，从化东洋工厂开工，拓展了多条自动化生产线；10月，广州集泰化工股份有限公司在深圳中小板成功上市。

2015
公司完成股份制改造，正式更名为广州集泰化工股份有限公司。

2014
从化鳌头工业园奠基。

2008
集泰河北大城工厂成立。

广州集泰化工股份有限公司

总部：广州市黄埔区科学城南翔一路62号C座
电话：020-85576000   传真：020-85577727
www.jointas.com

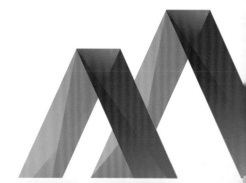

粤邦金属建材有限公司
YUEBANG BUILDING METALLIC MATERIALS CO.,LTD.

地址：广东省佛山市南海区里水北沙竹园工业区7号
电话：0757-85116855　85116918　传真：0757-85116677
邮箱：fsyuebang@126.com　网址：www.fsyuebang.cn

加拿大地址：8790,146st,surrey,bc,v3s,625 canada.
电话：001-7783226038

企业简介 CORPORATION INTRODUCTION

　　本公司为专业制造幕墙铝单板、室内外异型天花板、遮阳铝百叶板、雕花铝板、双曲弧铝板、超高难度造型铝板、蜂窝铝合金板、搪瓷铝合金板以及金属涂装加工的一体化公司；并集合对金属装饰材料的研发、设计、生产、销售及安装于一体的大型多元化企业。

　　公司由于发展需要，于2010年将生产厂区迁移至交通便利铝合金生产基地——佛山市南海区里水镇。公司占地面积3万多平方米，分为生产区、办公区和生活区。美丽优雅的环境，明亮宽敞的厂房，舒适自然的现代化办公大楼，给人以生机勃勃的感觉。

　　公司技术力量雄厚、设备齐全。现拥有员工300多人，当中不乏一大批专业管理及技术人才，以适应配合各种客户群体的不同需求；公司拥有数十台专业的钣金加工设备、配备日本兰氏全自动氟碳涂装生产线及瑞士金马全自动粉末涂装生产线，以确保交付给客户的产品符合或超过国内外的质量标准。公司结合多年的生产制造经验，吸收国内外管理技术，巧妙地将两者融为一体，更能体现本公司的睿智进取、科学规范。公司从工程的研发设计到产品的生产检验、施工安装及售后服务，体现了本公司的一贯宗旨"以人为本、质量第一"。

　　粤邦公司为使客户满意而不懈奋斗，我们信奉"客户的满意，粤邦的骄傲"，并以此督促公司每一位员工，兢兢业业、不卑不亢，为实现公司的宏伟目标而不断努力。

　　竭诚盼望与您真诚的合作，谛造高品质的建筑艺术空间，谱写动听的幸福艺术人生。
粤邦建材——您的选择。

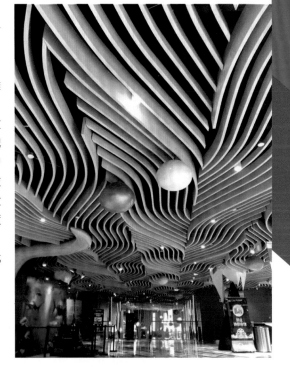

REINALITE
雷 诺 丽 特

　　广东雷诺丽特实业有限公司成立于2008年，是新型建材行业集研发设计、生产制造于一体的高新技术企业。公司发展至今，先后创立了雷诺丽特、可耐尔和百易安三大品牌。公司生产基地位于大旺国家高新区，总占地面积4万平方米。公司主要产品为幕墙铝单板、地铁/机场墙板、艺术镂空铝板、铝空调罩、异形吊顶天花板、双曲板与单元式幕墙板等产品，以及配备日本兰氏氟碳水性喷涂与瑞士金马粉末喷涂设备，满足高端企业合作需求，实现共赢发展。

　　雷诺丽特拥有专业的工程品质和完善的服务体系，其产品延续德国工艺风格，传承德国行业技术精髓，在制作过程中的每个细节力求严谨。产品检验检测结果满足国标、美标、英标、欧标四大标准体系的建筑建材检测要求。

瀚海海尚

广州太古汇

墨尔本GGW

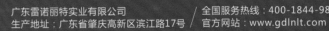

广东雷诺丽特实业有限公司
生产地址：广东省肇庆高新区滨江路17号

全国服务热线：400-1844-988　　1382832261（何森泉）
官方网站：www.gdlnlt.com

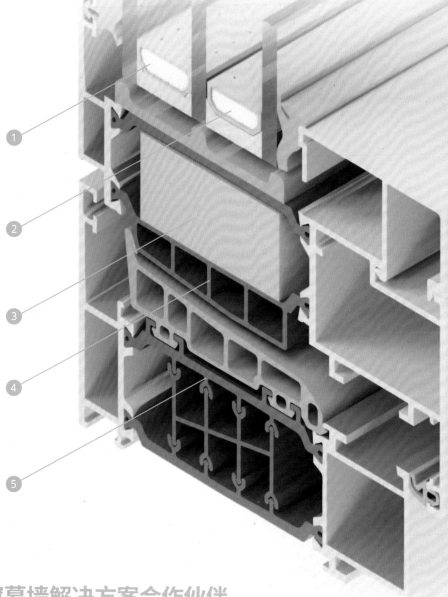

门窗幕墙解决方案合作伙伴
Insulation solutions for windows, doors, and facades.

① **TGI-Spacer M,** 中空玻璃暖边间隔条, 稳定性极佳
TGI-Spacer M, a high-stability warm edge spacer for insulating glass

② **TGI-Spacer Precision,** 中空玻璃用高精密暖边间隔条, 隔热性能优异
TGI-Spacer Precision, a precise warm edge spacer for insulating glass with outstanding thermal values

③ **带尼龙泡沫隔热型材,** 可阻隔热对流和热辐射
Insulating profiles with PA foam for preventing heat convection and radiation

④ **带空腔的隔热型材,** 更高硬度, 用于填充框架空腔
Insulating profiles with hollow chambers for better stiffness and for filling frame cavities

⑤ **组合式解决方案,** 极佳的机械稳定性, 减少热对流和热辐射
Package solution with the best mechanical stability to decrease convection and radiation

降低传热系数
Minimized thermal conductivity

优化隔热效率
Optimized efficiency

降低能量消耗
Better energy footprint

泰诺风保泰 (苏州) 隔热材料有限公司 Suzhou
苏州市工业园区现代大道东青丘街283号
电话： (86-512) 6283 3188
传真： (86-512) 6283 6388

香港泰诺风保泰有限公司 HongKong
香港九龙将军澳将军澳工业村骏昌街2号
电话： (852) 2665 6322
传真： (852) 2665 1186

圳天盛外墙技术咨询有限公司
ENZHEN TESION FACADE CONSULTING CO.，LTD.

万科云城

深圳25区一期

百业

中国建筑装饰协会会员单位

深圳市土木建筑学会理事单位

深圳市建筑门窗幕墙学会会员单位

公司主要从事建筑外围护结构技术研发及顾问咨询，自2007年成立以来，始终致力于为地产开发企业、建筑设计院等提供外围护结构方案设计、深化设计、招投标技术配合及现场技术监管等服务，为建筑物的绿建、热工通风、节能遮阳、风洞试验、外墙清洗、灯光照明等提供技术分析和技术支持。公司现已成为多家知名地产开发企业及设计院的战略合作单位，项目覆盖全国，并已涉足国外。

公司以专业技术为核心，以行业专家带队，采用合伙人体制，吸引一批中青年设计师为公司的技术骨干，不断开拓进取，为客户提供优质的专业技术服务。

地址：深圳市南山区西丽街道打石二路万科云城（二期）A区02地块B118

电话：0755-23940384

网址：http://www.sztfc.com.cn/

五冶集团装饰工程有限公司
Mcc5 Group Decoration Engineering Co.Ltd.

企业简介

中国五冶集团有限公司,是世界500强上市企业——中国中冶的核心骨干子公司,是集工程总承包、钢结构及装备制造、房地产开发、项目投资于一体的大型综合企业集团公司。

五冶集团装饰工程有限公司为集团旗下直属子公司。

◆ 建筑装饰装修工程专业承包壹级

◆ 建筑幕墙工程专业承包壹级

企业资质

企业荣誉　　部分荣誉一览

在建工地　　部分在建工地一览

工厂生产

中国科技城绵阳会议展览中心

南充市博物馆

宜宾白酒学院体育馆

幕墙单元装配车间

成都凤凰山露天音乐公园

重庆数据谷

宜宾国际会展中心

幕墙单元装配车间

地址：成都市成华区双林路五冶102大楼

📞 +86 28 85957366

网址：http://www.mcc5.com.cn/

携手客户　　回报股东

成就员工　　奉献社会

WINGKAY
——PLASTIC PRODUCT——
Since1990

中佳防火
FIREPROOF GLASS

● 纳米硅防火玻璃（A、C类）

佳防火玻璃特点：

防火硅含量高，模数（硅钾比）6.0以上，防火性能更可靠；

防火料的固体含量50%以上，固化后硬度高、不易下垂；

封边系统采用改性丁基胶，与玻璃粘结力0.8MPa，是普通丁基胶的3倍以上，封边抗防火料变形性能优良；

所有玻璃均进行化学稳定性涂层处理，极大提升了耐候性，可室外使用10年以上；

耐紫外辐照2000小时，不变黄变雾。

● 无机温致变色防火玻璃

点：

只对温度敏感，当玻璃温度超过38℃以上，玻璃由无色透明逐渐变为蒙砂状不透明，从而阻隔太阳辐射的透过。遮阳系数由0.6降为0.2。当春秋冬季，虽然光照强烈，且温度不高，玻璃保持透明，太阳光照入室内，提高室内温度。无需外界干涉的自动选择太阳辐照的阻隔和透过；

温变材料为全无机材料，可用于室内外各种环境；

温变材料具有防火性能，可满足耐火完整性1小时。

 中山市中佳新材料有限公司
Zhong Jia New Materials Co.,LTD

♥ 关注我们

古宝斯科技
GOODBOSS TECHNOLOGY

公司简介

　　佛山市古宝斯建材科技有限公司是广东古宝斯陶瓷有限公司（国家高新技术企业）旗下全资子公司，是行业内专业致力于轻质高强陶瓷板产品研发、生产和销售为一体的创新型公司。

　　古宝斯科技以瓷板幕墙变革为己任，不仅拥有一支强大的生产研发团队，还引进专业生产设备作为技术支持，通过结合建筑幕墙的综合安全性、人文美观性、低碳环保、工程造价等多项建筑指标要求，成功研发出新型轻质高强陶瓷板。现公司可生产600mm×900mm、600mm×1200mm 等大规格18mm、20mm、22mm 厚度幕墙专用陶瓷板。公司该项科研成果于2017 年7 月19 日顺利通过了住房城乡建设部科技成果鉴定，获得"国内领先水平"的评估认证。

　　古宝斯科技作为轻质高强陶瓷板技术的核心研发生产单位，以提供整体解决方案的方式，配套技术指导、方案设计、挂装配套等为工程项目提供完善的配套服务。产品经典运用案例有四川眉山心脑血管医院综合大楼、重庆西南证券总部大楼、广州越秀地产星汇金沙联排别墅、韩国三星总部物业大楼、佛山绿岛广场裙楼及广佛地铁二期等项目，产品出口韩国、日本、欧美等国，获得用户好评。

　　古宝斯科技生产轻质高强陶瓷板集美观性、环保性、安全性、经济性、功能性于一体，为客户提供更专业的服务。

重庆西南证券总部大楼项目（幕墙高度：200m，应用面积：35000m²）

广佛地铁二期广州段项目（应用面积：12500m²）

佛山绿岛广场裙楼项目（应用面积：20000m²）

韩国三星集团物业大楼项目（应用面积：10000m²）

佛山市古宝斯建材科技有限公司
FOSHAN GOODBOSS BUILDING MATERIAL TECHNOLOGY CO., LTD.

营销中心：广东省佛山市禅城区季华西路129号绿岛广场西区D1座17层　　固话：0757-8355 9871
生产基地：广东省肇庆市高要区金利镇金陶工业园　　　　　　　　　　手机：18603092800
公司网址：www.goodbosskj.com　　　　　　　　　　　　　　　　　传真：0757-8252 5263

依托物联网技术应用

建筑·智能追溯管理系统

构建创新物联新时代

构件管理

生产管理

仓库管理

安装管理

维护管理

统计报表

着科技的进步和社会的发展，建筑业朝着规模化和智能化的方。体量大、工种多、技术高、施工难度大的项目越来越多，因项目模式提出更高的要求。基于射频识别(RFID)技术，智能追系统广泛应用于各环节、各领域。创信明将此技术应用于大型目，可实现大数据时代的电子化、网络化、信息化、精细化管生产构件植入芯片进行身份识别，整合数据加强管理，避免各的"错、漏、碰、缺"。提高建设工程质量水平，杜绝质量隐患，业效益。

抗污染性能强 耐久性 ◎

体积小型化 形状多样化 ◎

安全性高 防伪、防盗 ◎

非接触方式 进行数据采集 ◎

标签信息容量大 使用寿命长 ◎

穿透性强 无屏障阅读 ◎

芯片六大优势

深圳创信明智能技术有限公司
手机：18926563667 电话：0755-29358881
地址：广东省深圳市宝安区宝源路F518时尚创意园